21 世纪高职高专应用型规划教材·机械机电类

数字电子技术

主　编　李源生　蒋　然
副主编　李艳新　李　琦　郭　庆
参　编　徐　阳　刘继光

内 容 提 要

本书是根据首批国家示范性高职建设院校的课程建设要求，以培养高素质、高技能型人才，结合现代数字电子技术的发展趋势而编写的。

本书内容包括：数字电子技术理论基础、逻辑门电路、组合逻辑电路、触发器、时序逻辑电路、脉冲信号的产生与变换、数/模与模/数转换、实验与应用实训。书中安排了大量的实验和实训项目，可供实践选做。

本书可作为机电、汽车、计算机、信息、应用电子类各专业教材，也可供成人教育、职业培训等使用。

图书在版编目（CIP）数据

数字电子技术/李源生，蒋然主编. —北京：北京大学出版社，2011.1
（全国高职高专应用型规划教材·机械机电类）
ISBN 978-7-301-16362-7

Ⅰ. 数… Ⅱ. ①李…②蒋… Ⅲ. 数字电路—电子技术—高等学校：技术学校—教材 Ⅳ. TN79

中国版本图书馆 CIP 数据核字（2009）第 222758 号

书　　　名：	数字电子技术
著作责任者：	李源生　蒋　然　主编
策 划 编 辑：	温丹丹
责 任 编 辑：	温丹丹
标 准 书 号：	ISBN 978-7-301-16362-7/TP·1070
出 版 发 行：	北京大学出版社
地　　　址：	北京市海淀区成府路 205 号　100871
电　　　话：	邮购部 010-62752015　发行部 010-62750672　编辑部 010-62765126
网　　　址：	http://www.pup.cn
电 子 信 箱：	zyjy@pup.cn
印 刷 者：	北京虎彩文化传播有限公司
经 销 者：	新华书店
	787 毫米×980 毫米　16 开本　16.75 印张　402 千字
	2011 年 1 月第 1 版　2022 年 2 月第 2 次印刷
定　　价：	33.00 元

未经许可，不得以任何方式复制或抄袭本书之部分或全部内容。
版权所有，侵权必究
举报电话：010-62752024　电子信箱：fd@pup.pku.edu.cn

前　言

　　本书是根据首批国家示范性高职建设院校的课程建设要求，以培养高素质、高技能型人才，结合现代数字电子技术的发展趋势而编写的。本书在理论上以够用为度，注重培养学生的实践能力，书中选取了大量常用的应用案例，供教学演示和学生动手实践，突出高职高专的教育特色。本书是教育部"十一五"规划课题 FJB080593 成果之一。

　　本书在内容及章节编排上，以高职高专够用和实用的教学改革为方向，删去了烦琐的理论推导过程，侧重基本分析方法、设计方法和集成电路芯片的应用。本书内容包括：数字电子技术理论基础、逻辑门电路、组合逻辑电路、触发器、脉冲信号的产生与变换、数/模与模/数转换、实验与应用实训，书中还编有特别提示、知识链接、应用案例、综合应用案例等，有利于老师教学和学生自学。书中安排了大量的实验和实训项目，可供实践选做。

　　本书由辽宁省交通高等专科学校蒋然编写第 8 章的第二部分；辽源职业技术学院李艳新编写第 1、5 章；北京体育大学李琦编写第 7 章及第 8 章的第一部分；辽宁省交通高等专科学校郭庆编写第 2、3 章及电子教案的制作；刘继光编写第 4 章；徐阳编写第 6 章。

　　由于编者水平有限，书中有疏漏和不妥之处，恳请读者批评指正。

编　者
2010 年 10 月 1 日

本教材配有教学课件或其他相关教学资源，如有老师需要，可扫描右边的二维码关注北京大学出版社微信公众号"未名创新大学堂"（zyjy-pku）索取。

- 课件申请
- 样书申请
- 教学服务
- 编读往来

目　　录

第1章　数字电子技术理论基础 ……………………………………………………… (1)
　1.1　数制与码制 ……………………………………………………………………… (1)
　　1.1.1　数制 ……………………………………………………………………… (1)
　　1.1.2　数制转换 ………………………………………………………………… (3)
　　1.1.3　码制 ……………………………………………………………………… (4)
　1.2　逻辑代数基础 …………………………………………………………………… (5)
　　1.2.1　逻辑变量与逻辑函数 …………………………………………………… (5)
　　1.2.2　基本逻辑运算 …………………………………………………………… (5)
　　1.2.3　组合逻辑运算 …………………………………………………………… (6)
　　1.2.4　逻辑代数的基本定律 …………………………………………………… (8)
　　1.2.5　逻辑代数常用公式和基本规则 ………………………………………… (8)
　1.3　逻辑函数的表示方法及相互转换 ……………………………………………… (10)
　　1.3.1　逻辑函数的表示方法 …………………………………………………… (10)
　　1.3.2　各种表示方法间的相互转换 …………………………………………… (11)
　1.4　逻辑函数的代数化简法 ………………………………………………………… (12)
　1.5　逻辑函数的卡诺图化简法 ……………………………………………………… (13)
　　1.5.1　逻辑函数最小项表达式 ………………………………………………… (14)
　　1.5.2　逻辑函数的卡诺图表示法 ……………………………………………… (14)
　　1.5.3　用卡诺图化简逻辑函数 ………………………………………………… (16)
　　1.5.4　具有无关项的逻辑函数化简 …………………………………………… (17)

第2章　逻辑门电路 …………………………………………………………………… (21)
　2.1　基本逻辑门电路 ………………………………………………………………… (22)
　　2.1.1　与门电路 ………………………………………………………………… (22)
　　2.1.2　或门电路 ………………………………………………………………… (23)
　　2.1.3　非门电路 ………………………………………………………………… (25)
　2.2　复合逻辑门电路 ………………………………………………………………… (26)
　　2.2.1　与非门电路 ……………………………………………………………… (26)
　　2.2.2　或非门电路 ……………………………………………………………… (26)
　　2.2.3　与或非门电路 …………………………………………………………… (27)
　　2.2.4　异或门电路 ……………………………………………………………… (27)
　　2.2.5　同或门电路 ……………………………………………………………… (27)
　2.3　其他特殊功能的门电路 ………………………………………………………… (28)

2.3.1 集电极开路与非门（OC 门） ………………………………… (28)
　　　2.3.2 三态输出与非门（TSL 门） ………………………………… (29)
　2.4 集成逻辑门闲置输入端的处理 ……………………………………… (31)
第 3 章 组合逻辑电路 ………………………………………………………… (36)
　3.1 组合逻辑电路的分析 ………………………………………………… (37)
　　　3.1.1 组合逻辑电路分析的一般方法 ………………………………… (37)
　　　3.1.2 分析举例 ………………………………………………………… (38)
　3.2 组合逻辑电路的设计 ………………………………………………… (39)
　　　3.2.1 组合逻辑电路设计的一般方法 ………………………………… (39)
　　　3.2.2 设计举例 ………………………………………………………… (40)
　3.3 编码器 ………………………………………………………………… (42)
　　　3.3.1 普通编码器 ……………………………………………………… (42)
　　　3.3.2 优先编码器 ……………………………………………………… (44)
　3.4 译码器 ………………………………………………………………… (45)
　　　3.4.1 二进制译码器 …………………………………………………… (45)
　　　3.4.2 显示译码器 ……………………………………………………… (47)
第 4 章 触发器 ………………………………………………………………… (54)
　4.1 触发器 ………………………………………………………………… (55)
　　　4.1.1 基本 RS 触发器 ………………………………………………… (56)
　　　4.1.2 同步触发器 ……………………………………………………… (59)
　4.2 主从触发器 …………………………………………………………… (66)
　　　4.2.1 主从 RS 触发器 ………………………………………………… (66)
　　　4.2.2 主从 JK 触发器 ………………………………………………… (68)
　　　4.2.3 边沿触发器 ……………………………………………………… (69)
　　　4.2.4 维持阻塞正边沿 D 触发器 ……………………………………… (71)
　　　4.2.5 CMOS 边沿触发器 ……………………………………………… (74)
　　　4.2.6 触发器的转换 …………………………………………………… (77)
第 5 章 时序逻辑电路 ………………………………………………………… (82)
　5.1 时序逻辑电路概述 …………………………………………………… (83)
　5.2 时序逻辑电路的分析与设计 ………………………………………… (84)
　　　5.2.1 时序逻辑电路的分析方法 ……………………………………… (84)
　　　5.2.2 同步时序逻辑电路的设计 ……………………………………… (87)
　5.3 计数器 ………………………………………………………………… (90)
　　　5.3.1 同步计数器 ……………………………………………………… (90)
　　　5.3.2 集成同步计数器 ………………………………………………… (93)
　　　5.3.3 异步计数器 ……………………………………………………… (94)
　5.4 寄存器 ………………………………………………………………… (98)
　　　5.4.1 寄存器 …………………………………………………………… (98)

      5.4.2　移位寄存器 ……………………………………………………… (100)

  5.5　随机寄存器 RAM ……………………………………………………………… (103)

      5.5.1　RAM 的基本结构 …………………………………………………… (104)

      5.5.2　RAM 的存储单元 …………………………………………………… (104)

第6章　脉冲信号的产生与变换 ……………………………………………………… (109)

  6.1　概述 …………………………………………………………………………… (110)

      6.1.1　脉冲信号及主要参数 ………………………………………………… (110)

      6.1.2　脉冲的产生 …………………………………………………………… (111)

  6.2　多谐振荡器 …………………………………………………………………… (112)

      6.2.1　对称多谐振荡器 ……………………………………………………… (112)

      6.2.2　不对称多谐振荡器 …………………………………………………… (113)

      6.2.3　RC 环形多谐振荡 …………………………………………………… (115)

      6.2.4　石英晶体多谐振荡器 ………………………………………………… (116)

  6.3　单稳触发器 …………………………………………………………………… (117)

      6.3.1　微分型单稳态触发器 ………………………………………………… (117)

      6.3.2　集成单稳态触发器 …………………………………………………… (119)

      6.3.3　单稳态触发器的应用 ………………………………………………… (122)

  6.4　施密特触发器 ………………………………………………………………… (123)

      6.4.1　带电平转移二极管的施密特触发器 ………………………………… (123)

      6.4.2　集成施密特触发器 …………………………………………………… (125)

      6.4.3　施密特触发器的应用 ………………………………………………… (125)

  6.5　555 定时器的应用 …………………………………………………………… (127)

      6.5.1　555 定时器 …………………………………………………………… (127)

      6.5.2　由 555 定时器组成多振荡器 ………………………………………… (128)

      6.5.3　555 定时器构成单稳态触发器 ……………………………………… (130)

      6.5.4　555 定时器构成施密特触发器 ……………………………………… (131)

第7章　数/模与模/数转换 …………………………………………………………… (136)

  7.1　D/A 转换器 …………………………………………………………………… (137)

      7.1.1　权电阻网络 D/A 转换器 …………………………………………… (138)

      7.1.2　R-$2R$ T 型电阻网络 D/A 转换器 ………………………………… (139)

      7.1.3　R-$2R$ 倒 T 型电阻网络 D/A 转换器 ……………………………… (141)

      7.1.4　电子模拟开关 ………………………………………………………… (142)

      7.1.5　D/A 转换器的主要参数 ……………………………………………… (143)

      7.1.6　集成 D/A 转换器及其应用 …………………………………………… (143)

  7.2　A/D 转换器 …………………………………………………………………… (146)

      7.2.1　A/D 转换器的基本原理 ……………………………………………… (146)

      7.2.2　并联比较型 A/D 转换器 ……………………………………………… (149)

      7.2.3　逐次逼近型 A/D 转换器 ……………………………………………… (150)

7.2.4 双积分型 A/D 转换器 ……………………………………………… (151)
  7.2.5 A/D 转换器的主要参数 ……………………………………………… (154)
  7.2.6 集成 A/D 转换器及其应用 ……………………………………………… (154)

第8章 实验与应用实训 ……………………………………………… (159)

第一部分 实验部分 ……………………………………………… (159)

  实验一 晶体管开关特性、限幅器与钳位器 ……………………………………………… (159)
  实验二 TTL 集成逻辑门的逻辑功能与参数测试 ……………………………………………… (163)
  实验三 CMOS 集成逻辑门的逻辑功能与参数测试 ……………………………………………… (168)
  实验四 集成逻辑电路的连接和驱动 ……………………………………………… (171)
  实验五 组合逻辑电路的设计与测试 ……………………………………………… (175)
  实验六 译码器及其应用 ……………………………………………… (177)
  实验七 数据选择器及其应用 ……………………………………………… (182)
  实验八 触发器及其应用 ……………………………………………… (187)
  实验九 计数器及其应用 ……………………………………………… (193)
  实验十 移位寄存器及其应用 ……………………………………………… (198)
  实验十一 脉冲分配器及其应用 ……………………………………………… (203)
  实验十二 使用门电路产生脉冲信号——自激多谐振荡器 ……………………………………………… (207)
  实验十三 单稳态触发器与施密特触发器——脉冲延时与
       波形整形电路 ……………………………………………… (210)
  实验十四 555 时基电路及其应用 ……………………………………………… (216)
  实验十五 D/A、A/D 转换器 ……………………………………………… (221)

第二部分 实训部分 ……………………………………………… (226)

  实训一 智力竞赛抢答装置 ……………………………………………… (226)
  实训二 电子秒表 ……………………………………………… (228)
  实训三 三位半直流数字电压表 ……………………………………………… (232)
  实训四 数字频率计 ……………………………………………… (238)
  实训五 拔河游戏机 ……………………………………………… (244)
  实训六 随机存取存储器2114A及其应用 ……………………………………………… (248)
  实训七 安装优先载决电路 ……………………………………………… (256)

参考文献 ……………………………………………… (260)

第 1 章　数字电子技术理论基础

教学目标

数字电子技术理论是分析和设计逻辑电路的基础，通过本章的学习主要了解数制与码制的形式，掌握逻辑代数的运算方法和基本定律，熟悉逻辑函数的表示方法和相互转换，掌握逻辑函数的代数化简法和卡诺图化简法。

教学要求

能力目标	知识要点	权重	自测分数
了解数制与码制的形式	数制的形式及其转换、码制的形式	10%	
掌握逻辑代数的运算方法和基本定律	逻辑变量与逻辑函数、基本逻辑运算和组合逻辑运算，逻辑代数的基本定律、常用公式和基本规则	30%	
熟悉逻辑函数的表示方法和相互转换	逻辑函数的表示方法，各种表示方法间的相互转换	25%	
掌握逻辑函数的代数化简法和卡诺图化简法	逻辑函数的代数化简法和卡诺图化简法	35%	

引言

电子电路可分为模拟电路和数字电路，传送和处理模拟信号的电路称为模拟电路，传送和处理数字信号的电路称为数字电路。模拟信号是指在时间和数值上都是连续变化的电信号，如按正弦规律变化的交流电压或电流信号。数字信号是指在时间和数值上都是离散（不连续变化）的信号，如各种脉冲电压或电流信号。本章重点介绍数字信号的理论分析方法和运算规律。

1.1　数制与码制

1.1.1　数制

数制即指计数的方法。日常生活中经常使用的有十进制、二十四进制及六十制等。数字电路中经常使用二进制、八进制及十六进制。

1. 十进制

十进制是日常生活中最常用的计数体制。每一位的系数可以是 0，1，2，3，4，5，

6，7，8，9中的一个，计数的基数是10，其相邻的低位和高位之间的关系是"逢十进一"，故称为十进制。

任意一个十进制数 D 可展开为：

$$D = \sum_{i=-\infty}^{\infty} K_i 10^i \qquad (1\text{-}1)$$

式中，K_i 是第 i 位的系数，它可以是 0～9 十个数码中的任何一个，10^i 称为第 i 位的权，$K_i \times 10^i$ 称为第 i 位的加权系数。例如：

$$4732.53 = 4 \times 10^3 + 7 \times 10^2 + 3 \times 10^1 + 2 \times 10^0 + 5 \times 10^{-1} + 3 \times 10^{-2}$$

【特别提示】 若以 N 代替式（1-1）中的10，则可得到任意进制数的展开式：

$$D = \sum_{i=-\infty}^{\infty} K_i N^i \qquad (1\text{-}2)$$

式中，K_i 为第 i 位的系数，N 为计数基数，N^i 为第 i 位的权，$K_i \times N^i$ 为第 i 位的加权系数，故任意进制数的数值等于各加权系数之和。

2. 二进制

在数字电路中广泛采用的是二进制。在二进制中，每位可以是 0 或 1 两个数码，计数基数为 2，相邻低位和高位的进位关系是"逢二进一"，故称为二进制，其加权系数展开式为：

$$D = \sum_{i=-\infty}^{\infty} K_i 2^i \qquad (1\text{-}3)$$

利用式（1-3）可以计算出用二进制数表示的十进制数的大小。例如：

$$(1101.11)_2 = 1 \times 2^3 + 1 \times 2^2 + 0 \times 2^1 + 1 \times 2^0 + 1 \times 2^{-1} + 1 \times 2^{-2} = (13.75)_{10}$$

上式中用下标 2 和 10 分别表示括号里的数是二进制数及十进制数。

3. 八进制

在八进制数中，每一位可以是 0～7 中的任意数码，计数基数是 8，相邻低位与高位之间的进位关系是"逢八进一"，故称八进制，其加权系数展开式为：

$$D = \sum_{i=-\infty}^{\infty} K_i 8^i \qquad (1\text{-}4)$$

利用式（1-4）可计算出它表示的十进制数的大小，例如：

$$(132.4)_8 = 1 \times 8^2 + 3 \times 8^1 + 2 \times 8^0 + 4 \times 8^{-1} = (90.5)_{10}$$

式中的下标 8 表示括号中的数是八进制数。

4. 十六进制

在十六进制中，每一位有 16 个不同的数码，分别用 0～9、A（10）、B（11）、C（12）、D（13）、E（14）、F（15）表示，计数基数是 16，相邻低位和高位的进位关系是"逢十六进一"，故称为十六进制，其加权系数展开式为：

$$D = \sum_{i=-\infty}^{\infty} K_i 16^i \qquad (1\text{-}5)$$

由式（1-5）可计算出它所表示的十进制数的大小，例如：

$$(3F.8C)_{16} = 3 \times 16^1 + 15 \times 16^0 + 8 \times 16^{-1} + 12 \times 16^{-2} = (63.546875)_{10}$$

式中的下标16表示括号中的数是十六进制数。

1.1.2 数制转换

1. 二—十进制转换

把二进制数转换成等值的十进制数称为二—十进制转换。转换时只要按加权系数展开式展开，再把各项的数值相加即为十进制数。例如：

$$(1101.11)_2 = 1 \times 2^3 + 1 \times 2^2 + 0 \times 2^1 + 1 \times 2^0 + 1 \times 2^{-1} + 1 \times 2^{-2}$$
$$= 8 + 4 + 0 + 1 + 1/2 + 1/4$$
$$= (13.75)_{10}$$

2. 十—二进制转换

十—二进制转换是指，将十进制数转换成等值的二进制数，可分为整数部分和小数部分转换两种情形。对整数部分可采用连除法，即"除2取余作系数，从低位到高位"的方法，例如，将 $(78)_{10}$ 转换为二进制数：

```
2|78  ……………… 余数 0
2|39  ……………… 余数 1
2|19  ……………… 余数 1
2|9   ……………… 余数 1
2|4   ……………… 余数 0
2|2   ……………… 余数 0
2|1   ……………… 余数 1
  0
```

故 $(78)_{10} = (1001110)_2$

小数部分的转换可采用连乘法，即"乘2取整作系数，从高位到低位"的方法。例如，将 $(0.875)_{10}$ 转换为二进制数：

```
   0.875
 ×   2      ……………… 整数 1
   1.750

   0.750
 ×   2      ……………… 整数 1
   1.500

   0.500
 ×   2      ……………… 整数 1
   1.000
```

故 $(0.875)_{10} = (0.111)_2$。

3. 二—十六进制转换

若将二进制数转换成等值的十六进制数，只要从低位到高位将4位二进制数分为一组,代之以等值的十六进制数即可。

例如,将 $(10101001.10101011)_2$ 化为十六进制数:

$$(1010 \quad 1001. \quad 1010 \quad 1011)_2$$
$$\downarrow \quad \downarrow \quad \downarrow \quad \downarrow$$
$$= (A \quad 9. \quad A \quad B)_{16}$$

4. 二—八进制数转换

若将二进制数转换成等值的八进制数,只要从低位到高位将3位二进制数分为一组,代之以等值的八进制数即可。

例如,将 $(101011.110)_2$ 化为八进制数:

$$(101 \quad 011. \quad 110)_2$$
$$\downarrow \quad \downarrow \quad \downarrow$$
$$= (5 \quad 3. \quad 6)_8$$

5. 十六—二进制数转换

若将十六进制数转换成等值的二进制数,只需将十六进制中的每一位用等值的4位二进制数代替即可。

例如,$(8AC.C8)_{16}$ 转换为二进制数:

$$(8 \quad A \quad C. \quad C \quad 8)_{16}$$
$$\downarrow \quad \downarrow \quad \downarrow \quad \downarrow \quad \downarrow$$
$$= (1000 \quad 1010 \quad 1100. \quad 1100 \quad 1000)_2$$

1.1.3 码制

码制是指用二进制数表示数字和字符的编码方法。

例如,用4位二进制数码表示1位十进制数0~9这10个状态,使其可在数字电路中运行时,有很多种不同的码制,见表1-1。通常将用4位二进制码表示1位十进制数的编码方法叫做二—十进制码,简称为 BCD 码。

表1-1 几种常用的 BCD 码

十进制数 \ BCD 码	8421码	2421码	5421码	余3码	格雷码
0	0000	0000	0000	0011	0000
1	0001	0001	0001	0100	0001
2	0010	0010	0010	0101	0011
3	0011	0011	0011	0110	0010
4	0100	0100	0100	0111	0110
5	0101	1011	1000	1000	0111
6	0110	1100	1001	1001	0101
7	0111	1101	1010	1010	0100
8	1000	1110	1011	1011	1100
9	1001	1111	1100	1100	1101

在数字电路中，常用的是 8421 BCD 码，为了防止代码在传送中产生错误，有时也用其他一些编码方法，如格雷码、余 3 循环码、奇偶校验码、汉明码等。国际上还有一些专门处理字母、数字和字符的十进制代码，如 ISO 码、ASCII 码等。

1.2 逻辑代数基础

1.2.1 逻辑变量与逻辑函数

逻辑代数：是用来描述客观事物逻辑关系的数学方法（又称布尔代数）。

逻辑代数也用字母来表示变量，这种变量叫做逻辑变量。逻辑变量的取值只有 0 和 1，这时的 0 和 1 不再表示数量的大小，只是表示两种不同的逻辑状态。如 1 和 0 只表示是和非、开和关、高和低等。

在研究事件的因果变化关系时，决定事件变化的因素称为逻辑自变量，对应事件的结果称为逻辑结果，以某种形式表示的逻辑自变量与逻辑结果之间的函数关系称为逻辑函数。

1.2.2 基本逻辑运算

基本的逻辑关系有 3 种，即逻辑与、逻辑或、逻辑非。与之相对应，在逻辑代数中，基本的逻辑运算也有 3 种，即与运算、或运算、非运算。为了理解与、或、非 3 种基本逻辑运算的含义，下面以一例子进行说明。

从图 1-1 中可以看出，若把开关的闭合作为条件，把灯的亮暗作为结果，那么 3 个电路图代表的逻辑关系如下：

图 1-1(a) 表示只有决定事件结果的全部条件均具备时结果才发生，这种逻辑关系称为与逻辑、也称为逻辑乘。

图 1-1(b) 表示决定事件的所有条件中只要一个满足，结果就能发生，这种逻辑关系称为或逻辑、也称为逻辑加。

图 1-1(c) 表示决定事件的条件满足时，结果便不会发生，而条件不具备时，结果反而会发生，这种逻辑关系称为非逻辑、也称为逻辑反。

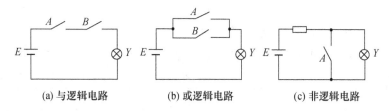

(a) 与逻辑电路   (b) 或逻辑电路   (c) 非逻辑电路

图 1-1 表示与、或、非 3 种逻辑的电路

【特别提示】 若以 A、B 来表示逻辑自变量，Y 表示逻辑因变量，A、B 取 0 表示开关断开，取 1 表示开关闭合；Y 取 0 表示灯灭，取 1 表示灯亮，即可列出因变量与自变量之间的变化关系，如表 1-2、表 1-3、表 1-4 所示，这种表称为逻辑真值表。

表 1-2 与逻辑的真值表			表 1-3 或逻辑的真值表			表 1-4 非逻辑的真值表	
A	B	Y	A	B	Y	A	Y
0	0	0	0	0	0	0	1
0	1	0	0	1	1	1	0
1	0	0	1	0	1		
1	1	1	1	1	1		

将上述 3 种基本逻辑运算的逻辑自变量与逻辑因变量之间的关系表示成逻辑函数的形式为：

$$Y = A \cdot B \quad \text{与逻辑运算式}$$
$$Y = A + B \quad \text{或逻辑运算式}$$
$$Y = \overline{A} \quad \text{非逻辑运算式}$$

式中，"·"表示与运算，"+"表示或运算，变量上的"—"表示非运算。

同时，把实现与逻辑运算的单元电路叫与门，把实现或运算的单元电路叫或门，实现非运算的单元电路叫非门。

与、或、非逻辑运算不仅可以用逻辑函数的形式来表示，还可用图形符号来表示，这些图形符号不仅可以表示有关的逻辑运算，还可表示相应的门电路。图 1-2 即为国家标准所采用的图形符号。

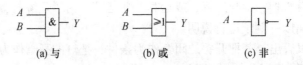

图 1-2 与、或、非的逻辑符号

1.2.3 组合逻辑运算

在实际问题中，事件的因果关系往往比单一的与、或、非要复杂得多，不过它们均可用与、或、非组合来实现。将含有两个或两个以上基本逻辑的逻辑函数关系称为组合逻辑函数。

通常组合逻辑函数包含与非、或非、异或、与或非等，相应的真值表如表 1-5～表 1-8 所示，逻辑函数式及图形符号如图 1-3 所示。

表 1-5 两个输入变量与非逻辑真值表			表 1-6 两个输入变量或非逻辑真值表			表 1-7 两个输入变量异或逻辑真值表		
A	B	Y	A	B	Y	A	B	Y
0	0	1	0	0	1	0	0	0
0	1	1	0	1	0	0	1	1
1	0	1	1	0	0	1	0	1
1	1	0	1	1	0	1	1	0

表 1-8 2-2 输入变量与或非逻辑真值表

A	B	C	D	Y
0	0	0	0	1
0	0	0	1	1
0	0	1	0	1
0	0	1	1	0
0	1	0	0	1
0	1	0	1	1
0	1	1	0	1
0	1	1	1	0
1	0	0	0	1
1	0	0	1	1
1	0	1	0	1
1	0	1	1	0
1	1	0	0	0
1	1	0	1	0
1	1	1	0	0
1	1	1	1	0

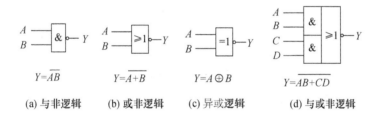

图 1-3 组合逻辑函数的图形符号及逻辑式

由组合逻辑函数的真值表可知，与非运算是将 A 和 B 先进行与运算然后将结果求反，故与非运算属于与运算和非运算的组合，图形符号中的小圆圈表示非运算。

或非运算是将 A 和 B 先进行或运算，然后将结果求反，故属于或运算和非运算的组合。

与或非运算是将 A 和 B 及 C 和 D 分别进行与运算，再将结果进行或运算，最后进行非运算，故属于与、或、非运算的组合。

异或运算的规律是：当 A，B 取值不同时，输出为 1；取值相同时，输出为 0，异或运算可用与、或、非的组合表示：

$$A \oplus B = A \cdot \overline{B} + \overline{A} \cdot B$$

为了书写方便，常将与的运算符号"·"省略，即将 $A \cdot B$ 简写成 AB。

1.2.4 逻辑代数的基本定律

在逻辑代数中，有如下一些基本定律（见表1-9），这些定律对今后的逻辑运算及逻辑函数的化简均有非常重要的作用。

表1-9 逻辑代数基本定律

序号	定律	
1	$0 \cdot A = 0$	$1 + A = 1$
2	$1 \cdot A = A$	$0 + A = A$
3	$A \cdot A = A$	$A + A = A$
4	$A \cdot \overline{A} = 0$	$A + \overline{A} = 1$
5	$A \cdot B = B \cdot A$	$A + B = B + A$
6	$A \cdot (B \cdot C) = (A \cdot B) \cdot C$	$A + (B + C) = (A + B) + C$
7	$A \cdot (B + C) = A \cdot B + A \cdot C$	$A + B \cdot C = (A + B) \cdot (A + C)$
8	$\overline{A \cdot B} = \overline{A} + \overline{B}$	$\overline{A + B} = \overline{A} \cdot \overline{B}$
9	$\overline{\overline{A}} = A$	

【特别提示】 表1-9中序号1，2项为常量与变量间的运算规律，称为0～1律；3项为同一变量的运算规律，称为重叠律；4项为变量与反变量的运算规律，称为互补律；5项为交换律；6项为结合律；7项为分配律；8项是著名的摩根定理，也称反演律；9项表示一个变量两次求反运算后还原为其本身，称为还原律或非非律。

上述这些定律的正确性可用真值表的方法加以证明，若将变量的所有取值代入等式两边，两边的结果相等，则等式成立。

【例1-1】 试用真值表验证 $\overline{A + B} = \overline{A} \cdot \overline{B}$ 的正确性。

解：将变量 A 和 B 的所有取值代入等式两边，得出的真值表如表1-10所示，结果表明 $\overline{A + B}$ 与 $\overline{A} \cdot \overline{B}$ 的结果相等，故等式成立。

表1-10 $\overline{A + B}$ 与 $\overline{A} \cdot \overline{B}$ 的真值表

A	B	$\overline{A}$	$\overline{B}$	$\overline{A + B}$	$\overline{A} \cdot \overline{B}$
0	0	1	1	1	1
0	1	1	0	0	0
1	0	0	1	0	0
1	1	0	0	0	0

1.2.5 逻辑代数常用公式和基本规则

1. 常用公式

(1) $$A + AB = A \tag{1-6}$$

证明： $A + AB = A(1 + B) = A \cdot 1 = A$

式（1-6）表明，两个乘积项相加时，若其中一项为另一项的因子，则包含项是多余的。

（2） $$A + \overline{A}B = A + B \tag{1-7}$$

证明： $A + \overline{A}B = (A + \overline{A})(A + B) = 1 \cdot (A + B) = A + B$

式（1-7）的证明利用了分配律，结果表明，两个乘积项相加，若一项取反后为另一项的因子，则该因子是多余的，可消去。

（3） $$AB + A\overline{B} = A \tag{1-8}$$

证明： $AB + A\overline{B} = A(B + \overline{B}) = A \cdot 1 = A$

式（1-8）的证明利用了分配律，结果表明，当两个乘积项相加时，若只有一个因子不同，且不同的因子又互为反变量，则两项可以合并，消去不同的因子，保留相同因子。

（4） $$A(A + B) = A \tag{1-9}$$

证明： $A(A + B) = AA + AB = A(1 + B) = A \cdot 1 = A$

式（1-9）说明，当变量 A 与包含 A 的项相乘时，可将和消去，结果为 A。

（5） $$AB + \overline{A}C + BC = AB + \overline{A}C \tag{1-10}$$

证明：
$$\begin{aligned} AB + \overline{A}C + BC &= AB + \overline{A}C + BC(A + \overline{A}) \\ &= AB + \overline{A}C + ABC + \overline{A}BC \\ &= AB(1 + C) + \overline{A}C(1 + B) \\ &= AB \cdot 1 + \overline{A}C \cdot 1 \\ &= AB + \overline{A}C \end{aligned}$$

式（1-10）说明，若两个乘积项中分别包含 A 和 $\overline{A}$ 两个因子时，而这两项的其余因子组成第三项，则第三项可消去。式（1-10）可进一步推广如下：

$$AB + \overline{A}C + BCD = AB + \overline{A}C$$

【知识链接】 以上公式均是从基本定律导出的结果，利用基本定律还可得出更多的常用公式，读者可在今后的分析中自行总结。

2. 基本规则

（1）代入规则。将等式两边的同一个逻辑变量均以一个逻辑函数取代之，则等式仍然成立，这一规则称为代入规则。

利用代入规则，可将前面所讲过的基本定律和常用公式推广，掌握这些推广的形式，对逻辑函数化简非常有用。

例如，应用代入规则将摩根定理推广，有如下结论：$\overline{A \cdot B} = \overline{A} + \overline{B}$，若以 BC 代替原来 B 的位置，则有

$$\overline{A \cdot (BC)} = \overline{A} + \overline{(BC)} = \overline{A} + \overline{B} + \overline{C}$$

（2）反演规则。对于任意一个逻辑函数式 Y，若将其中所有的"·"换成"+"，"+"换成"·"，0 换成 1，1 换成 0，原变量换成反变量，反变量换成原变量，得到的函数式就是 $\overline{Y}$，这就是反演规则，利用反演规则可非常方便地求反函数 $\overline{Y}$。

例如，$Y = (A + \overline{B}C)(\overline{A} + D)$，则

$$\overline{Y} = \overline{A} \cdot (B + \overline{C}) + A \cdot \overline{D} = \overline{A}B + \overline{A}\overline{C} + A\overline{D}$$

在使用反演规则求反函数式时应注意以下两点：

(1) 必须遵循"先括号，然后乘，最后加"的运算原则。

(2) 不属于单个变量上的非号应保留不变。

【例1-2】 若 $Y = (A+BC)\overline{CD}$，求 $\overline{Y}$。

解： 根据反演规则可知：

$$\begin{aligned}\overline{Y} &= \overline{A} \cdot (\overline{B}+\overline{C}) + C + \overline{D} \\ &= \overline{A}\overline{B} + \overline{A}\overline{C} + C + \overline{D} \\ &= \overline{A}\overline{B} + \overline{A} + C + \overline{D} \\ &= \overline{A} + C + \overline{D}\end{aligned}$$

(3) 对偶规则。对于任意一个逻辑函数式 Y，若将其中的"·"换成"+"，"+"换成"·"，0换成1，1换成0，所得到的一个新的逻辑数式，就是函数 Y 的对偶式，记为 Y'，这就是对偶规则。

可以证明，若两个逻辑函数相等，则其对应的对偶式也相等。利用这一结果可以证明某一等式两边函数的对偶式相等，再得出两函数相等，这样可简化证明过程。

【例1-3】 求证：$A+BC = (A+B)(A+C)$。

证明： 由对偶规则可知左边的对偶式为 $A \cdot (B+C) = AB+AC$，右边的对偶式为 $AB+AC$，所以原等式成立。

1.3 逻辑函数的表示方法及相互转换

1.3.1 逻辑函数的表示方法

前面已经讲过，任何一个因果事件均可用逻辑自变量与逻辑因变量之间的关系式即逻辑函数来进行描述，在实际使用中，逻辑函数的表示方法有逻辑真值表、逻辑函数式、逻辑图及卡诺图、波形图等。

1. 逻辑真值表

将逻辑自变量所有取值和其相对应的逻辑因变量的结果列成表格即得到真值表，真值表可将事件的因果关系非常直观地表示出来。

2. 逻辑函数式

将逻辑自变量和逻辑因变量的关系用与、或、非等运算的组合形式表示出来，得到的即为逻辑函数式。

逻辑函数式对事件的因果关系表示非常简洁，也便于利用公式法对其进行化简。

3. 逻辑图

将逻辑函数式中的与、或、非等逻辑关系用对应的图形符号表示得到的即为逻辑图。逻辑图便于将事件的因果关系连成逻辑电路，因为最终的逻辑功能均依靠电路来实现。

卡诺图和波形图将在后续章中介绍。

1.3.2 各种表示方法间的相互转换

1. 由真值表到逻辑函数式

【例1-4】 已知一奇偶判断电路的真值表如表1-11所示，试写出它的逻辑函数式。

解：从真值表的变化规律可知，当变量 A，B，C 中的两个同时为1时，输出 Y 为1，否则 Y 为0，当：

$$A=0，B=1，C=1 时，则 \bar{A}BC=1；$$
$$A=1，B=0，C=1 时，则 A\bar{B}C=1；$$
$$A=1，B=1，C=0 时，则 AB\bar{C}=1；$$

故 Y 的逻辑函数式为上述3个乘积项之和，即

$$Y=\bar{A}BC+A\bar{B}C+AB\bar{C}$$

【特别提示】 由此得出由真值表写出逻辑函数式的方法如下：
(1) 找出真值表中使 $Y=1$ 的那些输入变量的组合；
(2) 每组输入变量取值的组合对应一个乘积项，取1的写成原变量，取0的写成反变量；
(3) 将这些乘积项相加，得到的即为逻辑函数式。

2. 由逻辑函数式列出真值表

将输入变量的所有取值组合代入逻辑函数式中，求出函数值，列成表格，即可得到真值表。

【例1-5】 已知 $Y=A\bar{B}+B\bar{C}$，求其对应的真值表。

解：将 A，B，C 的8种取值组合逐一代入函数式，得出函数值，列成表格，即可得到其对应真值表（见表1-12）。

表1-11 例1-4的真值表

A	B	C	Y
0	0	0	0
0	0	1	0
0	1	0	0
0	1	1	1
1	0	0	0
1	0	1	1
1	1	0	1
1	1	1	0

表1-12 例1-5的真值表

A	B	C	Y
0	0	0	0
0	0	1	0
0	1	0	1
0	1	1	0
1	0	0	1
1	0	1	1
1	1	0	1
1	1	1	0

3. 由逻辑函数式画出逻辑图

用图形符号逐一代替函数式的运算符号，即可得到逻辑图。

【例 1-6】 已知 $Y = A\overline{B} + B\overline{C}$，试画出逻辑图。

解：由逻辑函数式可直接画出逻辑图，如图 1-4 所示。

【例 1-7】 已知 $Y = ABC + \overline{AC}$，试画出逻辑图。

解：由逻辑函数式可直接画出逻辑图，如图 1-5 所示。

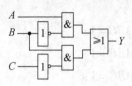

图 1-4 例 1-6 逻辑图

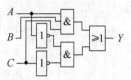

图 1-5 例 1-7 逻辑图

1.4 逻辑函数的代数化简法

在分析逻辑问题时会发现，同一个逻辑函数虽然它所实现的逻辑功能是确定的，但其表达形式却是多样的，例如：

$$Y = AB + BC \text{（与或式）}$$
$$= \overline{\overline{AB} \cdot \overline{BC}} \text{（与非—与非式）}$$
$$= \overline{(\overline{A} + \overline{B})} + \overline{(\overline{B} + \overline{C})} \text{（或非—或非式）}$$

而人们总希望逻辑函数的表达形式最简单。当逻辑函数的形式最简单时，实现其逻辑功能所需的电路元件最少，不仅成本低，而且性能更可靠。

【**特别提示**】 由于逻辑函数多以与或式出现，故下面将以与或式为例，分析其最简式的化简方法。所谓最简与或式，是指函数式的乘积项最少，且每个积乘项中的因子个数也最少。

所谓代数化简法，即指采用前面所讲的基本定律及常用公式对函数进行化简。现将常用的化简法列于表 1-13 中。

表 1-13 常用代数化简法

名 称	所用公式	方法说明
并项法	$AB + A\overline{B} = A$	将两项合并为一项，且消去一个因子
吸收法	$A + AB = A$	将多余的乘积项 AB 吸收掉
消因子法	$A + \overline{A}B = A + B$	消去乘积项中多余的因子
消项法	$AB + \overline{A}C + BC = AB + \overline{A}C$ $AB + \overline{A}C + BCD = AB + \overline{A}C$	消去多余项
配项法	$A + A = A$ $A + \overline{A} = 1$	重复写入某项，再与其他项配合进行化简 可将一项拆成两项，再与其他项配合进行化简

在对逻辑函数进行化简时，并没有固定的方法，有时要灵活、综合甚至重复地使用某些公式，才能将函数化成最简的形式，能否尽快将其化为最简形式，取决于对公式的熟练程度及应用技巧。下面仅举几个例子加以说明。

【例 1-8】 $Y = A\overline{B} + \overline{A}B + ACD + \overline{A}CD$

解：
$$Y = (A+\overline{A})\overline{B} + (A+\overline{A})CD$$
$$= 1 \cdot \overline{B} + 1 \cdot CD$$
$$= \overline{B} + CD$$

【例 1-9】 $Y = A + \overline{\overline{A} \cdot BD}(A + \overline{BC} + D) + BD$

解：
$$Y = (A+BD) + \overline{\overline{A} \cdot BD}(A + \overline{BC} + D)$$
$$= (A+BD)(1 + (A + \overline{BC} + D))$$
$$= A + BD$$

【例 1-10】 $Y = AB + AC + \overline{B}C$

解：
$$Y = \overline{B}C + BA + AC$$
$$= \overline{B}C + BA$$
$$= AB + \overline{B}C$$

【例 1-11】 $Y = \overline{A}BC + (A + \overline{B})C$

解：
$$Y = \overline{A}BC + AC + \overline{B}C$$
$$= (\overline{A}B + A)C + \overline{B}C$$
$$= (B + A)C + \overline{B}C$$
$$= (B + A + \overline{B})C$$
$$= C$$

【例 1-12】 $Y = A\overline{B}CD + ABD + A\overline{C}D$

解：
$$Y = AD(\overline{B}C + B) + A\overline{C}D$$
$$= AD(C + B) + A\overline{C}D$$
$$= ACD + A\overline{C}D + ABD$$
$$= AD(C + \overline{C} + B)$$
$$= AD$$

【例 1-13】 $Y = AC + B\overline{C} + \overline{A}B$

解：
$$Y = AC + \overline{A}B + BC + B\overline{C}$$
$$= AC + \overline{A}B + B(C + \overline{C})$$
$$= AC + \overline{A}B + B$$
$$= AC + (\overline{A} + 1)B$$
$$= AC + B$$

1.5 逻辑函数的卡诺图化简法

在应用代数法对逻辑函数进行化简时，不仅要求对公式能熟练运用，而且对最后结果是否是最简要进行判断，遇到较复杂的逻辑函数时代数法有一定难度。下面介绍的卡诺图化简法，只要掌握其要领，对逻辑函数化简非常方便。

1.5.1 逻辑函数最小项表达式

1. 最小项及最小项表达式

【特别提示】 在有 n 个变量的逻辑函数中，若其与或表达式的每个乘积项包含了 n 个因子，且 n 个因子均以原变量或反变量的形式在乘积项中出现一次，则称这样的乘积项为逻辑函数的最小项。如果某一函数式的与或表达式其与项均为最小项，则此函数式称为逻辑函数的最小项表达式。

例如 A，B，C 3 个变量的最小项有 $\overline{A}\overline{B}\overline{C}$，$\overline{A}\overline{B}C$，$\overline{A}B\overline{C}$，$\overline{A}BC$，$A\overline{B}\overline{C}$，$A\overline{B}C$，$AB\overline{C}$，$ABC$ 8 个最小项。故 n 变量共有 2^n 个最小项，但在一个函数式中并不一定含有 2^n 个最小项。可以证明，任何逻辑函数均有其最小项表达式，如

$$Y = AB + BC = AB(C+\overline{C}) + BC(A+\overline{A}) = AB\overline{C} + ABC + \overline{A}BC$$

2. 最小项的编号

在逻辑函数的最小项表达式中，为了方便起见，常以 m_i 的形式表示最小项，m 代表最小项，i 表示最小项的编号。i 是 n 变量取值组合排成二进制数所对应的十进制数，若变量以原变量形式出现视为 1，以反变量形式出现视为 0。例如，$\overline{A}\overline{B}\overline{C}$ 记为 m_0，$\overline{A}\overline{B}C$ 记为 m_1，$\overline{A}B\overline{C}$ 记为 m_2 等。例如：

$$Y = AB\overline{C} + ABC + \overline{A}BC = (110 + 111 + 011) = m_6 + m_7 + m_3 = \sum m(3,6,7)$$

3. 最小项的性质

（1）输入变量的任何一组取值必有一个最小项，且仅有一个最小项的值为 1。
（2）全体最小项之和为 1。
（3）在输入变量的任何一组取值下，任意两个最小项之积为 0。
（4）若两个最小项只有一个因子不同，则称这两个最小项具有相邻性。具有相邻性的最小项之和可合并成一项并消去互反因子。如 $\overline{A}\overline{B}\overline{C} + \overline{A}\overline{B}C = \overline{A}\overline{B}$。

1.5.2 逻辑函数的卡诺图表示法

1. 卡诺图

卡诺图是逻辑函数的小方块图形表示法，它是由美国工程师卡诺首先提出来的，故称为卡诺图。这种方法是将 n 变量的全部最小项用小方块表示，并使所有逻辑相邻性的最小项在几何位置上也相邻地排列起来所得到的图形，称为 n 变量最小项的卡诺图。图 1-6 所示为 2、3、4 变量的最小项卡诺图。

卡诺图两侧所标的 0 和 1 表示对应方块中最小项为 1 的变量取值。另外，为了确保卡诺图中小方块所表示的最小项在几何上相邻时逻辑上也有相邻性，两侧标注的数码不能按从小到大的规则排列。

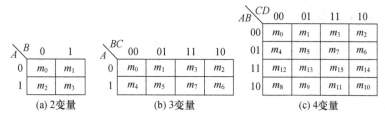

图1-6 2、3、4变量最小项卡诺图

【特别提示】 除几何相邻的最小项有逻辑相邻的性质外,图中每一行或每一列两端的最小项也具有逻辑相邻性,故卡诺图可看成一个上下、左右及对角闭合的球形。

当输入变量的个数在5个或5个以上时,不能仅用二维空间的几何相邻来代表其逻辑相邻,故其卡诺图较复杂,一般不常用。

2. 用卡诺图表示逻辑函数

因为任何逻辑函数均可写成最小项表达式,而每个最小项又都可以表示在卡诺图中,故可用卡诺图来表示逻辑函数。方法是:将逻辑函数化为最小项表达式,然后在卡诺图上将式中最小项所对应的小方块内填上1,其余位置上填上0或不填,得到的即为逻辑函数的卡诺图。

【例1-14】 用卡诺图表示下列逻辑函数:
$$Y_1 = A\bar{B} + B\bar{C}, \quad Y_2 = AB\bar{C} + \bar{A}BD + AC\bar{D}。$$

解:先将逻辑函数化为最小项表达式:
$$Y_1 = A\bar{B}(C+\bar{C}) + (A+\bar{A})B\bar{C}$$
$$= A\bar{B}C + A\bar{B}\bar{C} + AB\bar{C} + \bar{A}B\bar{C}$$
$$= m_5 + m_4 + m_6 + m_2$$
$$Y_2 = AB\bar{C}(D+\bar{D}) + \bar{A}BD(C+\bar{C}) + AC\bar{D}(B+\bar{B})$$
$$= AB\bar{C}D + AB\bar{C}\bar{D} + \bar{A}BCD + \bar{A}B\bar{C}D + ABC\bar{D} + A\bar{B}C\bar{D}$$
$$= m_{13} + m_{12} + m_{11} + m_9 + m_{14} + m_{10}$$

然后在卡诺图中对应最小项的小方块内填1,其余位置填0,即可得到Y_1和Y_2的卡诺图,如图1-7所示。

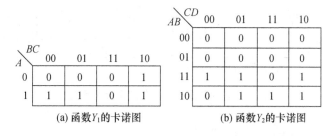

图1-7 例1-14的卡诺图

1.5.3 用卡诺图化简逻辑函数

由于卡诺图中几何相邻的最小项在逻辑上也具有相邻性，而逻辑相邻的两个最小项只有一个因子不同，根据互补律可知，将它们相加，可以消去不同的因子，只留下公共因子，这就是卡诺图化简法的依据。

卡诺图化简法的步骤如下：

(1) 将逻辑函数化成最小项表达式。
(2) 用卡诺图表示逻辑函数。
(3) 找出可以合并（即几何上相邻）的最小项，并用包围圈将其圈住。
(4) 选取可合并的最小项的公共因子作为乘积项，这样的乘积项之和即为化简后的逻辑函数。

【特别提示】 在进行卡诺图化简时，为了保证化简的准确无误，在选取可合并的最小项时应遵循以下原则：

(1) 包围圈所圈住的相邻最小项（即小方块中对应的 1）的个数应为 2, 4, 8, 16 等，即为 2^n 个。
(2) 包围圈越大，即圈中所包含的最小项越多，其公共因子越少，化简后的结果就越简单。
(3) 包围圈的个数越少越好。包围圈的个数越少，乘积项就越少，化简后的结果就越简单。
(4) 须将函数的所有最小项都圈完。
(5) 画包围圈时，最小项可以被重复包围，但每个圈中至少有一个最小项不被其他包围圈所圈过，这可以保证该化简项的独立性。如图 1-8 所示。

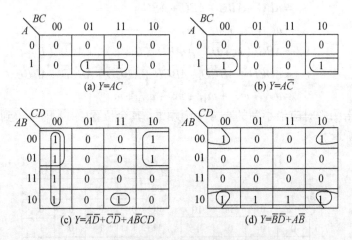

图 1-8 各相邻最小项画包围圈合并的情况

【例 1-15】 用卡诺图化简逻辑函数
$$Y = ABC + ABD + \overline{CD} + \overline{ABC} + \overline{ACD} + A\overline{CD}$$

解：先将函数 Y 化为最小项表达式的形式。

$$Y = ABC(D+\overline{D}) + ABD(C+\overline{C}) + C\overline{D}(A+\overline{A})(B+\overline{B}) + A\overline{B}C(D+\overline{D}) + \overline{A}CD(B+\overline{B}) + A\overline{C}\overline{D}(B+\overline{B})$$

$$= ABCD + ABC\overline{D} + ABCD + AB\overline{C}D + ABC\overline{D} + A\overline{B}C\overline{D} + \overline{A}BC\overline{D} + \overline{A}\overline{B}C\overline{D} + A\overline{B}CD + A\overline{B}C\overline{D} + AB\overline{C}\overline{D} + A\overline{B}\overline{C}\overline{D}$$

$$= m_{15} + m_{14} + m_{13} + m_{12} + m_{11} + m_{10} + m_9 + m_8 + m_6 + m_4 + m_2 + m_0$$

再用卡诺图表示逻辑函数 Y，并根据化简方法进行化简。

根据图 1-9，可得：$Y = A + \overline{D}$。

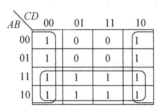

图 1-9　例 1-15 的卡诺图

1.5.4　具有无关项的逻辑函数化简

1. 逻辑函数中的无关项

在实际工作中经常会遇到这样的逻辑函数，其输入变量的取值不是任意的，对某些取值要加以限制。例如，用 A，B，C 三个变量分别表示电机的正转、反转和停止，并且规定 $A=1$ 表示电机正转，$B=1$ 表示电机反转，$C=1$ 表示电机停止工作，则 $\overline{A}\overline{B}\overline{C}$，$\overline{A}BC$，$A\overline{B}C$，$AB\overline{C}$，$ABC$ 这 5 个最小项根本不会出现。我们将这些不会出现的最小项称为约束项。

另外还有一种情况，即输入变量某些取值下的函数值是 0 还是 1，对电路的逻辑功能无影响。例如，用二进制代码表示十进制数时，$ABCD = 0000 \sim 1001$ 代表 0～9，而 $ABCD = 1010 \sim 1111$ 没有被采用；一旦 $ABCD$ 的取值为 $1010 \sim 1111$ 时，人们对函数值是 0 还是 1 并不关心，故这种对电路功能无影响的最小项称为任意项。而将约束项与任意项统称为无关项。这里所说的无关是指是否把这些最小项写入函数式中无关紧要，可写入也可不写入。

为了分析问题的方便起见，对无关项可表示成：$\sum \Phi(0,3,5,6,7) = 0$
$\sum \Phi(10,11,12,13,14,15,) = 0$

式中的 $\Phi(i)$ 表示无关项。

2. 具有无关项的逻辑函数的化简

由于无关项要么不在逻辑函数中出现，要么会出现但其值取 0 或 1，对电路的逻辑功能无影响，因此对具有无关项的逻辑函数进行化简时，无关项既可取 0，也可取 1，化简的具体步骤如下：

(1) 将函数式中最小项在卡诺图中对应的小方块内填 1,无关项在对应的小方块内填 Φ,其余位置补 0。

(2) 画包围圈时即可将无关项看做是 1,也可以看做是 0,以得到的圈最大、圈的个数最少为原则。

(3) 圈中必须至少有一个有效的最小项,不能全是无关项。

【例 1-16】 表 1-14 是一个用于判断用二进制码表示的十进制数是否大于等于 5 的真值表,试写出其最简的与或表达式。

解:根据真值表,可画出的 4 变量卡诺图如图 1-10 所示。经化简后可得:

$$Y = A + BD + BC$$

表 1-14 例 1-16 的真值表

A	B	C	D	Y
0	0	0	0	0
0	0	0	1	0
0	0	1	0	0
0	0	1	1	0
0	1	0	0	0
0	1	0	1	1
0	1	1	0	1
0	1	1	1	1
1	0	0	0	1
1	0	0	1	1
1	0	1	0	Φ
1	0	1	1	Φ
1	1	0	0	Φ
1	1	0	1	Φ
1	1	1	0	Φ
1	1	1	1	Φ

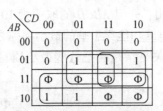

图 1-10 例 1-16 的卡诺图

本 章 小 结

二进制是数字电路中最常用的计数体制,0 和 1 还可用来表示电平的高和低、开关的闭和断、事件的是与非等。

逻辑代数中的基本定律及基本公式是逻辑代数运算的基础,熟练掌握这些定律及公式可提高运算速度。

逻辑函数可用真值表、逻辑函数式、逻辑图、卡诺图、波形图表示,已知逻辑函数的任何一种形式,应能将它转换成其他形式中的任何一种。

逻辑函数的化简法有卡诺图化简法及公式化简法两种。由于公式化简法无固定的规律可循,因此,必须在实际练习中逐渐掌握应用各种公式进行化简的方法及技巧。

卡诺图化简法有固定的规律和步骤,且直观、简单。只要按照给定的步骤进行,即可在实践中较快地寻找到化简的规律,卡诺图化简法对5变量以下的逻辑函数化简非常方便。

习　　题

一、单选题

1. 二进制数 $(1011.11)_2$ 转换为十进制数是(　　)。
   A. $(13.30)_{10}$ 　　B. $(11.75)_{10}$ 　　C. $(11.21)_{10}$ 　　D. $(13.75)_{10}$
2. 二进制数 $(1111.01)_2$ 转换为十进制数是(　　)。
   A. $(14.01)_{10}$ 　　B. $(16.05)_{10}$ 　　C. $(15.25)_{10}$ 　　D. $(15.05)_{10}$
3. 十六进制数 $(1F.8C)_{16}$ 转换为十进制数是(　　)。
   A. $(16.20)_{10}$ 　　B. $(31.812)_{10}$ 　　C. $(16.546875)_{10}$ 　　D. $(31.546875)_{10}$
4. 十进制数 $(72)_{10}$ 转换为二进制数是(　　)。
   A. $(1111000)_2$ 　　B. $(1000111)_2$ 　　C. $(1001000)_2$ 　　D. $(1101110)_2$
5. 十进制数 $(73.875)_{10}$ 转换为二进制数是(　　)。
   A. $(1111000.111)_2$ 　　　　B. $(1000111.111)_2$
   C. $(1001000.111)_2$ 　　　　D. $(10010010.111)_2$
6. 二进制数 $(101010.101)_2$ 转换为八进制数是(　　)。
   A. $(53.6)_8$ 　　B. $(52.6)_8$ 　　C. $(53.5)_8$ 　　D. $(52.5)_8$

二、简答题

1. 数字信号和数字电路与模拟信号和模拟电路的主要区别是什么?
2. 逻辑运算中的1和0与数码中的1和0有何区别?逻辑加和逻辑乘与算术中的加和乘有何不同?
3. 逻辑代数与数学中所讲的代数有何区别?

三、分析题

1. 利用真值表证明下列等式。
   (1) $A\overline{B} + \overline{A}B = (\overline{A} + \overline{B})(A + B)$
   (2) $A + \overline{A \cdot (B + C)} = A + \overline{B} + \overline{C}$
2. 在下列各逻辑函数表达式中变量 A, B, C 为何值时函数值为1。
   (1) $Y = AB + BC + AC$

(2) $Y = ABC + \overline{A}\overline{B}C + \overline{A}B\overline{C} + A\overline{B}\overline{C}$

3. 将下列函数展开为最小项表达式。

(1) $Y(A, B, C) = AB + AC$

(2) $Y(A, B, C, D) = AD + BC\overline{D} + \overline{A}\overline{B}C$

4. 用代数法将下列函数化简成为最简与或式。

(1) $Y = \overline{A}\overline{B}C + \overline{A}B\overline{C} + A\overline{B}\overline{C} + ABC$

(2) $Y = AC\overline{D} + AB\overline{D} + BC + \overline{A}CD + ABD$

(3) $Y = A(\overline{A} + B) + B(B + C) + B$

(4) $Y = \overline{\overline{\overline{AB} + ABC} + A(B + A\overline{B})}$

(5) $Y = \overline{ABC + BD(\overline{A} + C) + (B + D)AC}$

5. 用卡诺图法将下列函数化简成为最简与或式。

(1) $Y = AB\overline{C}D + A\overline{B}CD + A\overline{B} + A\overline{D} + \overline{A}BC$

(2) $Y = \overline{B}\overline{C}D + \overline{A}BCD + BC\overline{D} + AB\overline{D} + \overline{A}B\overline{C}$

(3) $Y = \overline{(AB + BD)\overline{C} + \overline{BDAC + \overline{D}}(\overline{A} + B)}$

(4) $Y(A,B,C) = \sum m(1,2,3,6,7)$

(5) $Y(A,B,C,D) = \sum m(0,1,2,5,6,7,8,9,13,14)$

6. 用卡诺图法将下列函数化简成为最简与或式。

(1) $Y(A,B,C,D) = \sum m(0,2,4,5,7,8) + \sum d(10,11,12,13,14,15)$

(2) $Y(A,B,C,D) = \sum m(0,2,3,4,6,12) + \sum d(7,8,10,14)$

(3) $Y(A,B,C,D) = \sum m(1,2,12,14) + \sum d(5,6,7,8,9,10)$

(4) $Y(A,B,C,D) = \sum m(0,1,4,6,9,13) + \sum d(2,3,5,7,11,15)$

7. 写出图 1-11 中各逻辑图的输出函数表达式，并列出它们的真值表。

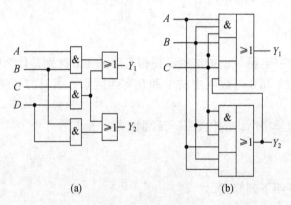

图 1-11　题 7 的图

第 2 章　逻辑门电路

教学目标

通过学习逻辑门电路的基础知识，了解基本逻辑门电路的电路结构，工作原理；掌握各种门电路的输入和输出的逻辑关系以及门电路的描述方法，为以后能够分析与设计组合逻辑电路和时序逻辑电路打下坚实的基础。

教学要求

能力目标	知识要点	权　重	自测分数
了解基本逻辑门电路的电路结构和工作原理	二极管与门电路和或门电路以及三极管非门电路的电路结构、工作原理	10%	
掌握基本逻辑门电路的逻辑功能和描述方法	与门、或门和非门输入输出逻辑功能及其4种描述方法	25%	
掌握集成逻辑门和特殊门电路的逻辑功能和描述方法	与非门、或非门、与或非门、异或门、OC门和三态门输入输出逻辑功能及其四种描述方法	30%	
掌握常用逻辑门电路的应用	与门、或门、非门、与非门、或非门、异或门、OC门和三态门的应用	35%	

引　例

门电路组成的脉冲震荡电路

图2-1所示的是利用两个非门以及电阻、电容等组成的简单脉冲振荡器。在数字电路中，脉冲振荡器可提供连续的、且具有一定频率的脉冲信号，该信号也可以作为计算机、单片机等数字电路中的时钟信号源。

在图2-1中为了显示直观，将振荡频率选得较低，并增加了三极管驱动发光二极管LED闪光电路，用以显示出振荡状态。电路中的振荡频率$f = 1/2RC$。当电阻R的单位用"欧姆"、电容C的单位用"法拉"时，所得频率f的单位为"赫兹"。由此，根据图2-1电路中所给出的数据可以算出其振荡频率$f = 0.5$ Hz。接在非门G_1输入端的电阻R_s为补偿电阻，主要用于改善由于电源电压变化而引起的振荡频率不稳定，一般取$R_s > 2R$。

改变图2-1中的R或C的数值，振荡频率会相应地发生变化。实验时可替换几组R、C值，以加深印象。应注意：当振荡频率高于20 Hz时，发光二极管LED的闪烁就不明显了，这是由于人眼的惰性所致，此时可以用扬声器代替发光二极管。改变电阻 R 的数值，可明显听出扬声器音调的变化。

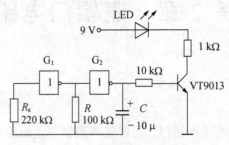

图 2-1 脉冲振荡电路

图 2-1 中的非门可使用 SN74LS04 或 CD4069，其中有 6 个非门使用任意两个即可。要注意电源输入一定要接上，虽然图中未画，但电源是必不可少的。电源可使用各种电池或直流稳压电源，一般选 6～9 V。

本引例是利用非门组成振荡器，那么非门有什么样的逻辑功能？什么是逻辑门电路？有多少种门电路？在实际应用中应该如何选择逻辑门电路？输入和输出信号间的逻辑关系应该如何描述？本章中，我们将围绕以上问题进行较详细的介绍。

2.1 基本逻辑门电路

逻辑门电路是指能够实现各种基本逻辑关系的电子电路，简称门电路，门电路是构成数字电路的最基本单元电路。门电路可分为分立元件门电路和集成门电路两类。分立元件门电路由于采用的元件多、成本高、故障率高，目前已很少采用，因此本章主要介绍各种类型的集成门电路。

"与门"、"或门"、"非门"是数字系统中常用的三种基本逻辑门电路，利用这三种基本门电路，就能构成常用的与非门、或非门、同或门、异或门、与或非门等。

2.1.1 与门电路

1. 与门实例电路

实现与逻辑关系的电子电路称为与门电路，简称与门。实现与门的电路有多种，图 2-2 所示为二极管组成的二输入端与门电路图。

由二极管的单向导电性可知：当电路的任意一个输入端输入低电平时，输出端 F 就输出低电平。只有当输入变量 A 与 B 全部为高电平时，输出变量 F 才输出高电平。若规定电源电压 $V_{CC}=3$ V，输入高电压 $V_{ih}=3$ V，输入低电压 $V_{il}=0$ V，二极管的导通压降为 0.7 V，则该电路的逻辑电平和真值表如表 2-1 所示。

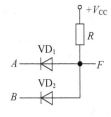

图 2-2 二极管与门电路

表 2-1 二极管与门的逻辑电平与真值表

A		B		F	
电平（V）	逻辑值	电平（V）	逻辑值	电平（V）	逻辑值
0	0	0	0	0.7	0
0	0	3	1	0.7	0
3	1	0	0	0.7	0
3	1	3	1	3	1

在这类电路中，可以通过增加二极管的个数，得到任意输入端数目的二极管与门。

与门可以有多个输入，其表达式可以表示为：

$$F = A \cdot B \cdot C \cdot D \cdots = ABCD\cdots \tag{2-1}$$

确定真值表中所列不同组合的数目时，可采用式（2-2）：

$$组合的数目 = 2^N$$

其中，N 为输入端的个数。 (2-2)

因此，对于 4 输入与门而言，可能的输入组合数为 $2^4 = 16$。当绘制真值表时，必须列出 16 种不同的输入组合。有一种简单的方法可确保不会忽略或重复录入输入变量的组合，就是采用二进制计数顺序来列写（0000，0001，0010，0011，…，1111）。

【特别提示】 逻辑与的运算规则可归纳为：有"0"出"0"，全"1"出"1"。

2. 逻辑与的波形图

根据表 2-1 与门逻辑功能真值表，可画出与门逻辑功能波形图如图 2-3 所示。

【例 2-1】 举例说明如何利用与门电路，来控制信号的传送。

例如，有一个两输入端与门，假定在输入端 B 送入一个持续的脉冲信号，而在输入端 A 输入一个控制信号，由与门逻辑关系可画出输出端 F 的输出信号波形，如图 2-4 所示。只有当 A 为 1 时，信号才能通过，在输出端 F 得到所需的脉冲信号，此时，相当于门被打开；当 A 为 0 时，信号不能通过，无输出，此时，相当于门被封锁。

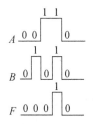

图 2-3 与门逻辑功能波形图

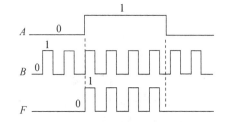

图 2-4 与门控制波形

2.1.2 或门电路

1. 或门实例电路

实现或逻辑关系的电子电路称为或门电路，简称或门。实现或门的电路有很多种，

图 2-5 所示为二极管组成的两输入端或门电路图。

由二极管的单向导电性可知：当电路的任意一个输入端输入高电平时，输出端 F 就输出高电平。也就是说，只要当输入变量 A、B 任意一个为高电平时，输出变量 F 就输出高电平。若规定电源电压 $V_{CC}=3V$，输入高电压 $V_{ih}=3V$，输入低电压 $V_{il}=0V$，二极管的导通压降为 0.7V，则该电路的逻辑电平和真值表如表 2-2 所示。

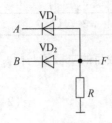

图 2-5 二极管或门电路

表 2-2 二极管或门的逻辑电平与真值表

A		B		F	
电平（V）	逻辑值	电平（V）	逻辑值	电平（V）	逻辑值
0	0	0	0	0	0
0	0	3	1	2.3	1
3	1	0	0	2.3	1
3	1	3	1	2.3	1

在这类电路中，可以通过增加二极管的个数，得到任意输入端数目的二极管或门。

上述由二极管构成的"与"、"或"门电路的优点是，电路结构简单，成本低；缺点是，一是输出的高低电平数值与输入的高低电平数值之间相差一个二极管导通压降；二是输出电平受负荷电阻的影响较明显。

或门也有两个或多个输入端和一个输出端，其多输入变量的或逻辑运算表达式可以表示为：

$$F = A + B + C + D + \cdots \tag{2-3}$$

利用式（2-3）及组合的数目 $=2^N$，其中，N 为输入端的个数，即可确定或门真值表中所列不同组合的数目。所以 3 输入或门的真值表具有 8 种输入组合，将这 8 种输入组合以二进制计数的顺序（000～111）进行排列，然后填写输出列 F，只要输入端有一个为 1，输出 F 就为 1。

【特别提示】 逻辑或的运算规则可归纳为：全"0"出"0"，有"1"出"1"。

2. 逻辑或的波形图

根据表 2-2 或门逻辑功能真值表，可画出或门逻辑功能波形图，如图 2-6 所示。

【例 2-2】 举例说明两路防盗报警电路。

如图 2-7 所示为两路防盗报警电路，该电路采用了一个两输入端的或门，S_1 和 S_2 为微动开关，可装在门和窗户上，当门和窗户都关上时，开关 S_1 和 S_2 闭合，或门输入端全部接地，$A=0$、$B=0$，输出端 $F=0$，报警灯不亮。如果门或窗任何一个被打开时，相应的开关 S 断开，该输入端经 1kΩ 电阻接至 5V 电源为高电平，故输出也为高电平，报警灯亮。输出端还可接个音响电路实现声光同时报警。

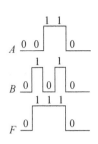

图 2-6 或门逻辑功能波形图

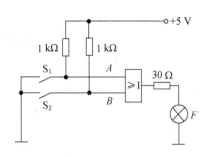

图 2-7 两路防盗报警电路

2.1.3 非门电路

1. 非门实例电路

实现非逻辑关系的电子电路称为非门电路,简称非门。最简单的非门是利用三极管的开关特性实现的。

在数字电路中,三极管是作为一个开关来使用的,它只工作在饱和导通状态或截止状态。如图 2-8 所示即为三极管非门电路,通过控制输入端 A 上的电压,就可以使三极管 VT 的工作状态在饱和与截止之间切换。如果 $V_{CC}=5\,V$,输入高电压 $V_{ih}=3\,V$,输入低电压 $V_{il}=0\,V$,三极管的饱和导通压降为 $0.3\,V$,则该电路的逻辑电平和真值表如表 2-3 所示。

表 2-3 三极管非门的逻辑电平与真值表

A		F	
电平(V)	逻辑值	电平(V)	逻辑值
0	0	5	1
3	1	0.3	0

【特别提示】 逻辑非的运算规则可归纳为:入"0"出"1",入"1"出"0"。

2. 逻辑非的波形图

根据表 2-3 可画出非门逻辑功能波形图如图 2-9 所示。

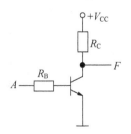

图 2-8 三极管非门电路

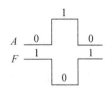

图 2-9 非门逻辑功能波形图

2.2 复合逻辑门电路

利用三种基本门电路可以组成各种复合门电路，常见的复合门电路主要有与非门、或非门、与或非门、异或门以及同或门等。

2.2.1 与非门电路

与非门电路是由与和非两种基本逻辑关系按先"与"后"非"的顺序复合而成的，也可以把与非门看作是输出端加有反相器的与门，与非门的逻辑符号是在与门的输出端加上反相的圆圈，如图2-10(a)所示，这是一个两输入端与非门的逻辑符号。

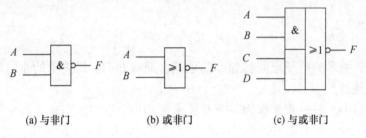

(a) 与非门　　　　(b) 或非门　　　　(c) 与或非门

图2-10　与非门、或非门、与或非门的逻辑符号

在数字电路中，用圆圈表示反相，输出端画的圆圈相当于反相器，故与非门的符号也可以画成在与门的输出端连接一个反相器，如图2-11所示。

对于一个两输入与非门的逻辑表达式为：

$$F = \overline{A \cdot B} = \overline{AB} \tag{2-4}$$

【特别提示】　与非的逻辑运算规则为：只要输入中有一个为"0"，输出均为"1"；只有输入全为"1"时，输出才为"0"。简记为：有"0"出"1"，全"1"出"0"。

2.2.2 或非门电路

或非门是由或和非两种基本逻辑关系按先"或"后"非"的顺序复合而成的，也可以把或非门看作输出端加有反相器的或门。或非门的逻辑符号是在或门的输出端加上表示反相器的圆圈，如图2-10(b)所示，这是一个两输入端或非门逻辑符号。故或非门的符号也可以画成在或门的输出端连接一个反相器，如图2-12所示。

图2-11　与门和非门构成的与非门　　　　图2-12　或门和非门构成的或非门

对于一个两输入或非门的逻辑表达式为：

$$F = \overline{A + B} \tag{2-5}$$

【特别提示】　或非的逻辑运算规则为：只要输入端中有一个为"1"，输出均为"0"；

只有输入全为"0"时,输出才为"1"。简记为:有"1"出"0",全"0"出"1"。

2.2.3 与或非门电路

与或非门是由与、或、非3种基本逻辑关系按先"与"后"或"再"非"的顺序复合而成的。一个4输入与或非逻辑门的逻辑符号如图2-10(c)所示,它是先将输入变量 A 与 B 及 C 与 D 进行与运算,然后进行或运算,最后再进行非运算。

对于一个4输入与或非门的逻辑表达式为:

$$F = \overline{A \cdot B + C \cdot D} \tag{2-6}$$

【特别提示】 与或非的逻辑运算规则为:当 A 与 B 或 C 与 D 其中有一组输入全为高电平时,输出就为低电平;当 A 与 B 或 C 与 D 两组输入都不全是高电平时,输出为高电平。简记为:有一组全"1"出"0",两组不全"1"出"1"。

2.2.4 异或门电路

异或门应用十分广泛,两输入异或逻辑的逻辑图如图2-13(a)所示,逻辑符号如图2-13(b)所示。

对于两输入异或门其逻辑表达式为:

$$F = A \oplus B = \overline{A}B + A\overline{B} \tag{2-7}$$

其中,符号"⊕"是异或的逻辑运算符号,读作"异或"。

【特别提示】 异或的逻辑运算规则为:当两个输入信号相同时,输出为"0";两个输入信号不同时,输出为"1"。简记为:相同为"0",不同为"1"。

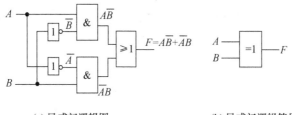

(a) 异或门逻辑图　　　　　　(b) 异或门逻辑符号

图2-13　异或门逻辑图和逻辑符号

2.2.5 同或门电路

同或门为异或门取"反",两输入同或门的逻辑图如图2-14(a)所示,逻辑符号如图2-14(b)所示。

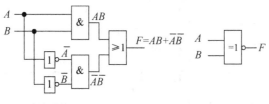

(a) 同或门逻辑图　　　　　　(b) 同或门逻辑符号

图2-14　同或门逻辑图和逻辑符号

对于两输入同或门其逻辑表达式为:

$$F = A \odot B = AB + \overline{A}\overline{B} \tag{2-8}$$

其中,符号"$\odot$"是同或的逻辑运算符号,读作"同或"。

【特别提示】 同或逻辑的运算规则为:当两个输入信号相同时,输出为"1";两个输入信号不同时,输出为"0"。简记为:相同为"1",不同为"0"。

常用异或和同或运算公式如表 2-4 所示。

表 2-4 常用异或和同或运算公式

$F = A \oplus B$	$F = A \odot B$
$A \oplus 0 = A$	$A \odot 1 = A$
$A \oplus 1 = \overline{A}$	$A \odot 0 = \overline{A}$
$A \oplus A = 0$	$A \odot A = 1$
$A \oplus \overline{A} = 1$	$A \odot \overline{A} = 0$
$A \oplus \overline{B} = \overline{A \oplus B} = \overline{A} \oplus B \oplus 1$	$A \odot \overline{B} = \overline{A \odot B} = A \odot B \odot 0$
$A \oplus B = B \oplus A$	$A \odot B = B \odot A$
$A \oplus (B \oplus C) = (A \oplus B) \oplus C$	$A \odot (B \odot C) = (A \odot B) \odot C$
$A(B \oplus C) = AB \oplus AC$	$A + (B \odot C) = (A + B) \odot (A + C)$

2.3 其他特殊功能的门电路

为了体现各种逻辑功能和控制作用,下面介绍两种常用的特殊门电路:集电极开路与非门电路(OC 门)、三态输出与非门电路(TSL 门)。

2.3.1 集电极开路与非门(OC 门)

集电极开路与非门,简称 OC 门,其电路结构和逻辑符号如图 2-15 所示。当输入端 A、B、C 都为高电平时(大于 2.1 V,每个 PN 结导通压降设为 0.7 V),VT_1 倒置导通,VT_2 和 VT_3 饱和导通,输出端 F 输出低电平;当输入端 A、B、C 有低电平时(小于 1 V),VT_1 导通,VT_2 和 VT_3 截止,输出端 F 输出高电平。因此,OC 门具有与非功能,其逻辑表达式为 $F = \overline{ABC}$。

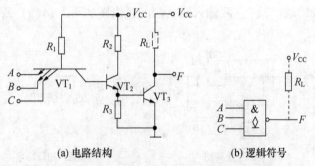

(a) 电路结构 (b) 逻辑符号

图 2-15 集电极开路与非门电路图及其逻辑符号

【特别提示】 OC 门只有在输出端 F 和电源 V_{CC} 之间外接一个上拉负荷电阻 R_L 时,才能正常工作,而电源 V_{CC} 的电压既可以和门电路本身的电压相同,也可以不同。

1. 实现"线与"的逻辑功能

图 2-16 所示为由两个 OC 门输出端并联后经电阻 R_L 接 V_{CC} 的电路,图中输出线连接处的矩形框表示"线与"逻辑功能的图形符号。由图 2-16 可知,当任意一个 OC 门的输入端都为高电平时,输出为低电平;只要每个 OC 门的输入中有一个为低电平,输出才为高电平,其逻辑表达式为 $F = \overline{AB} \cdot \overline{CD}$。

由上式可以看出,两个或多个 OC 门的输出信号在输出端直接相与的逻辑功能称为"线与"。只有 OC 门才能进行这种"线与",否则可能使门电路损坏。

2. 实现驱动器功能

通常 OC 门还可以用来驱动指示灯、继电器和脉冲变压器等。图 2-17 所示为用 OC 门驱动发光二极管的显示电路。该电路只有在输入都为高电平时,输出才为低电平,发光二极管导通发光,否则输出高电平,发光二极管截止不发光。

3. 实现电平转换

图 2-18 所示为由 OC 门组成的电平转换电路,在数字系统的接口(与外部设备相连接的电路)有时需要输出的逻辑高电平值比较高,则可以使用 OC 门电路进行电平转换。在图 2-18 中,当需要把输出高电平转换为 10 V 时,可将 OC 门外接的上拉电阻接到 V_{CC} 为 10 V 的电源上。这样 OC 门的输入端电平值与一般与非门一样,而输出的高电平就可以实现为 10 V。

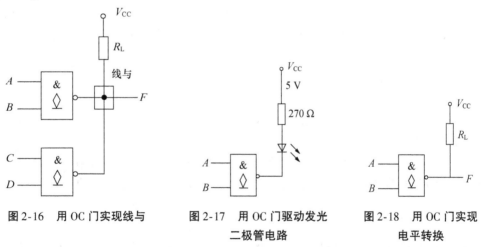

图 2-16 用 OC 门实现线与   图 2-17 用 OC 门驱动发光二极管电路   图 2-18 用 OC 门实现电平转换

2.3.2 三态输出与非门(TSL 门)

利用 OC 门虽然可以实现"线与"功能,但需要外接电阻 R_L 并且受到工作速度的影响其电阻值不能取得太小。为了保持推拉式输出级的优点,还能使输出端并接门电路，于是又产生了一种有三种输出状态的"三态输出与非门"简称"三态门"。在数字电路中，三态门是一种很实用的门电路，广泛地应用在计算机接口的总线电路中。

三态输出与非门与前面介绍的与非门电路不同之处在于，它的输出端除了呈现高电平和低电平外，还可以出现第三种状态，即高阻状态或称禁止状态。在三态门输出高阻状态时，其输出阻抗非常大，它既不像输出 0 状态那样允许负荷灌入电流，也不像输出 1 状态那样向负荷提供电流，它实际上是一种悬浮状态，即对外电路不起作用，分析时也可以看做是开路状态。

表 2-5 是三态输出与非门的逻辑符号和逻辑功能，它是在普通与非门的基础上，附加使能控制端 EN 或 $\overline{EN}$ 的。

表 2-5　三态与非门逻辑符号和逻辑功能表

逻辑符号	逻辑功能	
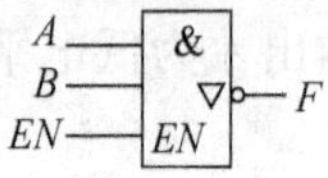 （符号图）	$EN=0$	$F=$ 高阻（开路）
	$EN=1$	$F=\overline{A \cdot B}$
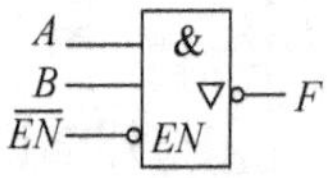 （符号图）	$\overline{EN}=0$	$F=\overline{A \cdot B}$
	$\overline{EN}=1$	$F=$ 高阻（开路）

在表 2-5 逻辑符号中，上图的三态与非门在控制端 $EN=0$ 时，电路输出高阻状态，$EN=1$ 时，电路为与非门功能，故称控制端 EN 为高电平有效；在表 2-5 逻辑符号中，下图的三态与非门的控制端是低电平有效，即 $\overline{EN}=0$ 时，电路为与非门功能，当 $\overline{EN}=1$ 时，电路输出为高阻状态。在控制端或输入端不加"o"时，则表示输入高电平有效；加"o"，则表示输入低电平有效。在输出端用"▽"表示输出为三态。

【三态门应用举例】

1. 三态门构成单向传输总线

图 2-19 所示为由三态输出与非门构成的单向传输总线。用一条传输线轮流传送几个不同的数据或控制信号，这条传输线称为总线或母线。只要控制各个门的 EN 端分别处于高电平（$EN=1$），并且任何时间只能有一个（$EN=1$）三态门处于工作状态，而其余的三态门均处于高阻状态（$EN=0$），这样总线就会轮流接受各个三态门的输出。

2. 三态门构成双向传输总线

图 2-20 所示为由三态输出与非门构成的双向传输总线。当 $EN=1$ 时，G_1 门工作，G_2 门输出为高阻状态，输入数据 D_0 经 G_1 反相后送到总线上；当 $EN=0$ 时，G_1 门输出为高阻状态，G_2 门工作，总线上的数据经 G_2 反相后输出 $\overline{D_1}$。可见，通过 EN 的取值可控制数据的双向传输。这种用总线来传送数据或信号的方法，在计算机中被广泛采用。

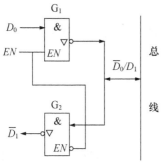

图 2-19 用三态门构成单向总线

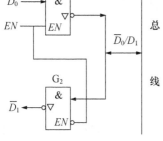

图 2-20 用三态门构成双向总线

【特别提示】 各种门电路都有集成电路产品，集成门电路根据内部组成可分为 TTL 型和 CMOS 型。由三极管构成的集成门称为 TTL 型；由场效应管构成的集成门称为 CMOS 型。集成电路的型号不同，参数和性能也不同，使用时可查阅相关的手册。

2.4 集成逻辑门闲置输入端的处理

1. TTL 型集成逻辑门闲置输入端的处理

TTL 集成逻辑门使用时，对于闲置输入端（不用的输入端）一般不能悬空，主要是防止干扰信号从悬空的输入端引入电路。对于闲置输入端的处理以不改变电路逻辑状态及工作稳定为原则。常用以下几种方法。

（1）对于与非门的闲置输入端可直接接电源 V_{CC} 或通过 $1\sim 10\,\text{k}\Omega$ 的电阻接电源 V_{CC}，如图 2-21(a)、(b) 所示。

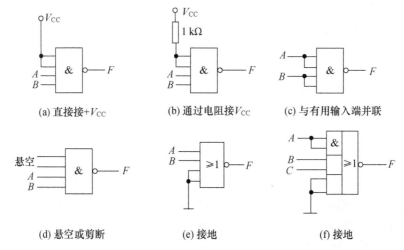

图 2-21 与非门和或非门闲置输入端的处理

（2）如前级驱动能力允许时，可将闲置输入端与有用输入端并联使用，如图 2-21(c) 所示。

（3）在外界干扰很小时，与非门的闲置输入端可以悬空或剪断，如图 2-21(d) 所示，但不允许接开路长线，以免引入干扰而产生逻辑错误。

(4) 或非门不使用的闲置输入端应接地，如图 2-21(e) 所示。对于与或非门中不使用的与门至少要有一个输入端接地，如图 2-21(f) 所示。

2. CMOS 型集成逻辑门闲置输入端的处理

CMOS 型集成逻辑门闲置输入端的处理如下。

(1) 闲置输入端不允许悬空。

(2) 对于与门和与非门，闲置输入阻抗端接正电源或接高电平；对于或门和或非门，闲置输入端接地或接低电平。

(3) 闲置输入端不宜与使用输入端并联使用，因为这样会增加输入电容。从而使电路的工作速度下降，但在工作速度很低的情况下，允许输入端并联使用。

【例 2-3】 用基本门电路设计一个简易型的 4 人抢答器。

图 2-22 中 A、B、C、D 为抢答器操作开关。任何一个人先将某一开关按下且保持闭合状态，则与其对应的发光二极管（指示灯）被点亮，表示此人抢答成功，而紧随其后的其他开关再被按下，与其对应的发光二极管则都不能亮。

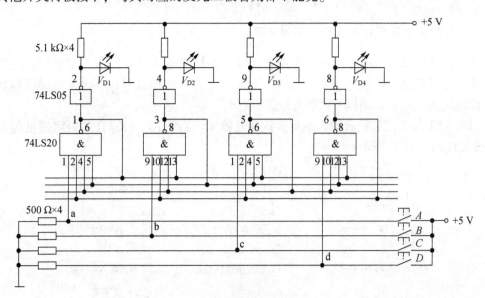

图 2-22　简易抢答器

(1) 图 2-22 中采用了两种不同信号的数字集成电路，其中 74LS20 是四输入与非门，实现 4 个输入信号与非的逻辑关系，其内部包含两个完全相同的电路，故称为双四输入与非门。74LS05 为非门，也称为反相器，用于实现非逻辑关系，其内部包含 6 个非门，故称为六非门。

(2) 工作过程分析：初始状态（无开关按下）时，A、B、C、D 端均为低电平，各与非门的输出端为高电平，反相器的输出则都为低电平（小于 0.7 V），因此发光二极管都不亮。当某一开关被按下后（如开关 A 被按下），则与其连接的与非门的输入端变为高电平，这样该与非门的所有输入端均为高电平，根据与非关系，其输出端则为低电平，反相器输出为高电平，从而点亮对应的发光二极管 V_{D1}。由于该与非门输出端与其他 3 个与非门的输入端相连，它输出的低电平维持其他 3 个与非门输出高电平，因此其他发光二极管都不能亮（图中所标数字为所使用的管脚号）。

本 章 小 结

门电路是数字电路的最基本逻辑单元，学习和掌握各种门电路的描述方法是分析与设计一般组合逻辑电路的基础。

本章主要介绍了与门、或门和非门，以及在数字集成电路中常用的与非门、或非门、与或非门、异或门、同或门、三态门等。重点应放在它们的输出与输入之间的逻辑关系上。

集电极开路与非门（OC 门）的输出端可以并联使用，在输出端实现"线与"，还可用来驱动需要一定功率的负荷。三态输出门可用来实现总线结构，这时要求三态输出门实行分时使能，即在任何时刻只能有一个三态输出门工作，不允许有两个及两个以上的三态输出门同时工作；三态输出门也可用来实现双向总线传输。

在使用集成逻辑门电路是，未被使用的输入端子应注意正确连接。对于与非门，闲置输入端可通过上拉电阻接正电源，也可和已用的输入端并联使用。对于或非门，闲置输入端可直接接地，也可和已用的输入端并联使用。

在正逻辑系统中，逻辑电平 0 和逻辑电平 1 表示的低电平和高电平都有一定的变化范围，而不是指某个具体的、固定的低电平值或高电平值。

习　　题

一、单选题

1. 若输入变量 A、B 全为 1 时，输出 $F=1$，则其输入与输出的关系是（　　）。
   A. 异或　　　　　B. 同或　　　　　C. 或非　　　　　D. 与或
2. 下列选项中不是基本逻辑门电路的是（　　）。
   A. 与门　　　　　B. 非门　　　　　C. 与非门　　　　D. 或门
3. 下列属于异或逻辑表达式的是（　　）。
   A. $F = \overline{AB} + \overline{A}B$　　　　　　　　　　B. $F = \overline{AB} + AB$
   C. $F = A\overline{B} + \overline{A}B$　　　　　　　　　　D. $F = \overline{AB} + AB$
4. 与非门的输出始终为低电平，只有全部输入为（　　）。
   A. 高电平　　　　B. 低电平　　　　C. 不定状态
5. 多个门的输出端可以无条件连接在一起的是（　　）。
   A. 三态门　　　　B. OC 门　　　　　C. 与或非门　　　D. 与非门
6. 需要外接电源和负荷电阻的门是（　　）。
   A. OC 门　　　　　B. TTL 与非门　　C. 或非门　　　　D. 三态门
7. 可以用于总线连接的门电路是（　　）。
   A. 三态门　　　　B. 异或门　　　　C. OC 门　　　　　D. TTL 与非门

8. 集电极开路门（OC门）在使用时须在（　）之间接一个电阻。
   A. 输出与地　　　B. 输出与电源　　　C. 输出与输入　　　D. 输入与地
9. 对于 TTL 与非门闲置输入端的处理，不可以（　）。
   A. 接电源　　　　　　　　　　　　B. 通过电阻 3 kΩ 接电源
   C. 接地　　　　　　　　　　　　　D. 与有用输入端并联
10. 能实现分时传送数据逻辑功能的是（　）。
    A. TTL 与非门　　　　　　　　　　B. 三态门
    C. 集电极开路门（OC门）　　　　　D. CMOS 与或非门

二、简答题

1. 在逻辑电路中，正逻辑和负逻辑是怎样规定的？
2. 如将与非门、或非门作非门使用时，它们的输入端应如何连接？
3. 试说明 OC 门的逻辑功能。它有什么特点和用途？
4. 什么是三态门？总线的作用是什么？三态门构成总线传输时，为什么要求在任何时间只能有一个门工作？
5. 与非门的闲置输入端应如何处理？

三、分析题

1. 试判断图 2-23 所示 TTL 电路能否按各图中要求的逻辑关系正常工作？若电路的接法有错，则修改电路。

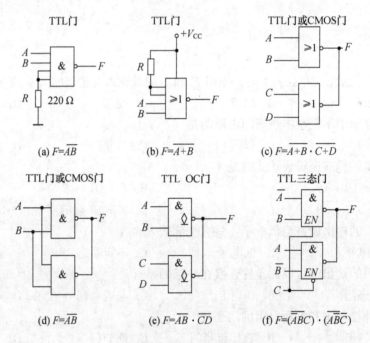

图 2-23　TTL 门电路

2. 在图 2-24 中，TTL 与非门输入端 1、2 是多余的，指出哪些接法是错误的。

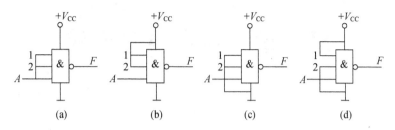

图 2-24　TTL 与非门

3. 门电路及输入信号 A、B、C 的波形如图 2-25 所示，试写出各电路的逻辑函数表达式，并对应画出各个门电路的输出波形。

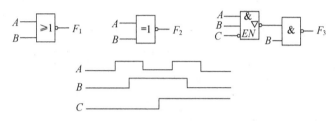

图 2-25　门电路及 A、B、C 的输入波形

4. 如图 2-26 所示，均为 TTL 门电路
（1）写出 F_1、F_2、F_3、F_4 的逻辑表达式。
（2）若已知 A、B、C 的波形，分别画出 $F_1 \sim F_4$ 的波形。

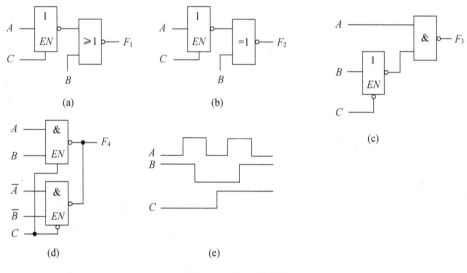

图 2-26　TTL 门电路

第 3 章　组合逻辑电路

> 教学目标

通过学习简单的组合逻辑电路分析和设计的方法，掌握编码器/译码器的功能与应用，为以后分析与设计较复杂的组合逻辑电路打下坚实的基础。

> 教学要求

能力目标	知识要点	权　重	自测分数
能看懂常用编码器/译码器的功能表	二—十进制编码器、优先编码器、3 线—8 线译码器、七段数码管的功能	25%	
掌握组合逻辑电路分析和设计的方法	分析方法：由逻辑图写出逻辑表达式→化简和变换逻辑表达式→列出真值表→确定逻辑功能 设计方法：根据逻辑功能要求列出真值表→写出逻辑表达式→逻辑化简和变换→画出逻辑图	25%	
掌握编码器/译码器各控制端的作用	两片 3 线—8 线译码器级联时控制端的连接	25%	
掌握译码器与显示器的正确连接方式	七段译码管的结构、工作原理；显示译码器的功能	25%	

> 引　例

在实际应用中，常常会遇到这样一些问题，即利用分析组合逻辑电路的手段来确定电路的工作特性并验证这种工作特性是否与设计指标相吻合或者将现有的电路转换为另一种不同的形式，以便于减少原电路所用门电路的数量或改用不同的逻辑部件去实现同一逻辑功能。这就需要我们分析出组合逻辑电路的逻辑功能，并且能够设计出新的组合逻辑电路。

【例 3-1】　试分析图 3-1 所示电路的逻辑功能。

分析：在数字系统中，数字电路可分为两大类：一类称为组合逻辑电路，如图 3-1 所示的电路即为组合逻辑电路；另一类称为时序逻辑电路，关于时序逻辑电路的讨论将在后续的章节中进行。

从图 3-1 中可以看出，组合逻辑电路是由门电路组合而成。组合逻辑电路只有从输入到输出的通路，没有从输出到输入的反馈回路。在任何时刻的输出仅仅取决于该时刻的输入信号而与输入信号作用前电路原来的状态没有关系，即组合逻辑电路没有记忆功能。具有这些特点的逻辑电路就称为组合逻辑电路。

描述一个组合逻辑电路逻辑功能的方法通常有：逻辑图、逻辑函数表达式、真值表、卡诺图、波形图 5 种。

下面对图 3-1 的逻辑功能进行如下描述。

（1）写出逻辑函数表达式：由输入变量 A、B 开始，逐级写出各个门的输出表达式，最后导出输出 F 的逻辑表达式。

$$F = \overline{\overline{A \cdot \overline{AB}} \cdot \overline{B \cdot \overline{AB}}}$$

（2）化简逻辑表达式：将输出结果化为最简的与或式。

$$\begin{aligned} F &= \overline{\overline{A \cdot \overline{AB}} \cdot \overline{B \cdot \overline{AB}}} \\ &= A \cdot \overline{AB} + B \cdot \overline{AB} & \text{（运用反演律）} \\ &= A\,(\overline{A} + \overline{B}) + B\,(\overline{A} + \overline{B}) & \text{（运用反演律）} \\ &= A\overline{B} + \overline{A}B & \text{（运用分配律）} \end{aligned}$$

【特别提示】　逻辑表达式的化简可采用代数化简法或卡诺图化简法。

（3）列写逻辑函数的真值表：将 A、B 分别用 0 和 1 代入最简与或式，根据运算规律计算出结果列出真值表 3-1。

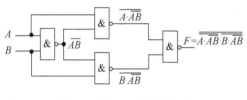

图 3-1　例 3-1 的逻辑电路

表 3-1　异或门真值表

A	B	F
0	0	0
0	1	1
1	0	1
1	1	0

（4）逻辑功能描述：分析真值表可知，A、B 输入相同时，输出为 0；A、B 输入不同时，输出为 1，即为异或门。逻辑表达式可简写成：

$$F = A\overline{B} + \overline{A}B = A \oplus B \tag{3-1}$$

对图 3-1 的分析过程称为组合逻辑电路的分析。组合逻辑电路的分析是数字系统的分析基础。本章主要结合组合逻辑电路的分析方法介绍常用中规模（MSI）器件的功能和应用；并介绍采用小规模（SSI）器件设计组合逻辑电路的方法，以及逻辑电路实现过程中遇到的一些实际问题。

3.1　组合逻辑电路的分析

3.1.1　组合逻辑电路分析的一般方法

组合逻辑电路的分析就是要找出给定逻辑电路的输出和输入之间的逻辑关系，从而了解给定逻辑电路的逻辑功能，或者是检查电路设计是否合理。

组合逻辑电路的分析步骤如下：

（1）根据已知的逻辑图，从输入到输出逐级写出逻辑函数表达式；

（2）利用代数法或卡诺图法化简逻辑函数表达式，需要时要化为最简逻辑表达式；

(3) 根据化简后逻辑函数表达式列出真值表;

(4) 根据真值表或逻辑函数表达式,概括出对电路逻辑功能的文字描述。

【特别提示】 上述分析步骤的顺序可以根据实际情况做出适当的调整。哪一种电路的描述形式更容易得到,就先导出哪一种描述形式,然后再根据要求导出其他的电路描述形式。

3.1.2 分析举例

【例 3-2】 分析如图 3-2 所示的电路,并指出该电路的逻辑功能。

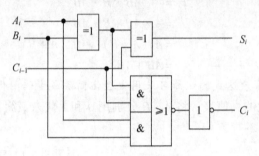

图 3-2 例 3-2 的逻辑电路

解:分析步骤

(1) 写出逻辑函数表达式

$$S_i = A_i \oplus B_i \oplus C_{i-1} \tag{3-2}$$

$$C_i = (A_i \oplus B_i)C_{i-1} + A_i B_i \tag{3-3}$$

因为,式 (3-2) 和 (3-3) 已为最简逻辑表达式,无需再化简。

(2) 列出逻辑函数真值表。将 A_i、B_i、C_{i-1} 的各种取值代入式 (3-2) 和 (3-3) 中,可列出表 3-2 所示的真值表。

表 3-2 例 3-2 的真值表

A_i	B_i	C_{i-1}	S_i	C_i
0	0	0	0	0
0	0	1	1	0
0	1	0	1	0
0	1	1	0	1
1	0	0	1	0
1	0	1	0	1
1	1	0	0	1
1	1	1	1	1

(3) 逻辑功能分析:由表 3-2 可见,当 3 个输入变量 A_i、B_i、C_{i-1} 中只有一个为 1 或 3 个同时为 1 时,输出 $S_i = 1$,而当 3 个变量中有两个或两个以上同时为 1 时,输出 $C_i = 1$,它正好实现了 A_i、B_i、C_{i-1} 3 个一位二进制数的加法运算功能,所以这种电路称为一

位全加器。其中 A_i 为本位的被加数，B_i 为本位加数，C_{i-1} 为来自低位的进位数，S_i 为本位和，C_i 是本位向相邻高位的进位数。一位全加器的符号如图 3-3 所示。

【知识链接】 如果只考虑两个一位二进制数的相加而不考虑低位向本位的进位数，那么这样的加法电路称为半加器。在图 3-2 中，低位的全加器在进位输入 $C_{i-1}=0$ 的情况下，完成本位输入 A_i 和 B_i 的相加，输出本位和 S_i 和进位 C_i，这就实现了半加器的功能，所以在全加器的真值表和逻辑电路图中，令 $C_{i-1}=0$，就分别得到半加器的真值表（如表 3-3 所示）和逻辑电路图（如图 3-4(a) 所示），半加器的符号如图 3-4(b) 所示。

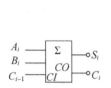

图 3-3 全加器符号

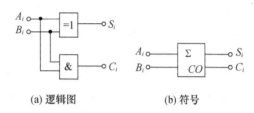

图 3-4 半加器逻辑图和符号

表 3-3 半加器的真值表

A_i	B_i	S_i	C_i
0	0	0	0
0	1	1	0
1	0	1	0
1	1	0	1

由半加器的真值表可得：

$$S_i = \overline{A_i} \cdot B_i + A_i \cdot \overline{B_i} = A \oplus B \tag{3-4}$$

$$C_i = A_i \cdot B_i \tag{3-5}$$

【特别提示】 在分析组合逻辑电路时，真值表是最基本、最有效的工具。在列写真值表时，将输入变量列在真值表的左列，输出变量列在真值表的右列，写出输入变量的所有可能取值组合，只要分别将每一组输入组合代入逻辑函数表达式，计算出相对应的输出变量函数值，并写在对应的位置上，即可得到所求的真值表。

3.2 组合逻辑电路的设计

3.2.1 组合逻辑电路设计的一般方法

组合逻辑电路设计就是根据给定的逻辑功能要求，设计出实现该功能最简单的逻辑电路，或化为用某种指定门电路来实现的逻辑电路。

组合逻辑电路设计的一般步骤如下：

（1）分析设计要求的逻辑功能，设定输入变量和输出变量，并对它们进行状态赋值；

(2) 根据逻辑功能列真值表；
(3) 根据真值表写出输出函数的逻辑表达式；
(4) 利用代数法或卡诺图法对逻辑表达式进行化简；
(5) 根据化简后的逻辑表达式画出逻辑图。

3.2.2 设计举例

【例 3-3】 用与非门设计一个举重裁判表决电路。

在举重比赛中，比赛的临场裁判员有 3 名，分别是左侧裁判员、右侧裁判员和中间裁判员。3 名裁判员手里各控制 1 个白灯和 1 个红灯。裁决时，从 3 个不同的角度判定。3 个白灯为成功；3 个红灯为失败。如 2 白 1 红或 2 红 1 白，那就要少数服从多数，前者仍为成功，后者为失败。

解：(1) 分析设计要求，确定变量：将 3 个人的表决作为输入变量，分别用 A、B、C 来表示，规定变量取 "1" 表示白灯亮，变量取 "0" 表示红灯亮；将表决结果作为输出变量，用 F 来表示，规定 F 取 "1" 表示成功，F 取 "0" 表示失败。

(2) 根据上述逻辑功能列出真值表，如表 3-4 所示。

表 3-4 例 3-3 真值表

A	B	C	F
0	0	0	0
0	0	1	0
0	1	0	0
0	1	1	1
1	0	0	0
1	0	1	1
1	1	0	1
1	1	1	1

(3) 根据真值表，画出卡诺图如图 3-5 所示，化简后写出最简的与或表达式，并转换为与非-与非表达式：

$$F = AB + BC + CA + ABC$$
$$= AB + BC + CA = \overline{\overline{AB} \cdot \overline{BC} \cdot \overline{CA}} \tag{3-6}$$

(4) 画出逻辑电路图，如图 3-6 所示。

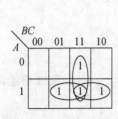

图 3-5 例 3-3 卡诺图

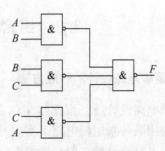

图 3-6 例 3-3 逻辑电路图

【特别提示】 逻辑表达式化简技巧：

① 如果设计要求利用与非门来完成设计，那么在对输出逻辑表达式进行化简时，将其化为最简与-或表达式，再对得到的最简与-或式两次求反变成与非-与非表达式。

② 如果设计要求利用或非门来完成设计，那么就将输出逻辑表达式通过代数变换或者通过对卡诺图中的"0"来化简得到最简或—与式，再对或—与式两次求反，变成或非-或非表达式。

对于同一个逻辑函数，其逻辑表达式有多种表示形式，例如，与或表达式、或与表达式、与非—与非表达式、或非—或非表达式及与或非表达式等，所用到的逻辑器件有：与门、或门、非门、与非门、或非门及与或非门等。设计时要根据要求来选择相应的逻辑器件。

【例3-4】 有3班学生上自习，大教室能容纳2个班学生，小教室能容纳1个班学生。设计两个教室是否开灯的逻辑控制电路，要求如下：(1) 1个班上自习，开小教室的灯。(2) 2个班上自习，开大教室的灯。(3) 3个班上自习，2个教室均开灯。

解：(1) 确定输入、输出逻辑变量：根据电路要求，设输入变量 A、B、C 分别表示 3 个班学生是否上自习（1 表示上自习，0 表示不上自习）；输出变量 F、G 分别表示大教室、小教室灯的亮、灭（1 表示灯亮，0 表示灯灭）。

(2) 分析设计要求，列出真值表，如表 3-5 所示。

表 3-5　例 3-4 真值表

A	B	C	F	G
0	0	0	0	0
0	0	1	0	1
0	1	0	0	1
0	1	1	1	0
1	0	0	0	1
1	0	1	1	0
1	1	0	1	0
1	1	1	1	1

(3) 根据真值表写出逻辑函数表达式，并对其进行化简得：

$$F = AB + BC + CA \tag{3-7}$$

$$G = \overline{A}\overline{B}C + \overline{A}B\overline{C} + A\overline{B}\overline{C} + ABC = \overline{A}(B \oplus C) + A(B \odot C)$$
$$= A \oplus B \oplus C \tag{3-8}$$

(4) 根据最简输出逻辑函数式画出逻辑图，如图 3-7 所示。

因为本例中没有要求用哪种门电路来设计，所以到此我们也就完成了本例的设计，但如果题目要求必须用与非门来设计，则逻辑图就要比图 3-7 复杂得多，读者可以自行完成。

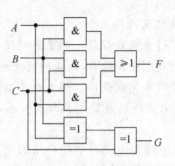

图3-7 例3-4 逻辑图

【特别提示】 例3-3是单输出组合逻辑电路的设计，例3-4是多输出组合逻辑电路的设计。多输出函数的化简是以单输出函数的化简为基础的，但要合理地利用几个输出函数之间的公共项，以得到整体的化简。

在实际设计逻辑电路时，将表达式化简后还要考虑所使用集成器件的种类，转换为能用所要求的集成器件实现的形式，并尽量使所用集成器件数量和种类最少。

3.3 编 码 器

在数字电路中，将特定的逻辑信息（如数字、文字、符号等）转换成二进制代码的过程，称为编码。能够实现编码功能的数字电路称为编码器。例如，计算机的输入键盘功能，就是由编码器组成的，每按下一个键，编码器就将该按键的含义（控制信息）转换成一个计算机能够识别的二进制数，用它去控制所要操作的内容。目前经常使用的编码器有普通编码器和优先编码器两种。

3.3.1 普通编码器

普通编码器在任何时刻只允许对一个输入信号进行编码，否则输出将发生混乱。按照不同的需要，编码器有二进制编码器和二—十进制编码器等。

二进制是被广泛应用的机器语言，但是人们习惯使用的是十进制。因此，在实际应用过程中，一般要将0～9这10个十进制数的每一位数都用一个4位的二进制数来表示，这个过程称为二—十进制编码，能够实现二—十进制编码的电路称为二—十进制编码器。

图3-8是一种常用的键控二—十进制编码器。它通过10个按键将0～9这10个十进制数的信息输入，从输出端Y_0、Y_1、Y_2、Y_3输出相应的10个二—十进制代码。

【特别提示】 4位二进制数0000，0001，0010，…，1111共有16个，而表示十进制数码0～9只需要10个4位二进制数，有6个4位二进制数是多余的，从16个4位二进制数中选择其中的10个，来表示十进制数码0～9的方式（BCD码）可以有很多种，最常用的方式是取前面10个4位二进制数0000～1001，来表示对应的十进制数码0～9，而舍去后面的6个不用。由于0000～1001中每位二进制数的权（即基数2的幂次）分别为2^3、2^2、2^1、2^0，即为8421，所以这种编码，又称为8421BCD码。二—十进制编码英文缩写为BCD码。

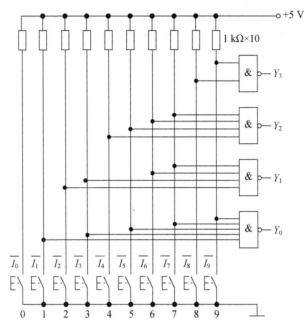

图 3-8　8421 编码器逻辑图

代表十进制数 0～9 的 10 个按键未按下时，4 个与非门的输入都是高电平，按下后因接地变为低电平。4 个与非门的输出端 Y_0、Y_1、Y_2、Y_3 即为编码器的输出端。根据输出与输入之间的编码关系得到 8421 编码器的真值表，如表 3-6 所示。

表 3-6　8421 编码器真值表

输入	输出			
十进制数	Y_3	Y_2	Y_1	Y_0
0 (I_0)	0	0	0	0
1 (I_1)	0	0	0	1
2 (I_2)	0	0	1	0
3 (I_3)	0	0	1	1
4 (I_4)	0	1	0	0
5 (I_5)	0	1	0	1
6 (I_6)	0	1	1	0
7 (I_7)	0	1	1	1
8 (I_8)	1	0	0	0
9 (I_9)	1	0	0	1

由表 3-6 编码器真值表及图 3-8 编码器逻辑图都可写出输出与输入之间关系的逻辑式为：

$$Y_3 = I_8 + I_9 = \overline{\overline{I_8} \cdot \overline{I_9}}$$

$$Y_2 = I_4 + I_5 + I_6 + I_7 = \overline{\overline{I_4} \cdot \overline{I_5} \cdot \overline{I_6} \cdot \overline{I_7}}$$

$$Y_1 = I_2 + I_3 + I_6 + I_7 = \overline{\overline{I_2} \cdot \overline{I_3} \cdot \overline{I_6} \cdot \overline{I_7}}$$

$$Y_0 = I_1 + I_3 + I_5 + I_7 + I_9 = \overline{\overline{I_1} \cdot \overline{I_3} \cdot \overline{I_5} \cdot \overline{I_7} \cdot \overline{I_9}}$$

例如，当按下输入数码键 5 时，使 $\overline{I_5}=0$，电路的 4 个输出端 $Y_3Y_2Y_1Y_0$ 为 0101，这就是用二进制代码表示的十进制数 5。

3.3.2 优先编码器

优先编码器跟普通编码器不同，它允许多个输入信号同时有效，但它只对其中优先级别最高的输入信号进行编码，对级别较低的输入信号不予理睬，而优先级别的顺序，完全根据实际需要由设计者来确定。

图 3-9 所示为常用集成二—十进制优先编码器 74LS147 的管脚图。

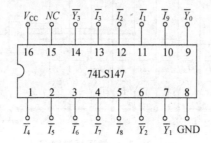

图 3-9 74LS147 管脚图

74LS147 编码器共有 9 个信号输入端（$\overline{I_1} \sim \overline{I_9}$），对应着十进制数码 1～9，当所有输入端无信号输入时，对应着十进制数的 0。输出端共有 4 个（$\overline{Y_3}$、$\overline{Y_2}$、$\overline{Y_1}$、$\overline{Y_0}$）。输入端是低电平有效，用 $\overline{I}$ 表示。其中 $\overline{I_9}$ 输入信号级别最高，$\overline{I_1}$ 输入信号级别最低。输出以反码形式表现输入信号的情况，所谓反码形式是指用习惯的二进制形式的非来表示。例如原输出代码 0110 代表 $\overline{I_6}$，那么它的反码形式就是用输出代码 1001 代表 $\overline{I_6}$，即为反码形式。其中 $\overline{Y_3}$ 为最高位，$\overline{Y_0}$ 为最低位。若 $\overline{I_1} \sim \overline{I_9}$ 均有有效信号输入时，则根据输入信号的优先级别，优先输出级别最高的信号编码，NC 表示空脚，74LS147 的真值表如表 3-7 所示，表中符号"×"表示该输入端的输入电平可为任意电平或称无关项。

表 3-7 74LS147 优先编码器的真值表（反码）

输入									输出				数码
$\overline{I_9}$	$\overline{I_8}$	$\overline{I_7}$	$\overline{I_6}$	$\overline{I_5}$	$\overline{I_4}$	$\overline{I_3}$	$\overline{I_2}$	$\overline{I_1}$	$\overline{Y_3}$	$\overline{Y_2}$	$\overline{Y_1}$	$\overline{Y_0}$	
1	1	1	1	1	1	1	1	1	1	1	1	1	0
0	×	×	×	×	×	×	×	×	0	1	1	0	9
1	0	×	×	×	×	×	×	×	0	1	1	1	8
1	1	0	×	×	×	×	×	×	1	0	0	0	7
1	1	1	0	×	×	×	×	×	1	0	0	1	6
1	1	1	1	0	×	×	×	×	1	0	1	0	5
1	1	1	1	1	0	×	×	×	1	0	1	1	4
1	1	1	1	1	1	0	×	×	1	1	0	0	3
1	1	1	1	1	1	1	0	×	1	1	0	1	2
1	1	1	1	1	1	1	1	0	1	1	1	0	1

3.4 译 码 器

译码是编码的逆过程,它是把输入的每一组二进制代码的特定含义翻译过来,还原出相应的输出信号,能够实现译码操作的电路称为译码器。本节主要介绍常用的二进制译码器和显示译码器。

3.4.1 二进制译码器

将一组二进制代码还原成对应的输出信号的逻辑电路,称为二进制译码器。当二进制译码器的输出能够把输入二进制代码的所有状态都翻译出来,则该二进制译码器又称为全译码器,即当输入是 n 位的二进制数时,译码器有 2^n 根输出线。所以两位二进制译码器有 2 根输入线、4 根输出线,称为 2 线—4 线译码器;三位二进制译码器有 2 根输入线、8 根输出线,称为 3 线—8 线译码器;4 位二进制译码器有 4 根输入线、16 根输出线,称为 4 线—16 线译码器等,它们的工作原理都是相同的,而且都是全译码器。下面以常用的 74LS138 为例讨论二进制译码器。

如图 3-10 所示是译码器 74LS138 的逻辑图,由于它有 3 个译码输入端(又称地址输入端)A_2、A_1、A_0,8 个译码输出端 $\overline{Y_0} \sim \overline{Y_7}$,输出信号低电平有效,因此又称 3 线—8 线译码器。为了增强功能,方便扩展,74LS138 还设置了选通控制端 S_1、$\overline{S_2}$、$\overline{S_3}$,用于控制电路的输出,其中 $S = S_1 \cdot \overline{\overline{S_2}} \cdot \overline{\overline{S_3}} = S_1 \cdot \overline{(\overline{S_2} + \overline{S_3})}$。图 3-11 所示的是 3 线—8 线译码器 74LS138 的逻辑符号和管脚图,74LS138 的真值表如表 3-8 所示。

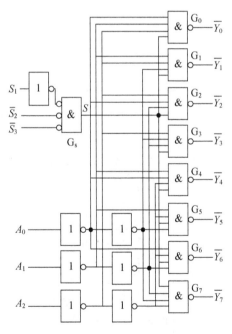

图 3-10 74LS138 的逻辑图

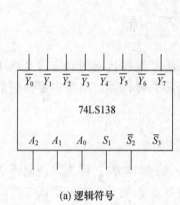
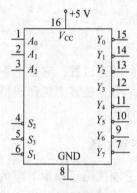

(a) 逻辑符号　　　　　　　　(b) 管脚功能图

图 3-11　3 线—8 线译码器 74LS138 的逻辑符号和管脚功能图

表 3-8　74LS138 译码器的真值表（输出为反码）

输入					输出							
S_1	$\overline{S_2}+\overline{S_3}$	A_2	A_1	A_0	$\overline{Y_7}$	$\overline{Y_6}$	$\overline{Y_5}$	$\overline{Y_4}$	$\overline{Y_3}$	$\overline{Y_2}$	$\overline{Y_1}$	$\overline{Y_0}$
×	1	×	×	×	1	1	1	1	1	1	1	1
0	×	×	×	×	1	1	1	1	1	1	1	1
1	0	0	0	0	1	1	1	1	1	1	1	0
1	0	0	0	1	1	1	1	1	1	1	0	1
1	0	0	1	0	1	1	1	1	1	0	1	1
1	0	0	1	1	1	1	1	1	0	1	1	1
1	0	1	0	0	1	1	1	0	1	1	1	1
1	0	1	0	1	1	1	0	1	1	1	1	1
1	0	1	1	0	1	0	1	1	1	1	1	1
1	0	1	1	1	0	1	1	1	1	1	1	1

根据表 3-8 可知，当 $S_1=0$ 或 $\overline{S_2}+\overline{S_3}=1$ 时，输出 $\overline{Y_7}\sim\overline{Y_0}$ 都为高电平 1，译码器处于禁止状态。只有当 $S_1=1$ 并且 $\overline{S_2}+\overline{S_3}=0$ 时，译码器才处于工作状态，此时译码器的输出由输入的二进制代码决定，根据图 3-10 可写出 74LS138 的输出逻辑函数式为

$$\begin{cases}\overline{Y_0}=\overline{\overline{A_2}\cdot\overline{A_1}\cdot\overline{A_0}}=\overline{m_0}\\ \overline{Y_1}=\overline{\overline{A_2}\cdot\overline{A_1}\cdot A_0}=\overline{m_1}\\ \overline{Y_2}=\overline{\overline{A_2}\cdot A_1\cdot\overline{A_0}}=\overline{m_2}\\ \overline{Y_3}=\overline{\overline{A_2}\cdot A_1\cdot A_0}=\overline{m_3}\\ \overline{Y_4}=\overline{A_2\cdot\overline{A_1}\cdot\overline{A_0}}=\overline{m_4}\\ \overline{Y_5}=\overline{A_2\cdot\overline{A_1}\cdot A_0}=\overline{m_5}\\ \overline{Y_6}=\overline{A_2\cdot A_1\cdot\overline{A_0}}=\overline{m_6}\\ \overline{Y_7}=\overline{A_2\cdot A_1\cdot A_0}=\overline{m_7}\end{cases} \quad (3\text{-}9)$$

由式（3-9）可以看出，二进制译码器的输出将输入二进制代码的各种状态都译出来了。因此，二进制译码器又称为全译码器，它的输出提供了输入变量的全部最小项。

【知识链接】 用译码器和门电路可实现任何单输出或多输出的组合逻辑函数。

【例 3-5】 试用 74LS138 译码器和门电路实现逻辑函数：
$$F = \overline{A}\,\overline{B}C + AB\overline{C} + C$$

解：（1）根据已知条件写出标准与-或表达式为
$$\begin{aligned}F &= \overline{A}\,\overline{B}C + AB\overline{C} + C \\ &= \overline{A}\,\overline{B}C + \overline{A}BC + A\overline{B}C + AB\overline{C} + ABC \\ &= m_1 + m_3 + m_5 + m_6 + m_7 \\ &= \overline{\overline{m_1} \cdot \overline{m_3} \cdot \overline{m_5} \cdot \overline{m_6} \cdot \overline{m_7}}\end{aligned} \tag{3-10}$$

（2）设 $A = A_2$、$B = A_1$、$C = A_0$，将式（3-9）和式（3-10）进行比较后得
$$F = \overline{\overline{Y_1} \cdot \overline{Y_3} \cdot \overline{Y_5} \cdot \overline{Y_6} \cdot \overline{Y_7}} \tag{3-11}$$

（3）根据式（3-11）可画出连线图，如图 3-12 所示。

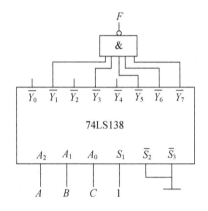

图 3-12 例 3-5 的连线图

【知识链接】 当用多片译码器级联使用时，可利用译码器的控制端，以扩大输入代码的位数。

【例 3-6】 用两片 74LS138 级联组成 4 线—16 线译码器。

图 3-13 是将两片 74LS138 扩展为 4 线—16 线译码器的连线图。其中低位片的 $\overline{S_2}$ 和高位片的 S_1 相连作 A_3，低位片的 $\overline{S_3}$ 和高位片的 $\overline{S_2}$、$\overline{S_3}$ 分别接低电平，低位片和高位片的 A_0、A_1、A_2 分别相连与 A_3 一起作为译码输入端。当 $A_3 = 1$ 时，片 1 禁止，片 2 工作；当 $A_3 = 0$ 时，片 1 工作，片 2 禁止。由此实现了两片 74LS138 构成 4 线—16 线译码器的目的。

3.4.2 显示译码器

在数字系统中，常常需要将测量或运算的结果直接显示出来，以便人们观测数字系统的工作情况。显示译码器主要由译码器和驱动器两部分组成，通常这两部分都集成在一块芯片中，所以显示译码器就是用来驱动显示器件，以显示数字或字符的中规模集成电路。

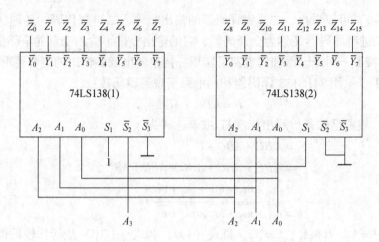

图 3-13　两片 74LS138 组成的 4 线—16 线译码器

1. 七段数码管

数码显示器简称数码管，是用来显示数字、文字或符号的器件。常用的有发光二极管（LED）数码管、液晶数码管、荧光数码管等，下面以应用较多的 LED 七段数码管为例简述数字显示的原理。

LED 七段数码管的每一段各是一个发光二极管，发光二极管是一种能够将电能转换成光能的发光器件。它的基本单元是 PN 结，目前较多采用磷砷化镓做成的 PN 结，当外加正向电压时，能发出清晰的光亮。将 7 个 PN 结发光段组装在一起便构成了七段数码管。通过不同发光段的组合便可显示 0～9 这 10 个十进制数码。LED 显示器的结构及外引线排列如图 3-14 所示。图 3-14(a) 为外引线排列图（共阴极）。发光二极管的连接方式有两种：一种是 7 个发光二极管阴极一起接地，称为共阴极电路，在阳极加高电平时发光二极管发光，共阴极接法如图 3-14(b) 所示；另一种是 7 个发光二极管阳极一起接正电源，称为共阳极电路，在阴极加低电平时发光二极管发光，共阳极接法如图 3-14(c) 所示，其中一个圆点（●）h 为圆形发光二极管。

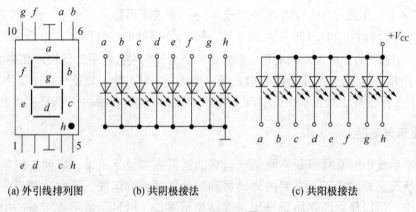

(a) 外引线排列图　　　　(b) 共阴极接法　　　　(c) 共阳极接法

图 3-14　LED 显示器

2. 七段显示译码器

七段数码管在使用时，必须要用七段显示译码器进行驱动。配合七段数码管用的显示译码器有多种型号可供选用，如 74LS247、74LS248 等。显示译码器有 4 个输入端，7 个输出端，它将 8421 代码译成 7 个输出信号以驱动七段 LED 显示器。图 3-15 是显示译码器和 LED 显示器的连接示意图。

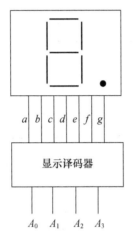

图 3-15　显示译码器

【例 3-7】　汽车尾灯控制电路的设计。假设汽车尾灯左右两侧各有 3 个指示灯（用发光二极管模拟），要求：汽车正常行驶时指示灯全灭；右转弯时，右侧 3 个指示灯按右循环顺序点亮；左转弯时，左侧 3 个指示灯按左循环顺序点亮；临时刹车时所有指示灯同时闪烁。

解：（1）由题意列出尾灯与汽车运行状态表和逻辑功能表。尾灯与汽车运行状态如表 3-9 所示。

表 3-9　尾灯与汽车运行状态关系表

开关控制		运行状态	左尾灯	右尾灯
K_1	K_0		$D_4 D_5 D_6$	$D_1 D_2 D_3$
0	0	正常运行	灯灭	灯灭
0	1	右转弯	灯灭	按 $D_1 D_2 D_3$ 顺序循环点亮
1	0	左转弯	按 $D_4 D_5 D_6$ 顺序循环点亮	灯灭
1	1	临时刹车	所有的尾灯随时钟 CP 同时闪烁	

由于汽车左或右转弯时，3 个指示灯循环点亮，所以用三进制计数器控制译码器电路顺序输出低电平，从而控制尾灯按要求点亮。由此得出在每种运行状态下，各指示灯与各给定条件（G_1、G_0、Q_1、Q_0）的关系，即逻辑功能见表 3-10（表中 0 表示灯灭状态，1 表示灯亮状态）。

表 3-10 汽车尾灯控制逻辑功能表

开关控制		三进制计数器		6 个指示灯	
K_1	K_0	Q_1	Q_0	$D_4D_5D_6$	$D_1D_2D_3$
0	0	×	×	000	000
0	1	0	0	000	100
		0	1	000	010
		1	0	000	001
1	0	0	0	100	000
		0	1	010	000
		1	0	001	000
1	1	×	×	CPCPCP	CPCPCP

(2) 汽车尾灯控制电路原理框图设计。由表 3-10 可以得出汽车尾灯控制电路原理框图如图 3-16 所示。

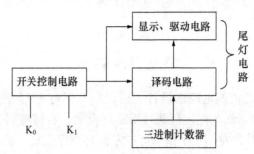

图 3-16 汽车尾灯控制电路原理框图

(3) 汽车尾灯控制电路原理图设计。根据表 3-10 和图 3-16 可以画出汽车尾灯控制电路原理图,如图 3-17 所示,其显示驱动电路由 6 个发光二极管和 6 个反相器构成;译码电路由 3 线—8 线译码器 74LS138 和 6 个非门构成。74LS138 的 3 个输入端 A_2、A_1、A_0 分别接 K_1、Q_1、Q_0,其中,Q_1、Q_0 是三进制计数器的输出端。当 $K_1=0$、与非门的控制端 A 及 74LS138 的使能端 G 为 $A=G=1$,计数器的状态分别为 00、01、10 时,74LS138 对应的输出端 $\overline{Y_0}$、$\overline{Y_1}$、$\overline{Y_2}$ 依次为 0 有效($\overline{Y_4}$、$\overline{Y_5}$、$\overline{Y_6}$ 信号为 1 无效),即反相器 $G_1 \sim G_3$ 的输出端也依次为 0,故指示灯按照 $D_1 \to D_2 \to D_3$ 的顺序点亮,示意汽车右转弯。若上述条件中 $K_1=1$、其他条件不变,则 74LS138 对应的输出端 $\overline{Y_4}$、$\overline{Y_5}$、$\overline{Y_6}$ 依次为 0 有效,即反相器 $G_4 \sim G_6$ 的输出端依次为 0,故指示灯按照 $D_4 \to D_5 \to D_6$ 的顺序点亮,示意汽车左转弯。当 $G=0$,$A=1$ 时,74LS138 的输出端全为 1,$G_1 \sim G_6$ 的输出端也全为 1,指示灯全灭;当 $G=0$,$A=CP$ 时,指示灯随 CP 的频率闪烁。

关于计数器部分将在后续的章中详细讨论。

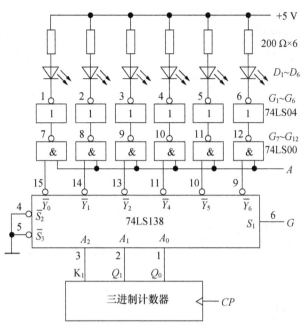

图 3-17 汽车尾灯控制电路原理图

本 章 小 结

组合逻辑电路是一种应用很广的逻辑电路。本章介绍了组合逻辑电路的分析和设计方法，还介绍了几种常用的中规模（MSI）组合逻辑电路器件。组合逻辑电路的分析方法是：写出逻辑表达式→化简和变换逻辑表达式→列出真值表→确定功能；而组合逻辑电路的设计方法是：列出真值表→写出逻辑表达式→逻辑化简和变换→画出逻辑图。

本章总结出了采用集成门电路构成组合逻辑电路的分析和设计的一般方法，只要掌握这些方法，就可以分析任何一种给定电路的功能，也可以根据给定的功能要求设计出相应的组合逻辑电路。

本章介绍了编码器、译码器、加法器等 MSI 组合逻辑电路器件的功能，要想正确使用编码器和译码器必须能看懂编码器和译码器的真值表。因此，通过真值表了解编码器/译码器的功能，是必须掌握的。此外还要理解编码器/译码器的控制端的作用。

习 题

一、单选题

1. 下列哪个二进制组合不是 8421BCD 码？（　　）

A. 0011　　　　　B. 1011　　　　　C. 1001　　　　　D. 0111

2. 下列选项中不是全译码器的是（　　）。
   A. 2 线—4 线译码器　　　　　　　B. 3 线—8 线译码器
   C. 二—十进制译码器　　　　　　　D. 4 线—16 线译码器
3. 下列对七段数码管描述不正确的是（　　）。
   A. 发光二极管的连接成共阴极电路，在阳极加高电平时发光二极管发光
   B. 七段数码管的每一段都是一个发光二极管
   C. 发光二极管的连接成共阳极电路，在阴极加高电平时发光二极管发光
   D. 七段数码管的基本单元是 PN 结

二、简答题

1. 组合逻辑电路的分析与设计各分为几个步骤？有何区别？
2. 3 线—8 线译码器有几个控制端？当用两片 3 线—8 线译码器级联成 4 线—16 线译码器时，其控制端应该怎么连接？
3. 发光二极管（LED）显示器的内部结构是什么？对于共阴极和共阳极两种接法，分别在什么条件下才能发光？

三、分析题

1. 组合逻辑电路如图 3-18 所示，分析该电路的逻辑功能。

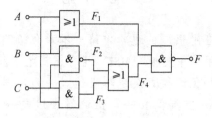

图 3-18　组合逻辑电路

2. 已知 4 种门电路的输入和对应的输出波形如图 3-19 所示，试分析它们分别是哪 4 种门电路。写出表达式，画出逻辑图。

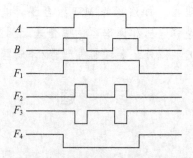

图 3-19　门电路的输入和输出波形

3. 试分析图 3-20 所示电路的逻辑功能。

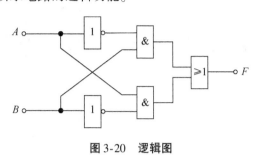

图 3-20　逻辑图

4. 图 3-21 是一个控制楼梯照明灯的电路，在楼上和楼下各装有一个单刀双掷开关。楼下开灯后可在楼上关灯，楼上开灯后同样也可在楼下关灯，试设计一个用与非门实现同样功能的逻辑电路。

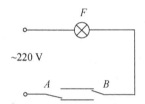

图 3-21　楼梯照明灯的电路

5. 某厂有 A、B、C 3 个车间和一个自备电站，站内有两台发电机 M 和 N。M 发电机的发电能力是 N 发电机的 2 倍。如果一个车间开工，启动 N 发电机即可满足使用要求；如果两个车间同时开工，启动 M 发电机即可满足使用要求；如果 3 个车间同时开工，则需要同时启动 M、N 两台发电机才能满足使用要求。试用与非门和异或门设计一个供电控制电路，使电力负荷达到最佳匹配。

6. 毕业答辩有 3 名评审员，其中 A 为主评审员，B 和 C 为副评审员。在答辩评审时，按照少数服从多数的原则，但若主评审员认为不合格，亦不可通过。试用与非门构成的逻辑电路实现此评审规定。

7. 试用一个 3 线—8 线译码器实现函数 $F = \overline{A}\overline{B}C + A\overline{B}\overline{C} + \overline{A}B\overline{C}$。

8. 试用一个 3 线—8 线译码器实现函数：$F_1 = \sum m(0,4,7)$；

$$F_2 = \sum m(1,2,4,6,7)。$$

第4章 触 发 器

教学目标

通过学习触发器电路的基础知识，了解基本触发器电路的电路结构，工作原理。掌握触发器的两个稳定状态，及两个稳定状态之间如何相互转换，并且掌握触发器能够记忆二进制信息的特性，为后续分析和设计脉冲电路打下坚实的基础。

教学要求

能力目标	知识要点	权　重	自测分数
了解基本触发器电路的电路结构和工作原理	基本触发器、同步触发器、主从触发器的电路结构和工作原理	20%	
掌握基本触发器电路的逻辑功能和描述方法	基本触发器的逻辑功能、特性方程、状态转换图等	25%	
掌握主从触发器电路的逻辑功能和描述方法	同步触发器、主从触发器逻辑功能、特性方程、状态转换图等	25%	
掌握常用触发器电路的应用	基本触发器、同步触发器、主从触发器的应用	30%	

引　例

计数器的种类很多，根据计数脉冲引入方式不同，计数器可分为同步加法计数器——计数脉冲直接加到所有触发器的时钟脉冲（CP）输入端；异步计数器——计数脉冲不直接加到所有触发器的时钟脉冲输入端。

异步二进制加法计数器是比较简单的，用边沿 JK 触发器（74LS112）构成的异步二进制加法计数器如图4-1所示。图4-2 是4位二进制（十六进制）异步计数器波形图，起始状态由 0000 到 1111 共 16 个状态。对于所得波形图可以理解为：触发器 FF_0（最低位）在每个计数器（CP）的下降沿由1到0时，翻转；当触发器 FF_0（最低位）输出端（Q_0）由1到0时，FF_1 翻转；当 FF_1 输出端（Q_1）由1到0时，FF_2 翻转；当 FF_2（Q_2）由1到0时，FF_3 翻转。

从图4-2可见，Q_0 的周期是 CP 周期的2倍；Q_1 是 Q_0 的2倍，CP 的4倍；Q_2 是 Q_1 的2倍，Q_0 的4倍，CP 的8倍；Q_3 是 Q_2 的2倍，Q_1 的4倍，Q_0 的8倍，CP 的16倍。所以分别实现了2、4、8、16分频，这就是计数器的分频作用。

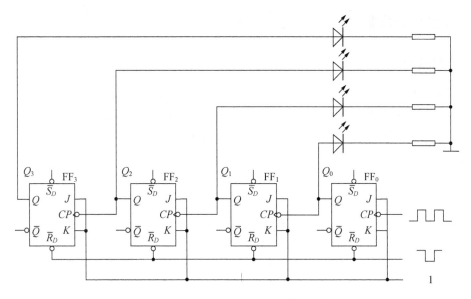

图 4-1 74LS112 构成异步二进制计数器逻辑图

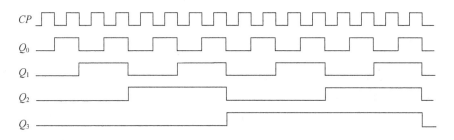

图 4-2 异步二进制计数器的波形图

本引例是利用触发器来构成异步二进制计数器,那么触发器到底有什么样的逻辑功能?什么是触发器电路?典型的触发器有哪些?它有着什么样的电路结构和特性?在实际应用中应该如何选择触发器?不同的触发器之间能否相互转换?本章中将围绕触发器进行详细的介绍。

4.1 触 发 器

触发器是具有记忆功能的基本逻辑元件,它有两个稳定状态,可分别用来表示二进制数码 0 和 1;在输入信号及触发脉冲作用下,触发器的两个稳定状态可以相互转换,而输入信号及触发脉冲消失后,已转换的稳定状态可以长期保存下来。这就使得触发器能够记忆二进制信息,常用作二进制存储单元。因此,触发器是一个具有记忆功能的基本逻辑电路,有着广泛的应用。

4.1.1 基本 RS 触发器

1. 电路结构

由两个与非门的输入和输出交叉相接就组成了基本 RS 触发器,如图 4-3(a) 所示,图 4-3(b) 为其逻辑符号。$\overline{R}_D$ 和 $\overline{S}_D$ 为信号输入端。它们上面的非号表示低电平有效,在逻辑符号中用小圆圈表示,Q 和 $\overline{Q}$ 为输出端,在触发器正常工作时,Q 和 $\overline{Q}$ 的状态总是相反的。

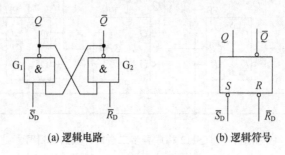

(a) 逻辑电路   (b) 逻辑符号

图 4-3 基本 RS 触发器

2. 逻辑功能

因为基本 RS 触发器有两个输入端 $\overline{R}_D$ 和 $\overline{S}_D$,所以有 4 种输入组合状态,即 00,01,10,11,下面根据输入状态分析其输出状态。

(1) 当 $\overline{R}_D = 0$,$\overline{S}_D = 1$ 时,因为 $\overline{R}_D = 0$,所以 G_2 输出为 $\overline{Q} = 1$,这时 G_1 输入为全 1,输出 $Q = 0$,称触发器置 0,使触发器 $Q = 0$ 状态的输入端 $\overline{R}_D$ 称为置 0 端,也称复位端。低电平有效,即当 $\overline{R}_D = 0$ 时,$Q = 0$。

(2) 当 $\overline{R}_D = 1$,$\overline{S}_D = 0$ 时,因为 $\overline{S}_D = 0$,G_1 输出 $Q = 1$,这时 G_2 输入为全 1,输出 $\overline{Q} = 0$,称触发器置 1,使触发器 $Q = 1$ 状态的输入端 $\overline{S}_D$ 称为置 1 端,也称置位端。也是低电平有效,即当 $\overline{S}_D = 0$ 时,$Q = 1$。

(3) 当 $\overline{R}_D = 1$,$\overline{S}_D = 1$ 时,如果触发器原来的状态(原态)处于 $Q = 0$,$\overline{Q} = 1$ 时,则 $Q = 0$ 反馈到 G_2 的输入端,使 $\overline{Q} = 1$;$\overline{Q} = 1$ 又反馈 G_1 的输入端,G_1 输入为全 1,输出 $Q = 0$。同理,如果触发器原态为 $Q = 1$,$\overline{Q} = 0$ 时,则当 $\overline{R}_D = 1$,$\overline{S}_D = 1$ 时,输出仍保持 $Q = 1$,$\overline{Q} = 0$ 状态不变。因此,当 $\overline{R}_D = 1$,$\overline{S}_D = 1$ 时,触发器保持原态不变,称为保持。

(4) 当 $\overline{R}_D = 0$,$\overline{S}_D = 0$ 时,这时触发器输出 $Q = \overline{Q} = 1$,这种状态在触发器中是不允许出现的,必须禁止。所以,基本 RS 触发器的 4 种输入状态不能都出现,$\overline{R}_D = 0$,$\overline{S}_D = 0$ 的输入状态是不允许出现的,应加"约束条件"。

【知识链接】 还可以用或非门的输入、输出端交叉连接构成置 0、置 1 触发器,其逻辑图和逻辑符号分别如图 4-4 所示,这种触发器的触发信号是高电平有效,因此在逻辑符号的 S_D 端和 R_D 端没有小圆圈。

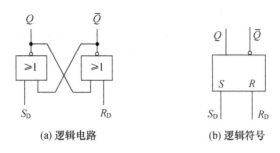

(a) 逻辑电路　　　　　　(b) 逻辑符号

图 4-4　两或非门组成的基本 RS 触发器

3. 特性表（状态真值表）

图 4-3 基本 RS 触发器特性表是输入信号（$\overline{R}_D$，$\overline{S}_D$）及考虑触发器原态 Q^n 时，输入和输出之间对应关系的状态真值表。Q^n 表示触发器原来的状态（原态），原态可能是 0，也可能是 1；Q^{n+1} 表示触发器输入信号后的状态（次态），基本 RS 触发器的特性表如表 4-1 所示。简化的基本 RS 特性表如表 4-2 所示。

表 4-1　基本 RS 触发器特性表（状态真值表）

$\overline{R}_D$	$\overline{S}_D$	Q^n	Q^{n+1}	说　明
0	0	0	×	触发器状态不定
0	0	1	×	
0	1	0	0	触发器置 0
0	1	1	0	
1	0	0	1	触发器置 1
1	0	1	1	
1	1	0	0	触发器保持原态不变
1	1	1	1	

表 4-2　简化的基本 RS 特性表

$\overline{R}_D$	$\overline{S}_D$	Q^{n+1}
0	0	不定
0	1	1
1	0	0
1	1	Q^n

4. 特性方程

触发器的逻辑功能还可以用逻辑函数表达式来描述，描述触发器逻辑功能的函数表达式称为特性方程，由表 4-1 对 Q^{n+1} 进行卡诺图化简，即可得出其特性方程。

Q^n \ $\bar{R}_D \bar{S}_D$	00	01	11	10
0	×	0	0	1
1	×	0	1	1

$$Q^{n+1} = S_D + \bar{R}_D Q^n$$
$$\bar{S}_D + \bar{R}_D = 1 \text{（约束条件）}$$

5. 状态转换图和驱动表

描述触发器的逻辑功能还可以采用图形的方法，即状态转换图，如图 4-5 所示为基本 RS 触发器的状态转换图，图中圆圈分别代表基本触发器的两个稳定状态，箭头表示在输入信号作用下状态转换的方向，箭头旁的标注表示状态转换时的条件。它是根据触发器的特性表得出的。

如果触发器当前的稳态（原态）是 $Q^n = 0$，则在输入信号 $\bar{R}_D = 1$，$\bar{S}_D = 0$ 的条件下，触发器转换至下一个状态（次态）$Q^{n+1} = 1$；如果输入信号 $\bar{R}_D = ×$，$\bar{S}_D = 1$，则触发器保持在 0 状态；如果触发器当前的稳态是 $Q^n = 1$，则在输入信号 $\bar{R}_D = 0$，$\bar{S}_D = 1$ 的作用下，触发器转换至下一个状态（次态）$Q^{n+1} = 0$；如果输入信号 $\bar{R}_D = 1$，$\bar{S}_D = ×$，则触发器保持 1 态。

根据状态转换图可以很方便地列出触发器的驱动表，如表 4-3 所示。

表 4-3 基本 RS 触发器驱动表

状态转换 $Q^n \to Q^{n+1}$	输入条件 $\bar{R}_D$	$\bar{S}_D$
0　0	×	1
0　1	1	0
1　0	0	1
1　1	1	×

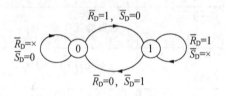

图 4-5 基本 RS 触发器状态转换图

6. 波形图（也称工作波形）

根据特性表中的输入及输出的对应关系，可以画出基本 RS 触发器的工作波形，即波形图；波形图也是描述触发器逻辑功能的一种方法。图 4-6 是基本 RS 触发器的工作波形。

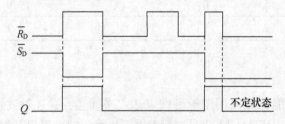

图 4-6 基本 RS 触发器工作波形

【特别提示】 基本 RS 触发器：

优点：电路简单，是构成各种触发器的基础。

缺点：输出受输入信号直接控制，有约束条件。

【例 4-1】 设图 4-7(a) 中触发器初始状态为 0，试对应输入波形画出 Q 和 $\overline{Q}$ 的波形。

波形图如图 4-7(b) 所示。

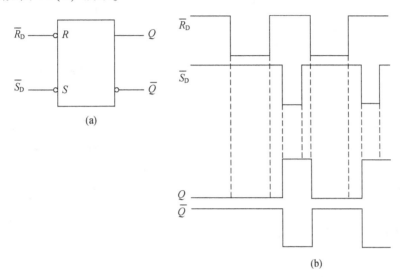

图 4-7 RS 触发器应用波形

4.1.2 同步触发器

基本 RS 触发器是由 $\overline{R}_D$，$\overline{S}_D$ 端的输入信号直接控制的，在实际工作中，触发器的工作状态不仅要由 $\overline{R}_D$，$\overline{S}_D$ 端的信号来决定，而且还要求触发器按一定的节拍翻转，因此，需要加入一个时钟控制端 CP，只有在 CP 端出现时钟脉冲时，触发器的状态才能变化。具有时钟控制的触发器称为时钟触发器，又称同步触发器（或钟控触发器），因为它的工作必须与时钟脉冲同步。

1. 同步 RS 触发器

（1）电路组成。同步 RS 触发器的电路如图 4-8 所示，图中门 G_1 和 G_2 构成基本 RS 触发器，门 G_3 和 G_4 构成触发器引导电路。

（2）逻辑功能。当 $CP=0$ 时，G_3、G_4 门被封锁，输出均为 1，这时不论 R、S 的信号如何变化，触发器保持原态不变，即 $Q^{n+1}=Q^n$。

当 $CP=1$ 时，G_3、G_4 门解除封锁，R、S 的信号才能通过这两个门使基本 RS 触发器的状态发生变化。其输出仍由输入信号 R、S 和触发器原态 Q^n 决定，因此，同步 RS 触发器只有 CP 为高电平时才工作，称为高电平触发。电路的逻辑功能如特性表 4-4 所示，表 4-5 为同步 RS 触发器简化特性表。

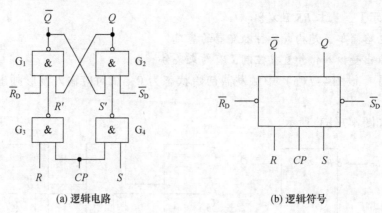

(a) 逻辑电路　　　　　　　　(b) 逻辑符号

图 4-8　同步 RS 触发器

① 当 $R=0$，$S=0$ 时，如果触发器的原态 $Q^n=1$，则触发器的次态 $Q^{n+1}=1$，如果原态为 0，则次态 $Q^{n+1}=0$，因此，在 $R=0$，$S=0$ 时，触发器保持原态不变，即 $Q^{n+1}=Q^n$。

② 当 $R=0$，$S=1$ 时，不论原态是 0 或是 1，其次态都为 1，称为触发器置 1，即 $Q^{n+1}=1$。

③ 当 $R=1$，$S=0$ 时，不论触发器的原态是 0 或是 1，其次态都是 0，称为触发器置 0，即 $Q^{n+1}=0$。

④ 当 $R=1$，$S=1$ 时，触发器的次态不确定，称为不定状态，这种情况在触发器中是不允许出现的，必须加上约束条件。

表 4-4　同步 RS 触发器特性表（也称真值表）

R	S	Q^n	Q^{n+1}	说　　明
0	0	0	0	触发器保持原态不变，$Q^{n+1}=Q^n$
0	0	1	1	
0	1	0	1	触发器置 1，$Q^{n+1}=1$
0	1	1	1	
1	0	0	0	触发器置 0，$Q^{n+1}=0$
1	0	1	0	
1	1	0	×	触发器状态不定
1	1	1	×	

表 4-5　同步 RS 触发器简化特性表

R	S	Q^{n+1}
0	0	Q^n
0	1	1
1	0	0
1	1	不定

(3) 特性方程。触发器次态 Q^{n+1} 与输入信号 R、S 及原态 Q^n 之间的逻辑表达式称为触发器的特性方程。根据特性表，用卡诺图对次态 Q^{n+1} 进行化简，即得出特性方程：

$$Q^{n+1} = S + \overline{R}Q^n$$
$$RS = 0 \text{（约束条件）}$$

Q^n \ RS	00	10	11	10
0	0	1	×	0
1	1	1	×	0

【特别提示】 RS 触发器的特性方程指触发器次态与输入信号和电路原有状态之间的逻辑关系式。

（4）状态转换图和驱动表。触发器的逻辑功能还可以用状态转换图来描述。根据特性表，当触发器由原态向次态变化时，把所对应的输入 R，S 状态填入图中。状态转换图如图 4-9 所示。

根据状态转换图可以列出驱动表。如表 4-6 所示。

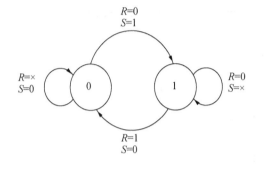

表 4-6　同步 RS 触发器驱动表

$Q^n \to Q^{n+1}$		R	S
0	0	×	0
0	1	0	1
1	0	1	0
1	1	0	×

图 4-9　同步 RS 触发器状态转换图

（5）波形图（工作波形）。波形图也是描述触发器逻辑功能的一种方法。根据给定的 R、S 状态，在时钟脉冲 CP 的作用下，可以方便地画出其输出波形，即工作波形。但应注意的是，在 CP 到来之前，应设定触发器的原态 Q^n（0 或 1），如图 4-10 所示为当 $Q^n = 0$ 时的同步 RS 触发器的工作波形。

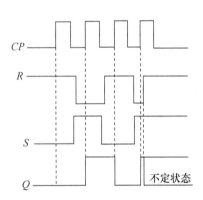

图 4-10　同步 RS 触发器工作波形

【例 4-2】 试对应输入波形画出图 4-11(a) 中所示的 Q 端波形。
具体波形图如图 4-11(b) 所示。

2. 同步 D 触发器

（1）电路结构。为了避免同步 RS 触发器的输入 R，S 同时为 1 的情况，可在 R 和 S 之间接入非门 G_5，这就构成了 D 触发器。如图 4-12 所示。

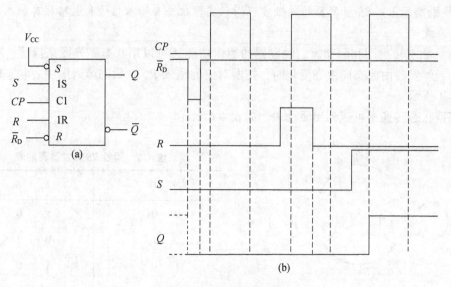

图 4-11 RS 触发器的应用

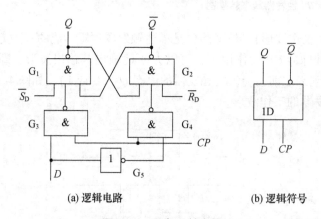

(a) 逻辑电路　　　　　　(b) 逻辑符号

图 4-12 同步 D 触发器

(2) 逻辑功能。

当 $CP=0$ 时,G_3、G_4 门被封锁,输出为 1,触发器保持原态不变,不受 D 端输入信号的控制。

当 $CP=1$ 时,G_3、G_4 解除封锁,D 信号可以输入。因此,D 触发器只有在 CP 为高电平时,才能工作,称为高电平触发。

当 $D=0$ 时,如果触发器的原态 $Q^n=0$,则次态 $Q^{n+1}=0$;如果原态 $Q^n=1$,则次态 $Q^{n+1}=1$。

当 $D=1$ 时,如果原态 $Q^n=0$,则次态 $Q^{n+1}=0$;如果原态 $Q^n=1$,则次态 $Q^{n+1}=1$,可见 D 触发器的状态随着 D 的状态而变。

(3) 特性表。由以上分析可知,不论 D 的原态 Q^n 如何(0 或 1),触发器的次态 $Q^{n+1}=D$,由此可列出 D 触发器的特性表,如表 4-7 所示。简化特性表如表 4-8 所示。

表 4-7 同步 D 触发器特性表（真值表）

D	Q^n	Q^{n+1}	说　　明
0	0	0	
0	1	0	输出次态与 D 相同，
1	0	1	$Q^{n+1} = D$
1	1	1	

表 4-8 简化特性表

D	Q^{n+1}
0	0
1	1

（4）特性方程。把表 4-7 填入卡诺图，对 Q^{n+1} 进行化简，即可得出其特性方程：$Q^{n+1} = D$。

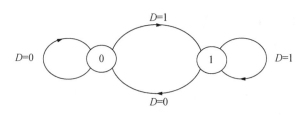

（5）状态转换图和驱动表。根据特性表，当原态 Q^n 向次态 Q^{n+1} 变化时，把所对应的 D 状态标入图中，即可得出状态转换图，如图 4-13 所示。

根据转换图列出驱动表，如表 4-9 所示。

表 4-9 同步 D 触发器的驱动表

$Q^n \to Q^{n+1}$	D
$0 \to 0$	0
$0 \to 1$	1
$1 \to 0$	0
$1 \to 1$	1

图 4-13 同步 D 触发器的状态转换图

根据特性表可很容易地画出同步 D 触发器的波形图，读者可自行训练。

【例 4-3】　试对应输入波形画出图 4-14(a) 中所示的 Q 端波形（设触发器初始状态为 0）。

具体波形如图 4-14(b) 所示。

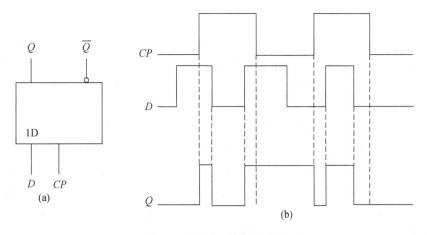

图 4-14　D 触发器应用波形

3. 同步 JK 触发器

（1）电路组成。同步 JK 触发器的电路如图 4-15 所示，G_1、G_2 门构成基本触发器，G_3、G_4 门构成触发引导电路。

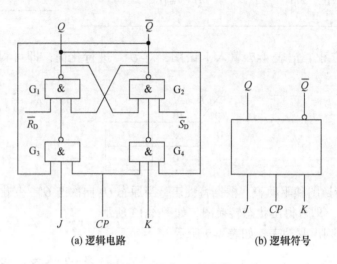

(a) 逻辑电路　　　　　　　　(b) 逻辑符号

图 4-15　同步 JK 触发器

（2）逻辑功能。

当 $CP=0$ 时，G_3、G_4 门被封锁，输出都为 1，触发器保持原态不变。

当 $CP=1$ 时，G_3、G_4 门解除封锁，J、K 输入信号才能输入。因此，只有 $CP=1$（高电平），触发器才能工作，称为高电平触发。

① 当 $J=0$、$K=0$ 时，不论原态是 0 或是 1，由于 G_3、G_4 都输出 1，触发器保持原态不变，即 $Q^{n+1}=Q^n$。

② 当 $J=0$、$K=1$ 时，如果原态 $Q^n=0$（$\overline{Q}^n=1$），由于 $J=0$，则 G_3 输出为 1，G_1 输入为全 1，输出次态 $Q^{n+1}=0$；如果原态 $Q^n=1$（$\overline{Q}^n=0$），则次态 $Q^{n+1}=0$。因此，不论触发器的原态是 0 或是 1，在 $J=0$、$K=1$ 时，其次态都为 0。

③ 当 $J=1$、$K=0$ 时，如果原态 $Q^n=0$（$\overline{Q}^n=1$），在 $CP=1$ 时，G_3 的输入次态为全 1，输出为 0，因此，G_1 的输出，即次态 $Q^{n+1}=1$；如果原态 $Q^n=1$（$\overline{Q}^n=0$），在 $CP=1$ 时，G_3、G_4 的输入分别为 $\overline{Q}^n=0$ 和 $K=0$，因此，这两门的输出均为 1，触发器保持原态不变，即 $Q^{n+1}=Q^n$。所以在 $J=1$、$K=0$ 时，不论触发器的原态如何，在 $CP=1$ 作用后，其次态均为 1。

④ 当 $J=1$、$K=1$ 时，如果原态 $Q^n=0$（$\overline{Q}^n=1$），在 $CP=1$ 作用后，G_4 的输入有 $Q^n=0$，输出为 1，G_3 的输入为 $\overline{Q}^n=1$，$J=1$，即全 1，输出 0。因此，G_1 的输出，即次态 $Q^{n+1}=1$，如果原态 $Q^n=1$（$\overline{Q}^n=0$），在 $CP=1$ 作用后，G_4 的输入为全 1，输出 0；G_3 的输入有 $\overline{Q}^n=0$，输出为 1。由于 G_4 的输出为 0，则 $\overline{Q}^{n+1}=1$，$Q^{n+1}=0$。由上分析可见，不论触发器原态如何，在 $J=1$、$K=1$ 时，其次态都与原态相反，称为触发器翻转。所谓翻转是触发器的状态变为与原来状态相反的状态：即 $Q^{n+1}=\overline{Q}^n$。

(3) 特性表。根据以上功能分析，列出在 CP 脉冲作用下，输入信号 J、K 及原状态 Q^n 和输出次态之间的关系，即得出特性表（真值表），如表4-10所示。

表4-10 同步 JK 触发器的特性表（真值表）

J	K	Q^n	Q^{n+1}	说　明
0	0	0	0	保持原态 $Q^{n+1} = Q^n$
0	0	1	1	
0	1	0	0	输出为0（置0）
0	1	1	0	
1	0	0	1	输出为1（置1）
1	0	1	1	
1	1	0	1	输出翻转，$Q^{n+1} = \overline{Q^n}$
1	1	1	0	

(4) 特性方程。把特性表填入卡诺图中，对 Q^{n+1} 进行化简，就得出其特性方程：$Q^{n+1} = J\overline{Q^n} + \overline{K}Q^n$。

Q^n \ JK	00	01	11	10
0	0	0	1	1
1	1	0	0	1

(5) 状态转换图和驱动表。当触发器由原态向次态转换时，把所对应的输入 J、K 状态填入图中，其状态转换图如图4-16所示。

由状态转换图列出驱动表，如表4-11所示。

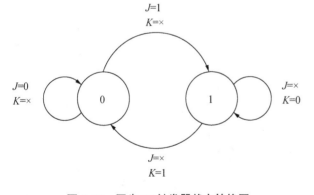

图4-16 同步 JK 触发器状态转换图

表4-11 JK 触发器驱动表

$Q^n \rightarrow Q^{n+1}$	J	K
0 → 0	0	×
0 → 1	1	×
1 → 0	×	1
1 → 1	×	0

根据特性表可容易地画出同步 JK 触发器的工作波形，读者可自行训练。

【例4-4】 设触发器初始状态为0，试对应输入波形画出图4-17(a)中所示的 Q 端波形。

具体波形如图 4-17(b) 所示。

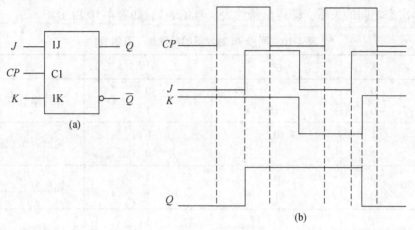

图 4-17 JK 触发器应用波形

4. 同步触发器的触发方式和空翻问题

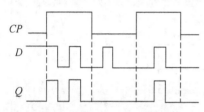

图 4-18 同步 D 触发器的空翻

同步触发器是高电平触发，即在 $CP=1$ 时工作，此时，输入信号的变化都会引起触发器状态改变，而在 $CP=0$ 时不工作；此时，触发器不接受输入信号，其状态保持原态不变。但必须指出，在 $CP=1$ 且脉冲宽度较宽时，触发器将会出现多次翻转。这种现象称为触发器的空翻。如图 4-18 所示。

同步触发器由于存在空翻问题，因此，它只能用于数据锁存，而不能用于计数器、移位寄存器和存储器等。如果要求每来一个 CP 脉冲触发器仅发生一次翻转的话，则对时钟脉冲信号的电平宽度要求极其苛刻。为了避免多次翻转，必须采用其他的电路结构。

【特别提示】 综上所述，同步触发器的特点是：

同步触发器的触发方式（指时钟脉冲信号控制触发器工作的方式）为电平触发式（$CP=1$ 期间翻转的称正电平触发式；$CP=0$ 期间翻转的称负电平触发式）。

同步触发器的共同缺点是存在空翻（触发脉冲作用期间，输入信号发生多次变化时，触发器输出状态也相应发生多次变化的现象称为空翻）。空翻可导致电路工作失控。

4.2 主从触发器

4.2.1 主从 RS 触发器

1. 电路结构

图 4-19 所示为主从 RS 触发器，它由两个电平触发方式的同步 RS 触发器构成，其中 F_1 构成主触发器，时钟脉冲 $CP=1$ 有效，输出 $Q_主$、$\overline{Q}_主$，输入 R、S。门 F_2 构成从触发

器,时钟脉冲为 $\overline{CP}=1$ 有效,输入为 $Q_主$、$\overline{Q}_主$,输出为 Q、$\overline{Q}$。从触发器的输出为整个触发器的输出。

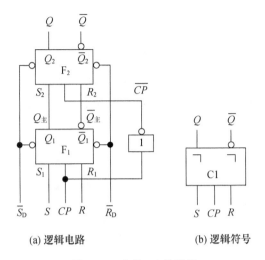

(a) 逻辑电路　　　　(b) 逻辑符号

图 4-19　主从 RS 触发器

2. 逻辑功能

由于主触发器 F_1 的输出 $Q_主$ 和 $\overline{Q}_主$ 始终互补,所以在 $CP=0$、$\overline{CP}=1$ 时,从触发器 F_2 的状态跟随主触发器的状态,即 $Q=Q_主$。当 $CP=1$ 时,主触发器工作,接收输入信号,其状态方程为:

$$\begin{cases} Q_主^{n+1} = S + \overline{R}Q_主^n = S + \overline{R}Q^n \\ RS = 0 \text{(约束条件)} \end{cases}$$

此时,由于 $\overline{CP}=0$,从触发器不工作,因此,从触发器保持原态不变。

当 CP 由 1→0 时,由于 $CP=0$,主触发器保持状态不变;而从触发器的脉冲 $\overline{CP}$ 由 0→1,从触发器工作,接收信号 $Q_主$ 和 $\overline{Q}_主$,从触发器跟随主触发器 CP 由 1→0 时刻的状态而发生变化,其状态方程为:

$$\begin{cases} Q^{n+1} = Q_主^{n+1} = S + \overline{R}Q^n \\ RS = 0 \text{(CP 下降沿有效)} \end{cases}$$

由上述分析可见,主从触发器工作分两步进行。第一步,当 CP 由 0→1 及在 $CP=1$ 期间,主触发器接收输入信号,状态发生变化;而由于 $\overline{CP}$ 由 1→0,从触发器被封锁,因此,从触发器状态保持不变,这一步称为准备阶段。第二步,当 CP 由 1→0 及在 $CP=0$ 期间,主触发器被封锁,状态保持不变,而从触发器脉冲 $\overline{CP}$ 由 0→1,接收在这一时刻主触发器的状态信号;从触发器状态发生变化,在 $CP=0$ 期间,主触发器不会再接收输入信号,因此,也不会引起触发器的多次翻转,从而克服了空翻现象。主从 RS 触发器的工作波形图如图 4-20 所示。

4.2.2 主从 JK 触发器

1. 电路结构

主从 JK 触发器由主触发器和从触发器及非门组成，如图 4-21 所示，图中 F_1 组成主触发器，由 F_2 组成从触发器；它们都属于电平触发方式，同时，CP 脉冲经非门取反后，作用在从触发器的引导门 F_2 上。从触发器状态的变化是在 CP 脉冲由 1→0 时才发生。

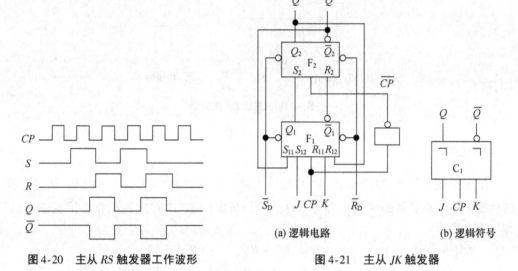

图 4-20 主从 RS 触发器工作波形　　图 4-21 主从 JK 触发器

2. 逻辑功能

主从 RS 触发器的特性方程为：

$$\begin{cases} Q^{n+1} = Q_{主}^{n+1} = S + \overline{R}Q^n \\ RS = 0 \text{（CP 下降沿有效）} \end{cases}$$

令 $S = J\overline{Q}^n$，将 $R = KQ^n$ 代入 Q^{n+1} 中，即得出主从 JK 触发器的特性方程为：

$$Q^{n+1} = Q_{主}^{n+1} = J\overline{Q}^n + \overline{KQ^n}Q^n = J\overline{Q}^n + \overline{K}Q^n。$$

(1) 当 CP 由 0→1 时，主触发器接收 J、K 信号，并根据 J、K 状态决定主触发器的输出状态 $Q_{主}$，而从触发器此时由于 $\overline{CP} = 0$ 被封锁，保持原态不变。

(2) 当 CP 由 1→0 时，（脉冲下降沿），从触发器跟随 $Q_{主}$ 和 $\overline{Q}_{主}$ 变化，此时因 CP = 0，主触发器被封锁，不接收输入的 J、K 信号，即使此时输入信号 J、K 发生变化，主触发器的输出 $Q_{主}$ 保持原态不变，由此克服了空翻的问题。

3. 主从触发器的一次翻转现象

在主从触发器中，有两条从输出 Q 和 $\overline{Q}$ 端反馈到输入的连线，因 Q 和 $\overline{Q}$ 互补，反馈到输入端后,必定封锁 J、K 中的一个输入端,由于主从触发器仍然是在 CP = 1 期间上输入信号,若此时 J、K 中有一端引入干扰信号,则可能被触发器所接收,其输出状态发生变化,但干扰信号消失后,主触发器却不能恢复干扰前的状态,这种现象称为主从 JK 触发器的一次翻转,如图 4-22 所示。

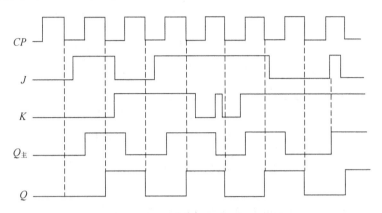

图 4-22　主从 JK 触发器的一次翻转

设初始状态为 0,由图 4-22 中可以看出,当 J、K 遇到干扰时,主从 JK 触发器产生的一次翻现象。因为主从 JK 触发器存在着一次翻转是在 CP = 1 期间,所以必须保证 J、K 的输入状态在 CP = 1 期间保持不变,才能不发生一次翻转现象;因此,使主从 JK 触发器的应用受到了一定限制。

4.2.3　边沿触发器

边沿触发器只在 CP 脉冲上升沿或下降沿时刻接收输入信号,电路状态才发生变化,从而提高了触发器工作的可靠性和抗干扰能力,且没有空翻现象。边沿触发器常用的有边沿 JK 触发器,维持阻塞 D 触发器,CMOS 边沿触发器等。

1. 边沿 JK 触发器 (74LS112)

(1) 电路结构。边沿 JK 触发器的逻辑电路如图 4-23 所示,图 4-23(a) 中 G_1、G_2 两个与或非门交叉耦合组成基本 RS 触发器 G_3、G_4 为输入信号引导门。图 4-23(b) 中的 "∧" 表示边沿触发输入。

(2) 逻辑功能。

1) 当 CP = 0 时,G_3、G_4 被封锁,$Q_3 = 1$,$Q_4 = 1$,与门 A 和 D 被封锁,因此,触发器保持原态不变,如果原态为 0 ($Q^n = 0$),则与门 B 输入 1,输出 $Q^{n+1} = 0$,触发器保持原态 0 不变。如果原态为 1,同样能保持 1 状态不变。

2) 当 CP 由 0→1 时,触发器状态不变。在 CP = 0 时,如果触发器的状态为 0 ($Q^n = 0$,$\overline{Q^n} = 1$),当 CP 由 0→1 时,首先与门 A 输入全 1,不论与门 B 输入为何状态,输出 $Q^{n+1} = 0$。触发器保持原态不变,如果触发器原态为 1,在 CP 由 0→1 时触发器同样保持 1 不变。

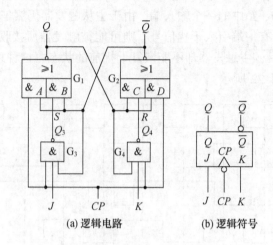

(a) 逻辑电路　　　　(b) 逻辑符号

图 4-23　边沿 JK 触发器（74LS112）

3) CP 由 1→0 时，触发器的状态根据 JK 端的输入信号变化。

① 当 $J=0$，$K=0$ 时。如果在 $CP=1$ 期间，触发器的原态为 $Q^n=0$，$\overline{Q}^n=1$（称为 0 状态）时，由于 $J=0$，$K=0$，$Q_3=1$，$Q_4=1$，与门 A 和 B 的输入全为 1，与门 C 和 D 的输入全为 0，因此，当 CP 由 1→0 时，由于与门 B 输入仍为全 1，输出 $Q^{n+1}=0$，与门 C 和 D 的输入都有 0，输出 $\overline{Q}^{n+1}=1$，触发器保持 0 态不变。同理，如果触发器处于 $Q^n=1$，$\overline{Q}^n=0$，则 CP 由 1→0 时，同样能保持 1 状态。

② 当 $J=1$，$K=1$ 时。如果在 $CP=1$ 时，触发器的原态为 $Q^n=0$，$\overline{Q}^n=1$（0 状态），该状态反馈到 G_3、G_4 输入端，使 $Q_3=0$，$Q_4=1$，与门 B、C、D 的输入端有 0，只有与门 A 输入全 1。当 CP 由 1→0 时，由于 G_3 和 G_4 延时时间较长，其输出 Q_3 和 Q_4 的状态不会马上改变，在此时刻与门 A 首先被封锁，使 $Q^{n+1}=1$，接着与门 C 输入全 1，输出 $\overline{Q}^{n+1}=0$，触发器由 0 状态翻转到 1 状态，即 $Q^{n+1}=\overline{Q}^n$。如果触发器原态为 $Q^n=1$，$\overline{Q}^n=0$（称为 1 状态），同理，在 CP 由 1→0 时，电路由 1 状态翻转到 0 状态。因此，当输入 CP 为连续脉冲时，则触发器的状态便不断翻转。

③ 当 $J=1$，$K=0$ 时。如果在 $CP=1$ 时，触发器原态为 $Q^n=0$，$\overline{Q}^n=1$（0 状态），则 $Q_3=0$，$Q_4=1$，与门 B、C 和 D 的输入都有 0，与门 A 输入全 1，当 CP 由 1→0 时，首先封锁与门 A，使 $Q^{n+1}=1$。因此，与门 C 输入全 1，输出 $\overline{Q}^{n+1}=0$，触发器由 0 状态翻转到 1 状态。可见，在 J、K 端输入信号不同时，触发器翻转到和 J 相同的状态。如果触发器的原态为 $Q^n=1$，$\overline{Q}^n=0$（1 状态）时，则在 CP 由 1→0 时，触发器保持 1 状态不变。

④ 当 $J=0$，$K=1$ 时。在 CP 由 1→0，用同样分析方法可知，触发器翻转到 0 状态，和 J 的状态相同。由以上分析可知，边沿 JK 触发器是利用时钟脉冲 CP 的下降沿进行触发的，它的功能和前面讨论的同步 JK 触发器的功能相同，因此，它们的特性方程、特性表、驱动表也相同。但应注明 CP 下降沿有效，即 $Q^{n+1}=J\overline{Q}^n+\overline{K}Q^n$（$CP$ 下降沿有效）。

2. 集成 JK 触发器

集成 JK 触发器品种很多，表 4-12 列出了部分常用及先进的 JK 触发器种类。

表 4-12 常用 JK 触发器

型　号	功　能	其他系列
74LS73	双 JK，有清 0	6 个系列
74LS76	双 JK，有置位和清 0	5 个系列
74LS78	双 JK，有置位，公共清 0，公共时钟	3 个系列
74LS107	双主从 JK，有清 0	5 个系列
74LS109	双上升沿 JK 非，有置位和清 0	9 个系列
74LS112	双下降沿 JK，有置位和清 0	10 个系列
74LS113	双下降沿 JK，有置位	8 个系列
74LS114	双下降沿 JK，有置位，公共清除，公共时钟	8 个系列
CC4027	双上升沿 JK	1 个系列
CC4095	双上升沿 JK	1 个系列
CC4096	上升沿 JK，有 J 非，K 非输入	1 个系列
74AC11109	双上升沿 JK 非，有置位和清 0	2 个系列
74AC11112	双下降沿 JK，有置位和清 0	2 个系列

4.2.4 维持阻塞正边沿 D 触发器

1. 电路结构

如图 4-24(a) 所示是维持阻塞正边沿 D 触发器，电路由 6 个与非门构成，其中 G_1、G_2 组成基本 RS 触发器，$G_3 \sim G_6$ 组成控制门。

2. 逻辑功能

在 $CP = 0$ 期间，G_3、G_4 被封锁，输出都为 1，使基本触发器 G_1、G_2 保持原状态不变。这时，G_5、G_6 跟随输入值 D 变化，$G_5 = \overline{D}$，$G_6 = D$。

当 CP 由 $0 \rightarrow 1$ 时，G_3、G_4 解除封锁，接收 G_5 和 G_6 的输出信号，$G_4 = \overline{D}$，$G_3 = D$。

如果 $D = 0$，$G_3 = 0$，一方面使触发器状态置 0；另一方面又经过线③反馈至 G_5 的输入端，封锁 G_5（克服了空翻），使触发器输出状态维持 0 不变。在 $CP = 1$ 期间，G_5 输出的 1 还通过线④反馈至 G_6 的输入端，使 G_6 输出为 0，从而可靠地保证 G_4 输出为 1，阻止触发器状态可能向 1 翻转。

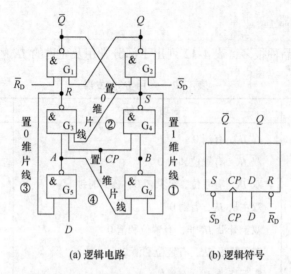

(a) 逻辑电路　　　　(b) 逻辑符号

图 4-24　维持阻塞正边沿 D 触发器

如果 $D=1$，当 CP 由 $0\rightarrow1$ 时，$D=1$ 送入基本触发器，输出 1 状态。同时，通过线①来输出 $Q=1$；通过线②保证 $G_3=1$，使触发器在 $CP=1$ 期间不会翻转为 0 状态。

由上述分析可见，维持阻塞 D 触发器在 CP 上升沿到达时，接收输入信号 D，CP 上升沿过后，D 信号不起作用，即使 D 发生改变，触发器状态也不变，而保持上升沿到达时的 D 信号状态，因此，维持阻塞 D 触发器是脉冲上升沿触发器。

3. 工作波形

维持阻塞正边沿 D 触发器的工作波形如图 4-25 所示，首先设定（或给定）初始状态为 0（或 1）。维持阻塞 D 触发器有一个重要特点，输出波形 Q 仅取决于 CP 上升沿到来时刻 D 的状态。

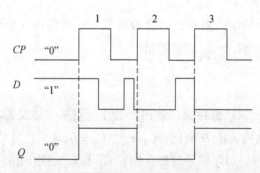

图 4-25　维持阻塞正边沿 D 触发器工作波形

4. 集成 D 触发器

集成 D 触发器品种较多，性能、参数各不相同。表 4-13 列出部分常用 D 触发器。

表 4-13 常用 D 触发器

型　号	功　能	其他系列
74LS74	双上升沿，有置位和清 0	16 个系列
74LS174	六上升沿，Q 端输出，公共清 0	11 个系列
74LS175	四上升沿，互补输出，公共清 0	10 个系列
74LS273	八 D，公共时钟，公共清 0	13 个系列
74SL374	八 D 边沿，3s，公共控制，公共时钟	14 个系列
74LS377	八 D，Q 端输出，公共允许，公共时钟	8 个系列
74LS379	四 D，互补输出，公共允许，公共时钟	6 个系列
74LS574	八 D 上升沿，反相输出，3s	8 个系列
74LS576	八 D 上升沿，反相输出，3s	4 个系列
74FAST728	双 D	1 个系列
74FAST803	四 D，OC	1 个系列
74ALS874	双 4 位上升沿，3s，有清 0	2 个系列
74FCT3374	八 D	1 个系列
CC4013	双 D 上升沿	1 个系列
74AC11174	六 D，上升沿，Q 端输出，公共清 0	2 个系列

（1）双上升沿 D 触发器（74LS74）。74LS74 是双 D 触发器，片内两个 D 触发器具有各自独立的时钟触发端（CP）及置位（$\overline{S}_D$）、复位（$\overline{R}_D$）端，图 4-26 为逻辑符号和管脚排列图，表 4-14 给出了功能表。由功能表看出，前两行是异步置位（置1）和复位（清0）工作状态，它们无须在 CP 脉冲的同步下而异步工作。其中，$\overline{S}_D$、$\overline{R}_D$ 均为低电平有效。第 3 行为异步输入禁止状态。第 4、5 行为触发器同步输入状态。在置位端和复位端均为高电平的前提下，触发器在 CP 脉冲的上升沿将输入数据 D 读入。最后一行 CP 为低电平，输出为保持状态。

表 4-14 双上升沿 D 触发器（74LS74）功能表

输　　入				输　　出	
$\overline{S}_D$	$\overline{R}_D$	CP	D	Q	$\overline{Q}$
0	1	×	×	1	0
1	0	×	×	0	1
0	0	×	×	×	×
1	1	↑	1	1	0
1	1	↑	0	0	1
1	1	L	×	Q^n	$\overline{Q}^n$

(2) 双上升沿 D 触发器（CC4013）。CC4013 是 4000CMOS 系列双上升沿 D 触发器为主从结构。如图 4-27 所示，表 4-15 是功能表。该芯片与上面讨论的 74LS74 触发器相比，同为双上升沿 D 触发器，也具有异步置位（S_D）、复位（R_D）端（高电平有效），但在使用中要注意电气特性的不同，另外，外引线管脚排列也不相同。

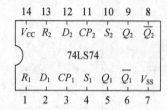

图 4-26 双上升沿 D 触发器（74LS74）

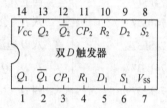

图 4-27 双上升沿 D 触发器（CC4013）

表 4-15 CC4013 功能表

输入				输出	
R_D	S_D	CP	D	Q	$\overline{Q}$
1	0	↑	0	0	1
1	0	↑	0	1	0
1	0	↓	×	保持	保持
1	×	×	×		
0	1	×	×	1	0
1	1	×	×	1	1

4.2.5 CMOS 边沿触发器

1. CMOS 主从结构正边沿 JK 触发器

前面仅介绍了 TTL 集成电路，由于 CMOS 电路具有微功耗、高输入阻抗、抗干扰能力及价格低廉等独特优点，所以，具有记忆和存储功能的各种 CMOS 触发器也越来越普遍地应用。CMOS 触发器普遍采用主从结构，下面以 CC4027 双 JK 触发器为例来讨论它的逻辑功能。

（1）电路结构。图 4-28 所示是 CC4027 正边沿 JK 触发器的逻辑原理图。其中主从触发器结构相同，各由两个非门和两个传输门组成。主从触发器直接构成 CMOS 正边沿 D 触发器。而正边沿 JK 触发器是在 D 触发器的基础上增加输入转换电路构成的。

（2）逻辑功能。先以正边沿 D 触发器的为核心分析其逻辑功能。

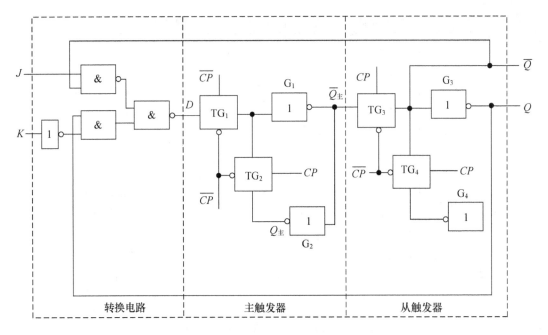

图 4-28　CC4027 正边沿 JK 触发器的逻辑原理图

① 当 $CP=0$ 时，触发器状态不变。因为 $CP=0$ 时，$\overline{CP}=1$，传输门 TG_1 导通、TG_2 关断，主触发器工作，接收输入端 D 的数据，D 信号经两次反相后到达 Q 端，则 $Q_主=D$。这时，$Q_主$ 跟随 D 端的状态变化而变。同时，传输门 TG_3 也关断，从触发器被封锁，使主从触发器之间隔断联系。而传输门 TG_4 导通，G_3 和 G_4 通过 TG_4 的反馈连接而形成自锁，所以，触发器输出状态保持不变。

② 当 CP 为正边沿时，触发器状态可变。当 CP 由 0 变为 1，$\overline{CP}$ 由 1 变为 0 时，传输门 TG_2 导通，使两个非门 G_1 和 G_2 通过 TG_2 建立自锁，主触发器保持了 CP 正边沿到来前瞬间 D 输入值（即 $Q_主=D$），而传输门 TG_1 关断，使输入信号 D 的变化不再影响主触发器的状态。同时，从触发器的传输门 TG_3 的导通，使从触发器工作，将主触发器锁定的状态和 $\overline{Q_主}$ 通过 TG_3 和 TG_3（反相）送到输出端，则 $Q^{n+1}=\overline{\overline{Q_主}}=D$。

在 $CP=1$ 期间，主触发器被封锁，故不会产生一次翻转和空翻问题。这种触发器在形式上是主从结构，但输出状态的转换只在 CP 的正边沿时发生，而且触发器所保持下来的状态仅取决于 CP 正边沿到达时的输入值，故触发方式属于正边沿触发。CC4027 正边沿 JK 触发器只是在上述 D 触发器的基础上增加转换电路而成，其转换逻辑为 $Q^{n+1}=D=J\overline{Q^n}+\overline{K}Q^n$，符合 JK 触发器的逻辑功能。

2. CMOS 边沿 D 触发器

图 4-29 所示为 CMOS 边沿 D 触发器 CC4013 的逻辑原理图。TG_1、TG_2、G_1 和 G_2 组成主触发器，TG_3、TG_4、G_3 和 G_4 组成从触发器，G_5 和 G_6 组成缓冲输出门。要求主从两个触发器的传输门的接法相反，即 TG_1、TG_4 开通时，则 TG_2、TG_3 关断；反之亦然。R 和 S 为触发器的异步置 0 端和异步置 1 端。当触发器工作时，取 $R=0$，$S=0$。

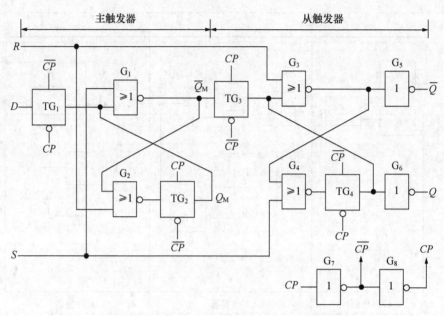

图 4-29　CMOS 边沿 D 触发器 CC4013 逻辑原理图

【特别提示】　主从触发器和边沿触发器有何异同？

相同处：只能在 CP 边沿时刻翻转，因此都克服了空翻，可靠性和抗干扰能力强，应用范围广。

相异处：电路结构和工作原理不同，因此电路功能不同。为保证电路正常工作，要求主从 JK 触发器的 J 和 K 信号在 $CP=1$ 期间保持不变；而边沿触发器没有这种限制，其功能较完善，因此，应用更广。

【例 4-5】

（1）设触发器初态为 0，试对应输入波形画出如图 4-30(a) 中所示的 Q_1、Q_2 的波形。

具体波形如图 4-30(b) 所示。

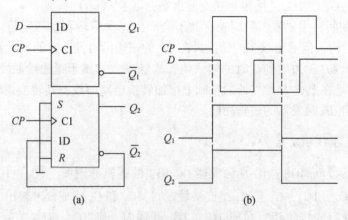

图 4-30　D 触发器应用波形

（2）设触发器初态为 1，试对应输入波形画出如图 4-31(a) 中所示的 Q_1、Q_2 的波形。

具体的波形如图 4-31(b) 所示。

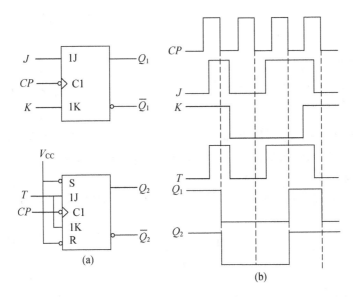

图 4-31　JK 触发器应用波形

4.2.6　触发器的转换

JK 触发器和 D 触发器是数字逻辑电路中使用最广泛的两种触发器，相关产品也主要是这两种形式。若需用其他功能的触发器，可以用这两种触发器变换后得到。

1. JK 触发器转换为 D、T 触发器

JK 触发器的特性方程：$Q^{n+1} = J\overline{Q}^n + \overline{K}Q^n$
D 触发器的特性方程：$Q^{n+1} = D$
T 触发器的特性方程：$Q^{n+1} = T\overline{Q}^n + \overline{T}Q^n$
JK 转换为 D：$Q^{n+1} = J\overline{Q}^n + \overline{K}Q^n = D\overline{Q}^n + \overline{D}$，则 $D = J = \overline{K}$
JK 转换为 T：$Q^{n+1} = J\overline{Q}^n + \overline{K}Q^n = T\overline{Q}^n + \overline{T}Q^n$，则 $T = J = K$
JK 触发器转换为 D 触发器、T 触发器的电路如图 4-32 所示。

2. D 触发器转换为 JK、T 触发器

D 触发器转换为 JK 触发器：

$$Q^{n+1} = D = J\overline{Q}^n + \overline{K}Q^n = J\overline{Q}^n + \overline{K}Q^n = \overline{\overline{J\overline{Q}^n} \cdot \overline{\overline{K}Q^n}}$$

电路如图 4-33 所示，将图中的 J、K 相连即构成 T 触发器，T = 1 便为 T′触发器。

【特别提示】　触发器由门电路构成，因此，门电路的应用注意事项在这里多适用。例如，TTL 触发器的输入端悬空相当于输入高电平，而 CMOS 触发器的输入端不允许悬空。

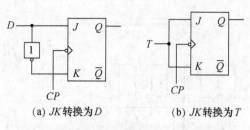
图 4-32　JK 触发器转换为 D，T 触发器

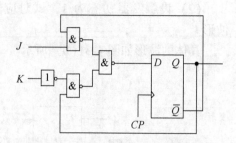
图 4-33　JK 触发器转换为 T 触发器

在实际工作中，应根据需要选定触发器的功能和触发方式。例如，同步触发器通常只用于数据锁存，构成计数器、移位寄存器时一般要用边沿触发器。

【综合应用案例】

（1）图 4-34 为分频器电路，设触发器初态为 0，试画出 Q_1、Q_2 的波形并求其频率。

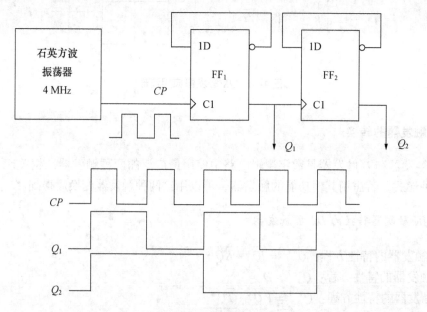

图 4-34　分频器电路

其中：$f_{Q_1} = \dfrac{f_{CP}}{2} = 2\ \text{MHz}$，$f_{Q_2} = \dfrac{f_{CP}}{4} = 1\ \text{MHz}$。

（2）试对应输入波形画出图 4-35(a) 中所示电路的输出波形。

其中：$Q^{n+1} = J\overline{Q}^n + \overline{K}Q^n = \overline{Q}^n \cdot \overline{Q}^n + \overline{Q}^n \cdot Q^n = \overline{Q}^n$，当异步端无信号时，触发器将在 CP 的上升沿时翻转。

具体波形图如图 4-35(b) 所示。

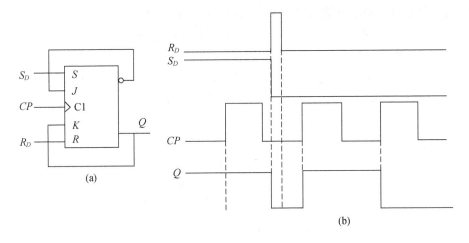

图 4-35 JK 触发器应用电路

本 章 小 结

触发器是数字系统中极为重要的基本逻辑单元。它有两个稳定状态，在外加触发信号的作用下，可以从一种稳定状态转换到另一种稳定状态。当外加信号消失后，触发器仍维持其当前状态不变，因此，触发器具有记忆作用，每个触发器只能记忆（存储）一位二进制数码。

集成触发器按功能可分为 RS、JK、D、T、T′ 几种。其逻辑功能可用状态表（真值表）、特征方程、状态图、逻辑符号图和波形图（时序图）来描述。类型不同而功能相同的触发器，其状态表、状态图、特征方程均相同，只是逻辑符号图和时序图不同。

触发器有高电平 $CP=1$、低电平 $CP=0$、上升沿 $CP\uparrow$、下降沿 $CP\downarrow$ 四种触发方式。

常用的集成触发器 TTL 型的有：双 JK 负边沿触发器 74LS112、双 D 正边沿触发器 74LS74，CMOS 型的有：CC4027 和 CC4013。

在使用触发器时，必须注意电路的功能及其触发方式。同步触发器在 $CP=1$ 时，触发翻转，属于电平触发，有空翻现象。为克服空翻现象，应使用 CP 脉冲边沿触发的触发器。功能不同的触发器之间可以相互转换。

习 题

一、单选题

1. 为了使时钟控制的 RS 触发器的次态为 1，RS 的取值应为（　　）。
   A. $RS=00$
   B. $RS=01$
   C. $RS=10$
   D. $RS=11$

2. 为了使触发器克服空翻与振荡，应采用（　　）。
　　A. CP 高电平触发　　　　　　　B. CP 低电平触发
　　C. CP 低电位触发　　　　　　　D. CP 边沿触发
3. 逻辑电路如图 4-36 所示，当 A = "0"，B = "1" 时，脉冲来到后触发器（　　）。
　　A. 具有计数功能　　　　　　　B. 保持原状态
　　C. 置 "0"　　　　　　　　　　D. 置 "1"

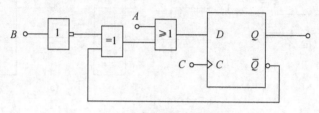

图 4-36　D 触发器应用电路

4. JK 触发器在 CP 脉冲作用下，欲实现 $Q^{n+1} = Q^n$，则输入信号不能为（　　）。
　　A. $J = K = 0$　　　　　　　　B. $J = Q$，$K = \overline{Q}$
　　C. $J = \overline{Q}$，$K = Q$　　　　　　D. $J = Q$，$K = 0$
5. 下列触发器中没有约束条件的是（　　）。
　　A. 基本 RS 触发器　　　　　　B. 主从 RS 触发器
　　C. 维持阻塞 RS 触发器　　　　D. 边沿 D 触发器

二、简答题

1. 写出基本 RS 触发器的特性表，说明它的逻辑功能。
2. 触发器有哪几种常见的电路结构形式？它们各有什么样的动作特点？
3. 分别写出 RS 触发器、JK 触发器和 D 触发器的特性表和特性方程。
4. 触发器的逻辑功能和电路结构形式之间的关系如何？

三、分析题

1. 设主从 JK 触发器的初始状态为 0，CP、J、K 信号如图 4-37 所示，试画出 Q 端的波形。

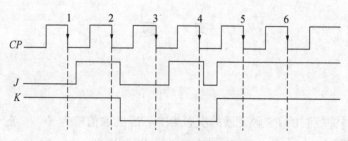

图 4-37　JK 触发器应用波形

2. 设负跳沿触发的 JK 触发器的时钟脉冲和 J、K 信号的波形如图 4-38 所示，画出输出端 Q 的波形。设触发器的初始状态 Q 为 0。

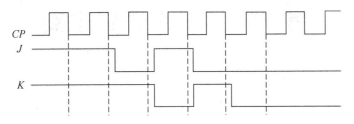

图 4-38　JK 触发器应用波形

3. 设初始状态 $Q_1 = Q_2 = 0$，试画出图 4-39 中 Q_1 和 Q_2 端的输出波形。

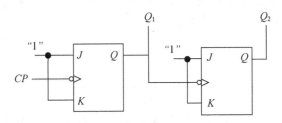

图 4-39　JK 触发器应用电路

第5章 时序逻辑电路

教学目标

通过学习时序逻辑电路的分析、设计方法，掌握计数器、寄存器等逻辑器件的基本工作原理；通过学习分析中规模集成电路的逻辑功能，熟悉其使用方法和实际用途；了解 ROM（只读存储器）和 RAM（随机存储器）的电路结构、工作原理和主要控制端的功能，ROM 和 RAM 位扩展和字扩展的方法及基本应用。

教学要求

能力目标	知识要点	权重	自测分数
了解逻辑电路分析方法与原理	同步时序逻辑电路和异步时序逻辑电路的分析方法	20%	
掌握逻辑电路设计方法与思路	计数器、寄存器等时序逻辑电路的设计方法与思路	30%	
掌握中规模集成电路的使用方法与应用	集成计数器、集成寄存器等中规模集成电路的使用方法与应用	30%	
了解存储器的功能、结构与基本应用等	ROM 和 RAM 的结构原理与基本应用	20%	

引 例

在现实工作中，很多工作场合都需要大功率、高效率的驱动设备来支持生产工作，步进电机是一种常见的大功率驱动设备，广泛应用于很多任务作业。

通常，步进电机驱动设备都很昂贵或体积庞大，普通用户难以接受，下面，介绍一款简单的步进电机驱动器以适应广大读者的使用需要。

如图 5-1 所示是步进电机的内部结构图，针对步进电机的结构，通常可以采用两种方法对其进行驱动。

（1）单相驱动，即一相一相驱动。线圈加高电平顺序是：黄—蓝—红—橙，或是橙—红—蓝—黄，其中黑白接地。

（2）双相驱动，即当要求电动机输出大功率时可以两相两相同时驱动。线圈加高电平顺序为：黄+红—蓝+橙；或是橙+蓝—红+黄。

如图 5-2 所示的电路，通过拨码开关控制移位寄存器 74LS194 使 Q_0、Q_1、Q_2、Q_3 产生上面提过的两种移位脉冲来控制 U1 部分，U1 部分为光电耦合器，这里运用光电耦合器的目的是为了使控制电路的电源与电机的电源隔离从而减少相互的干扰。图 5-2 中所示

的电阻 $R_3 \sim R_6$ 是 $1 \sim 10\,\mathrm{k\Omega}$ 的普通电阻。其中将 DSL 接 Q_0 是构成循环左移、DSR 接 Q_3 是构成循环右移，通过实现循环左右位移，从而实现正反转。

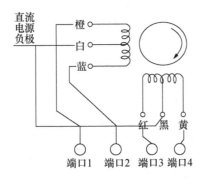

图 5-1 步进电机内部结构图

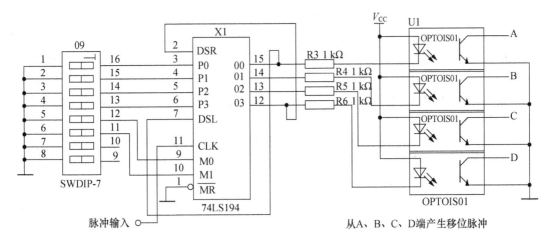

图 5-2 步进电机驱动电路原理图

通过上述设计可以实现通过拨码开关组控制移位寄存器，从而实现步进电机按照需求进行工作的功能。

本引例使用了移位寄存器 74LS194，那么移位寄存器是一种什么样的逻辑电路呢？它都具有哪些逻辑功能？它是如何实现通过输入变量产生与输出变量的左右位移呢？还有哪些逻辑电路与寄存器有相似之处呢？本章将围绕相关问题加以介绍。

5.1 时序逻辑电路概述

在认识移位寄存器之前，首先必须要了解一个很重要的概念——时序逻辑电路。时序逻辑电路简称时序电路，它主要由存储电路（触发器）和组合逻辑电路两部分组成，时序逻辑电路和组合逻辑电路不同，时序逻辑电路在任何时刻的输出状态不仅取决于当时的输入信号，而且还取决于电路原来存留的状态（原态）。时序逻辑电路的状态是由存储电路来记忆和表示的。因此，在时序电路中触发器是不可缺少的，而组合逻辑电路可根据需要可有可无。如图 5-3 所示为时序逻辑电路基本框图。

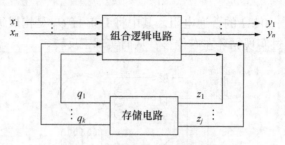

图 5-3　时序逻辑电路基本框图

时序逻辑电路的原态和次态（下一个状态）是由组成该电路触发器的原态和次态来表示的，其时序波形（工作波形）也是根据各个触发器的状态变化情况来描绘的。根据电路状态转换情况不同，时序逻辑电路又分为同步时序逻辑电路和异步时序逻辑电路两大类。

在同步时序逻辑电路中，所有触发器都共用同一个时钟脉冲 CP。在同一个时钟脉冲 CP 作用下，各触发器根据自身的输入状态和原态，在同一时刻状态翻转。也就是说，各个触发器的更新和时钟脉冲 CP 同步，称为同步时序逻辑电路。

而在异步时序逻辑电路中，时钟脉冲只触发部分触发器，其余触发器则是由电路内部信号触发器。也就是说，各个触发器不是共用同一个脉冲。因此，凡具备翻转条件的触发器状态翻转，而不具备条件的触发器则保持原状态不变。这种并不是所有触发器状态变化都与时刻脉冲 CP 同步的电路，称为异步时序逻辑电路。

由图 5-3 所示框图可以看出，时序逻辑电路均包含作为存储单元的触发器，由此可知，时序逻辑电路的状态，就是依靠触发器的记忆功能来表示的，时序逻辑电路中可以没有组合逻辑电路，但不能没有触发器。

【特别提示】　触发器包含 RS 触发器、D 触发器、JK 触发器、T 触发器以及 T' 触发器等，关于触发器的具体知识请回顾第 4 章。

寄存器就是时序逻辑电路的一个典型代表，当然时序逻辑电路不仅仅包含寄存器，而且还包含很多相关的实用型电路，下面就对时序逻辑电路的原理种类逐一加以讲述。首先，先了解一下时序逻辑电路的分析方法和设计思路。

5.2　时序逻辑电路的分析与设计

本节将详细描述时序逻辑电路的分析方法与设计思路，掌握本节的内容可以对进一步了解时序电路的工作原理及方式有很大的帮助，也可以掌握初步的时序逻辑电路设计和辨析能力，对于认识常见时序逻辑电路有重要意义。

5.2.1　时序逻辑电路的分析方法

所谓时序电路的分析，就是通过一定的途径，发现电路的逻辑功能。时序逻辑电路的种类很多，它们的逻辑功能各异不可能全部掌握，但是只要掌握了时序逻辑电路的基本分析方法，就能比较方便地分析出各种时序逻辑电路的逻辑功能。

表示时序逻辑电路的逻辑功能的形式有多种，如写出它的状态方程（表达式形式），列出状态转换真值表（真值表形式）、画出状态转换图（图表形式）、画出时序图（波形图形式）等。在这些表示形式中，列出状态转换真值表，是最容易从其真值表中发现电路工作的规律，从而分析出电路的逻辑功能。分析步骤如下。

（1）分析系统时钟，判断是同步时序电路还是异步时序电路。若为异步时序电路则写出时钟方程；若为同步时序电路，此步跳过。

（2）列出方程。

① 输出方程。时序逻辑电路的输出逻辑表达式，通常为原态的函数。

② 驱动方程。各触发器输入端的逻辑表达式。

【知识链接】 触发器的逻辑表达式就是将不同触发器中的输入量分别列出，如 JK 触发器中的输入量 J 与 K；D 触发器中的输入量 D；基本 RS 触发器中的输入量 R 与 S 等，通过确定这些输入变量的值，从而可以通过计算得到输出量。

③ 状态方程。将驱动方程代入相应触发器的特征方程中，便得到该触发器的次态方程，时序逻辑电路的状态方程由各触发器的次态逻辑表达式组成。

触发器的特征方程由不同的触发器而有所不同，如 JK 触发器的特征方程：$Q^{n+1} = J\overline{Q}^n + KQ^n$ 中的 J 与 K；D 触发器的特征方程：$Q^{n+1} = D$ 中的 D；基本 RS 触发器的特征方程：$\begin{cases} Q^{n+1} = S + \overline{R}Q^n \\ RS = 0 \end{cases}$ 中的 R 与 S 等。

（3）列状态转换真值表。将电路原态的各种取值代入状态方程和输出方程中进行计算，求出相应的次态值和输出值，从而列出状态转换真值表。如果原态的起始值给定时，则从给定值开始计算；如果没有给定时，则可任设一个原态起始值依次进行计算。时序逻辑电路的输出由电路的原态决定。

【特别提示】 时序逻辑电路分析中的真值表需要考虑不同时态时输入与输出值的变化，与单纯的布尔代数表达真值表略有不同，请注意二者的异同点。

（4）逻辑功能的说明。根据状态转换真值表来分析并说明电路的逻辑功能。

（5）画出状态转换图和时序图。状态转换图是指电路由原态转换到次态的示意图。电路的时序图是在时钟脉冲 CP 作用下，各触发器状态的波形图。

【例 5-1】 在日常比的体育比赛中，经常可见各种计分计数器，如图 5-4 所示的电路即为一种由 JK 触发器设计而来的计数器电路，试用时序逻辑电路的分析方法来分析该计数器电路的逻辑功能。并画出状态转换图和时序图。

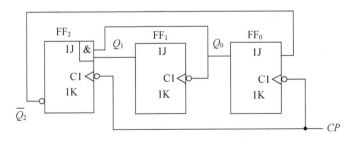

图 5-4 JK 触发器构成的计数电路

分析：由图 5-4 可看出，触发器 FF_0 和 FF_2 共用同一脉冲源 CP，而触发器 FF_1 是由触发器 FF_0 的输出端 Q_0 提供触发脉冲的，当 Q_0 负跃变时，FF_1 才得到触发信号，因此，该电路是异步时序逻辑电路,分析时,必须写出时钟方程。

1. 写出方程

(1) 时钟方程 $CP_0 = CP_2 = CP$ FF_0 和 FF_2 由 CP 下降沿触发   (5-1)

$CP_1 = Q_0$ FF_1 由 Q_0 输出下降沿触发   (5-2)

(2) 输出方程 $Y = Q_2^n$ (5-3)

(3) 驱动方程 $\begin{cases} J_0 = \overline{Q_2^n}, K_0 = 1 \\ J_1 = K_1 = 1 \\ J_2 = Q_1^n Q_0^n, K_2 = 1 \end{cases}$ (5-4)

(4) 状态方程 $\begin{cases} Q_0^{n+1} = J_0 \overline{Q_0^n} + \overline{K_0} Q_0^n = \overline{Q_2^n} \overline{Q_0^n} \text{（}CP\text{ 下降沿有效）} \\ Q_1^{n+1} = J_1 \overline{Q_1^n} + \overline{K_1} Q_1^n = \overline{Q_1^n} \text{（}Q_0\text{ 下降沿有效）} \\ Q_2^{n+1} = J_2 \overline{Q_2^n} + \overline{K_2} Q_2^n = Q_1^n Q_0^n \overline{Q_2^n} \text{（}CP\text{ 下降沿有效）} \end{cases}$ (5-5)

【知识链接】 方程的列出是根据电路中所选择触发器的类型及触发方式不同而决定的。其中,触发方式包括电平触发以及边沿触发,在边沿触发中又包括上、下边沿两种触发方式,在分析的时候要首先区分触发方式才能列出正确的时钟方程;驱动方程则由电路中包含的触发器类型来决定,要根据具体情况来具体分析。

2. 列状态转换真值表

状态方程只有在满足时钟条件后,将原态的各种取值代入计算才是有效的。对图 5-4 中给定的 JK 触发器而言,各个触发器触发端的信号为下降沿时,满足时钟条件。

设原态的起始值为 $Q_2^n Q_1^n Q_0^n = 000$,先计算 Q_2 和 Q_0 的次态为 $Q_2^{n+1} Q_0^{n+1} = 01$,由于 $CP_1 = Q_0$,其状态由 0 跃变到 1 为正跃变(上升沿),故 FF_1 保持 0 态不变,这时 $Q_2^{n+1} Q_1^{n+1} Q_0^{n+1} = 001$。将 001 当作新的原态,再计算 $Q_2^{n+1} Q_0^{n+1} = 00$,这时,$CP_1 = Q_0$,其状态由 1 跃变到 0 为负跃变(下降沿),使 FF_1 由 0 态翻转到 1 态,这时 $Q_2^{n+1} Q_1^{n+1} Q_0^{n+1} = 010$。将 010 当作新的原态,计算 $Q_2^{n+1} Q_0^{n+1}$,判断 Q_0 是否为下降沿,得出 Q_1^{n+1} 的状态。具体状态转换如表 5-1 所示。

表 5-1 例 5-1 的状态转换真值表

原态 $Q_2^n Q_1^n Q_0^n$	次态 $Q_2^{n+1} Q_1^{n+1} Q_0^{n+1}$	输出 Y	时钟脉冲 CP_2	CP_1	CP_0
000	001	0	↓	↑	↓
001	010	0	↓	↓	↓
010	011	0	↓	↑	↓
011	100	0	↓	↓	↓
100	000	1	↓	↑	↓
101	010	1	↓	↓	↓
110	010	1	↓	↑	↓
111	000	1	↓	↓	↓

3. 逻辑功能说明

由表 5-1 可看出，该电路输入第 5 个计数脉冲时，返回原态的起始值 000，同时输出端 Y 输出一个正跃变的进位信号，因此，电路为 5 进制加法计数器。

4. 状态转换图和时序图

根据表 5-1 可画出图 5-4 所示的状态转换图和时序图，如图 5-5 所示。

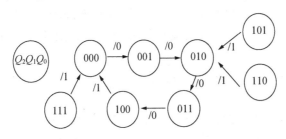

(a) 例5-1的状态转换图

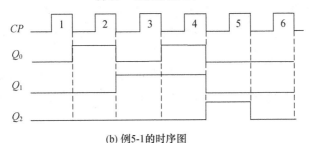

(b) 例5-1的时序图

图 5-5　例 5-1 的状态转换图和时序图

【知识链接】　时序波形图是反映触发器输入信号和状态之间对应关系的图形。时序波形图是以波形图的形式直观地表示触发器特性和工作状态的一种描述方法，在时序逻辑电路的分析中应用非常普遍。

5.2.2　同步时序逻辑电路的设计

同步时序逻辑电路的设计和分析过程正好相反，它是根据给定逻辑功能的要求，设计出能满足要求的同步时序逻辑电路。

设计同步时序逻辑电路的关键是，根据设计要求确定状态转换的规律和求出各触发器的驱动方程。

同步时序逻辑电路的设计步骤如下。

（1）根据设计要求，设定状态，画出状态转换图。

（2）状态化简，求出最简状态转换图。

【知识链接】　在原始状态转换图中，凡是输入相同，输出相同，要转换的次态也相同的状态，都称为等价状态。状态化简就是将多个等价状态合并，去掉多余状态，从而得到最简状态。

(3) 状态分配。列出状态转换真值表（编码表）。

化简后的电路状态通常采用自然二进制进行编码。若化简后的状态为 N，则触发器的数目 n 应满足关系 $2^n \geq N > 2^{n-1}$，式中 N 为电路的状态数。真值表中的无效状态通常做任意项处理。一般情况下，可以从各种不同的分配方案中选出最佳状态编码方案，可使设计电路最简单。

(4) 选择触发器的类型，求出状态方程，驱动方程，输出方程。

在求出触发器的状态方程，输出方程后，再将状态方程和触发器的特征方程进行比较，从中求取驱动方程。由于 JK 触发器使用比较灵活，因此，设计中多选用 JK 触发器。

(5) 根据驱动方程和输出方程画出逻辑图。

(6) 检查电路的自启动能力。

【知识链接】 自启动能力是指，时序逻辑电路中某计数器中的无效状态码，若在开机时出现，不用人工或其他设备的干预，计数器能够很快自行进入有效循环体，使无效状态码不再出现的能力。若在电路中把无效状态代入状态方程中，经过计算后，如能进入有效状态，则说明该电路有自启动能力。如果无效状态之间形成循环，则说明所设的电路不能自启动，则应采取两种方法解决。一种是修改逻辑电路设计方案，另一种是通过预置数的方法，将电路的初始状态值置成有效状态之一。

【例 5-2】 利用触发器来设计一个星期计时器，要求星期计时器符合日常星期的计时要求，即每 7 天一个周期，当一周结束之后，向高位电路输出一个高电平信号，并且内部电路重新循环。

1. 案例分析

(1) 根据设计要求，设定状态。画出状态转换图如图 5-6 所示。因为是星期计时，所以应该是 7 进制计数器，因此，应有 7 个不同的状态。分别用 $S_0 \sim S_6$ 表示，在状态 S_6 时，输出 $Y=1$。当输入第 7 个计数脉冲时，计数器返回起始状态，同时，输出 Y 计数器送出一个进位脉冲。

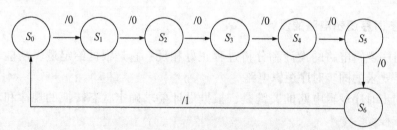

图 5-6 例 5-2 计数器的状态转换图

(2) 状态化简。7 进制计数器应有 7 个不同的状态，已不能再做状态化简。

(3) 状态分配，列状态转换真值表（编码表）。根据 $2^n \geq N > 2^{n-1}$ 可知，$N=7$，$n=3$，即采用 3 位二进制代码，通常按自然态序编码，即 $S_0=000$，$S_1=001 \cdots S_6=110$。由此

可列出表 5-2 所示的状态转换真值表。无效状态做任意项处理。

表 5-2 状态转换真值表

状态转换顺序	原 态 $Q_2^n Q_1^n Q_0^n$	次 态 $Q_2^{n+1} Q_1^{n+1} Q_0^{n+1}$	输 出 Y
S_0	000	001	0
S_1	001	010	0
S_2	010	011	0
S_3	011	100	0
S_4	100	101	0
S_5	101	110	0
S_6	110	000	1
S_7	111	XXX	X

（4）选择触发器类型，求出状态方程，驱动方程和输出方程。这里用 JK 触发器，其特征方程为 $Q^{n+1} = J\overline{Q}^n + \overline{K}Q^n$。把表 5-2 填入卡诺图中，对 Q_2^{n+1}，Q_1^{n+1}，Q_0^{n+1} 和 Y 进行化简，得出状态方程和输出方程，如图 5-7 所示。

【特别提示】 触发器的选择可根据个人喜好及器件配备情况选取，这里之所以选 JK 触发器是因为其应用灵活方便，经过简单改装可以方便构成其他类型触发器，但在实际应用中，应根据特定的环境和需求来进行选择。

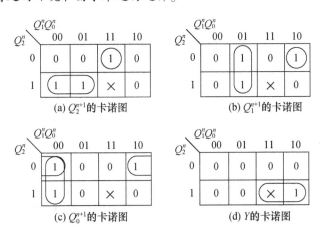

图 5-7 计数器的次态和输出函数卡诺图

2. 解题

（1）输出方程为
$$Y = Q_2^n Q_1^n \tag{5-6}$$

（2）状态方程为

$$\begin{cases} Q_2^{n+1} = Q_1^n Q_0^n \overline{Q_2^n} + \overline{Q_1^n} Q_2^n \\ Q_1^{n+1} = Q_0^n \overline{Q_1^n} + \overline{Q_2^n}\,\overline{Q_0^n} Q_1^n = Q_0^n \overline{Q_1^n} + \overline{\overline{Q_2^n}\,\overline{Q_0^n}} Q_1^n \\ Q_0^{n+1} = \overline{Q_2^n}\,\overline{Q_0^n} + \overline{Q_1^n}\,\overline{Q_0^n} = \overline{Q_2^n Q_1^n}\,\overline{Q_0^n} + \overline{1} Q_0^n \end{cases} \quad (5\text{-}7)$$

(3) 驱动方程。将状态方程和 JK 触发器的特征方程进行比较求得

$$\begin{cases} J_2 = Q_1^n Q_0^n, & K_2 = Q_1^n \\ J_1 = Q_0^n, & K_1 = \overline{\overline{Q_2^n}\,\overline{Q_0^n}} \\ J_0 = \overline{Q_2^n Q_1^n}, & K_0 = 1 \end{cases} \quad (5\text{-}8)$$

(4) 根据驱动方程和输出方程，画出逻辑图，如图 5-8 所示。

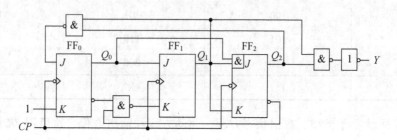

图 5-8　同步 7 进制加法计数器的逻辑图

(5) 检查电路的自启动能力。将无效状态 111 代入输出方程中进行计算得 000。这说明，一旦电路进入无效状态 111 时，只要再输入一个计数脉冲 CP，电路便回到有效状态 000。因此，设计的 7 进制计数有自启动能力。

5.3　计　数　器

在数字系统中，用来记录输入脉冲 CP 个数的电路称为计数器。在计数功能的基础上，还广泛用于分频、计时、定时、数字测量、运算和控制等电路，成为任何现代数字系统中不可缺少的组成部分。

【特别提示】　按照 CP 脉冲的输入方式可分为同步计数器和异步计数器。

按照计数规律可分为加法计数器，减法计数器和可逆计数器。

按计数容量 N 又可分为二进制计数器（$N=2^n$）和非进制计数顺（$N\neq 2^n$），n 代表计数器中有触发器的个数，N 代表计数过程中所经历的有效状态总数，简称为计数长度。

5.3.1　同步计数器

同步二进制计数器通常由 JK 触发器，D 触发器和门电路构成。

图 5-9 所示为由 JK 触发器组成的 4 位同步二进制加法计数器，用下降沿触发。

【例 5-3】　分析如图 5-9 所示的电路逻辑功能。

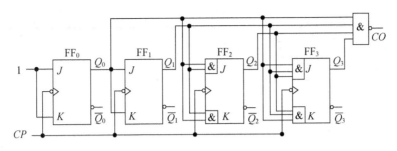

图 5-9　同步二进制加法计数器

1. 写出方程

（1）输出方程为　　$CO = Q_3^n Q_2^n Q_1^n Q_0^n$ （5-9）

（2）驱动方程为　　$\begin{cases} J_0 = K_0 = 1 \\ J_1 = K_1 = Q_0^n \\ J_2 = K_2 = Q_1^n Q_0^n \\ J_3 = K_3 = Q_2^n Q_1^n Q_0^n \end{cases}$ （5-10）

（3）状态方程。将驱动方程代入 JK 触发器的特征方程 $Q^{n+1} = J\overline{Q^n} + \overline{K}Q^n$ 中，便得到计数器的状态方程为

$$\begin{cases} Q_0^{n+1} = J_0 \overline{Q_0^n} + \overline{K_0} Q_0^n = \overline{Q_0^n} \\ Q_1^{n+1} = J_1 \overline{Q_1^n} + \overline{K_1} Q_1^n = Q_0^n \overline{Q_1^n} + \overline{Q_0^n} Q_1^n \\ Q_2^{n+1} = J_2 \overline{Q_2^n} + \overline{K} Q_2^n = Q_1^n Q_0^n \overline{Q_2^n} + \overline{Q_1^n Q_0^n} Q_2^n \\ Q_3^{n+1} = J_3 \overline{Q_3^n} + \overline{K_3} Q_3^n = Q_2^n Q_1^n Q_0^n \overline{Q_3^n} + \overline{Q_2^n Q_1^n Q_0^n} Q_3^n \end{cases}$$ （5-11）

2. 列状态转换真值表

对于一种 4 位二进制计数器，其共有 $2^4 = 16$ 种不同的组合状态。设计数器的原态起始值为 $Q_3^n Q_2^n Q_1^n Q_0^n = 0000$，代入输出方程和驱动方程中进行计算后得 $CO = 0$ 和 $Q_3^n Q_2^n Q_1^n Q_0^n = 0001$，再将 0001 作为新的原态代入式（5-10）、（5-11）中进行计算，依次类推，可得表 5-3 所示的状态转换真值表。

表 5-3　4 位二进制计数器的状态转换真值表

计数脉冲序号	原态 $Q_3^n Q_2^n Q_1^n Q_0^n$	次态 $Q_3^{n+1} Q_2^{n+1} Q_1^{n+1} Q_0^{n+1}$	输出 CO
0	0 0 0 0	0 0 0 1	0
1	0 0 0 1	0 0 1 0	0
2	0 0 1 0	0 0 1 1	0
3	0 0 1 1	0 1 0 0	0
4	0 1 0 0	0 1 0 1	0

续表

计数脉冲序号	原态 $Q_3^n Q_2^n Q_1^n Q_0^n$	次态 $Q_3^{n+1} Q_2^{n+1} Q_1^{n+1} Q_0^{n+1}$	输出 CO
5	0 1 0 1	0 1 1 0	0
6	0 1 1 0	0 1 1 1	0
7	0 1 1 1	1 0 0 0	0
8	1 0 0 0	1 0 0 1	0
9	1 0 0 1	1 0 1 0	0
10	1 0 1 0	1 0 1 1	0
11	1 0 1 1	1 1 0 0	0
12	1 1 0 0	1 1 0 1	0
13	1 1 0 1	1 1 1 0	0
14	1 1 1 0	1 1 1 1	0
15	1 1 1 1	0 0 0 0	1

3. 逻辑功能说明

由表 5-3 可看出，电路在输入第 16 个计数脉冲 CP 后返回起始状态 0000，同时，进位输出端 CO 输出一个进位信号。因此，该电路为 16 进制加法计数器。即电路的最大计数容量（计数长度）$N=16$。图 5-10 所示为同步二进制计数器的状态转换图和时序图。

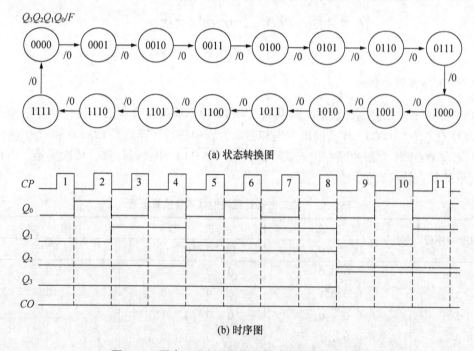

图 5-10 同步二进制计数器的状态转换图和时序图

从时序图 5-10(b) 中可看出，若输入计数脉冲 CP 的周期为 T_c，则 Q_0，Q_1，Q_2，Q_3 波形的周期依次为 $2T_c$，$4T_c$，$8T_c$ 和 $16T_c$，对应的频率依次为 $1/2f_c$，$1/4f_c$，$1/8f_c$ 和 $1/16f_c$，计数器的这种功能称为分频功能，所以该计数器又可称为 16 分频器。

5.3.2 集成同步计数器

实际应用计数器时，往往没有必要用触发器去设计构成，而是选用由 CMOS 或 TTL 构成的计数集成芯片，十分方便。

厂家生产的计数集成芯片，其函数关系已经固定，状态转换真值表不能改变，所以，在用集成计数芯片构成我们所需要的任意进制（N）计数器时，都是利用芯片的清零端或置数端，让电路跳过某些状态来获得需要进制的计数器。在集成电路手册中，由菜单很容易查到集成计数器芯片的清零和置数方式。

清零和置数均为"同步方式"的有 16 进制加法计数器 74LS163；清零和置数均为"异步方式"的 16 进制异步计数器 74LS197；10 进制同步可逆计数器 74LS192/193；清零采用异步方式，置数采用同步方式的 16 进制同步加法计数器 74LS161；10 进制同步加法计数器 74LS160，74LS190/191，CC4520 等，都具有异步清零功能。

74LS161/CC40161 是一种同步 4 位二进制加法集成计数器，其逻辑功能示意图和管脚排列图如图 5-11 所示。表 5-4 所示为 74LS161 的逻辑菜单。

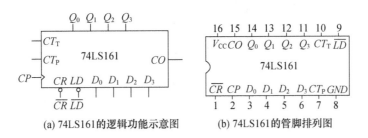

(a) 74LS161 的逻辑功能示意图　　(b) 74LS161 的管脚排列图

图 5-11　74LS161 的逻辑功能示意图和管脚排列图

表 5-4　74LS161 逻辑菜单

$\overline{CR}$	$\overline{LD}$	CT_P	CT_T	CP	Q_3	Q_2	Q_1	Q_0
0	×	×	×	×	0	0	0	0
1	0	×	×	↑	d_3	d_2	d_1	d_0
1	1	0	×	×	Q_3	Q_2	Q_1	Q_0
1	1	×	0	×	Q_3	Q_2	Q_1	Q_0
1	1	1	1	↑	加	法	计	数

由表 5-4 可知 74LS161 有如下主要功能。

（1）$\overline{CR}$——异步清零，当 $\overline{CR}=0$ 时，不论有无时钟脉冲 CP 和其他信号输入，计数器都被置 0，即 $Q_3Q_2Q_1Q_0=0000$。

(2) $\overline{LD}$——同步并行置数，当 $\overline{LD}=0$，$\overline{CR}=1$ 时，在输入时钟脉冲 CP 的上升沿作用下，并行输入的数据 $D_3 \sim D_0$ 被置入计数器，即 $Q_3Q_2Q_1Q_0 = D_3D_2D_1D_0$。

(3) CT_P、CT_T——使能端，当 CT_T 和 CT_P 中有 0 时（$CT_P \cdot CT_T = 0$），且 $\overline{CR} = \overline{LD} = 1$，则各个触发器的状态保持不变，在保持情况下，有无时钟脉冲 CP，对电路无影响。

(4) 计数功能。当 $\overline{CR} = \overline{LD} = CT_T = CT_P = 1$ 时，在时钟脉冲 CP 上升沿作用下，电路进入计数状态，对 CP 信号进行加法计数。通常计数进位 $CO = 0$，只有当 $CT_TQ_3Q_2Q_1Q_0$ 为全 1 时，$CO = 1$，输出进位信号。

5.3.3 异步计数器

1. 异步计数器分析

异步计数器的重要特点是它的各个触发器并非同时翻转，如图 5-12 为异步计数逻辑图。

【例 5-4】 图 5-12 所示的电路是一个计数器电路，但功能不明，试分析其逻辑功能。

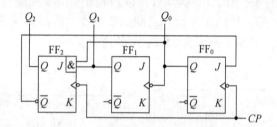

图 5-12 异步计数加法逻辑电路

时序逻辑电路的分析步骤如下。

(1) 写出方程。

① 时钟方程为 $\qquad CP_0 = CP_2 = CP \qquad$ (5-12)

$\qquad CP_1 = Q_0^n \qquad$ (5-13)

② 驱动方程为 $\begin{cases} J_0 = \overline{Q_2^n}, & K_0 = 1 \\ J_1 = 1, & K_1 = 1 \\ J_2 = Q_1^nQ_0^n, & K_2 = 1 \end{cases}$ (5-14)

③ 状态方程。将方程代入 JK 触发器的特征方程得到状态方程为

$\begin{cases} Q_0^{n+1} = J_0\overline{Q_0^n} + \overline{K_0}Q_0^n = \overline{Q_2^n}\overline{Q_0^n} & (CP \text{ 下降沿有效}) \\ Q_1^{n+1} = J_1\overline{Q_1^n} + \overline{K_1}Q_1^n = \overline{Q_1^n} & (Q_0 \text{ 下降沿有效}) \\ Q_2^{n+1} = J_2\overline{Q_2^n} + \overline{K_2}Q_2^n = \overline{Q_1^nQ_0^n} & (CP \text{ 下降沿有效}) \end{cases}$ (5-15)

(2) 列出状态转换真值表。设原态起始值为 $Q_2^nQ_1^nQ_0^n = 000$，状态转换表如表 5-5 所示。

表 5-5 图 5-12 的状态转换真值表

原 态	次 态	时钟脉冲		
$Q_2^n Q_1^n Q_0^n$	$Q_2^{n+1} Q_1^{n+1} Q_0^{n+1}$	CP_2	CP_1	CP_0
000	001	↓	↑	↓
001	010	↓	↓	↓
010	011	↓	↑	↓
011	100	↓	↓	↓
100	000	↓		↓
101	010		↓	↓
110	010			↓
111	000	↓	↓	↓

（3）逻辑功能说明。由表 5-5 可看出，在图 5-12 所示的电路中，在输入第 5 个计数脉冲 CP 时，返回原态起始值 000，因此，该电路为五进制加法计数器。

（4）状态转换图和时序图。根据表 5-5 可画出图 5-13 所示的状态转换图和时序图。

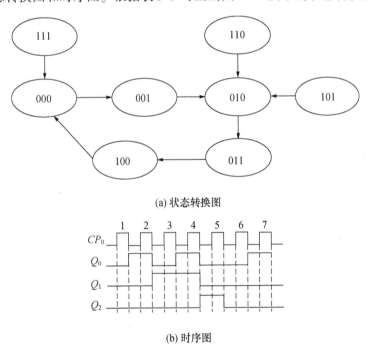

(a) 状态转换图

(b) 时序图

图 5-13 异步计数器的状态转换图和时序图

2. 集成异步计数器

常用的集成异步计数器芯片 74LS191、74LS196、74LS290、74LS293 等。

图 5-14 所示为集成异步计数器 74LS290，它是一个二—五—十进制异步计数器，由

一个一位二进制计数器和一个五进制计数器两部分构成，表 5-6 所示为 74LS290 的功能表。

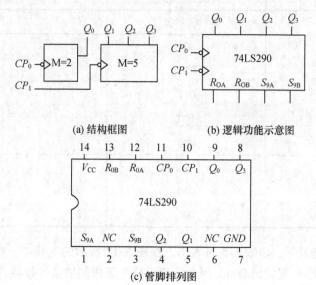

(a) 结构框图　　　　　(b) 逻辑功能示意图

(c) 管脚排列图

图 5-14　集成异步计数器 74LS290

表 5-6　74LS290 的功能表

输入			输出	说明
$R_{0A} \cdot R_{0B}$	$S_{9A} \cdot S_{9B}$	CP	$Q_3 Q_2 Q_1 Q_0$	
1	0	×	0 0 0 0	异步清零
0	1	×	1 0 0 1	异步置 9
0	0	↓	计　　数	

根据表 5-6 中所示的功能分析，其逻辑功能如下。

① 异步清零。当 $R_{0A} \cdot R_{0B} = 1$，$S_{9A} \cdot S_{9B} = 0$ 时，计数器清零，即 $Q_3 Q_2 Q_1 Q_0 = 0000$，不需时钟脉冲配合。

② 异步置 9。当 $R_{0A} \cdot R_{0B} = 0$，$S_{9A} \cdot S_{9B} = 1$ 时，计数器置 9，即 $Q_3 Q_2 Q_1 Q_0 = 1001$，不需时钟脉冲配合。

③ 计数功能。当 $R_{0A} \cdot R_{0B} = 0$，$S_{9A} \cdot S_{9B} = 0$ 时，74LS290 处于计数工作状态，在计数状态时有下面四种情况。

● 当计数脉冲由 CP_0 输入，从 Q_0 输出时，则构成一位二进制计数器。

● 当计数脉冲由 CP_1 输入，输出为 $Q_3 Q_2 Q_1$ 时，则构成异步五进制计数器。

● 当将 Q_0 和 CP_1 相连，计数脉冲由 CP_0 端输入，输出为 $Q_3 Q_2 Q_1 Q_0$ 时，则构成 8421BCD 码异步十进制计数器。

● 当将 Q_3 和 CP_0 相连，计数脉冲由 CP_1 端输入，从高位到低位的输出为 $Q_0 Q_3 Q_2 Q_1$ 时，则构成 5421BCD 码十进制计数器。

【特别提示】　在实际工作中可使用一片 74LS290 集成芯片构成 N 进制计数器，也可以实现 10 以内任意进制计数器。利用 $R_{0A} \cdot R_{0B}$ 的异步清零功能，当计数器记满所需要的数值时，利用外部电路使 $R_{0A} \cdot R_{0B} = 1$，此时，不需脉冲配合，就可使计数器归零。

【例 5-5】 用十进制计数器 74LS290 制作一个六进制计数器。

分析步骤如下。

(1) 写出 S_6 的四位二进制代码：$S_6 = 0110$。

(2) 利用反馈归零法写出归零逻辑函数（简称反馈归零函数）。由于 74LS290 的异步清零信号为高电平 1，因此 $R_{0A} \cdot R_{0B} = Q_2 Q_1$。

(3) 画出外部电路。由上式可知，对于计数器 74LS290 而言，要实现六进制计数应将异步清零端输入 R_{0A} 和 R_{0B} 分别接 $Q_2 Q_1$，同时将 S_{9A} 和 S_{9B} 接地，由于计数容量大于 5，还应将 Q_0 和 CP_1 相连。连线图如图 5-15(a) 所示。

用同样的方法，也可将 74LS290 构成九进制计数器，如图 5-15(b) 所示。

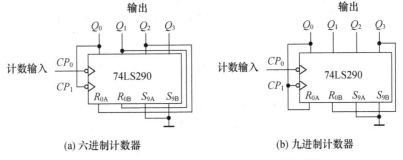

图 5-15 用 74LS290 构成六进制和九进制计数器

【例 5-6】 利用十进制计数器芯片 74LS290 的级联获得大容量 N 进制计数器。

计数器的级联是将多个集成计数器芯片串联起来，以获得计数容量更大的 N 进制计数器。一般集成计数器芯片都有级联用的输入端和输出端，只要正确连接这些级联端，就可以获得所需进制的计数器。

(1) 图 5-16 所示为由两片 74LS290 级联构成的 100 进制异步加法计数器。

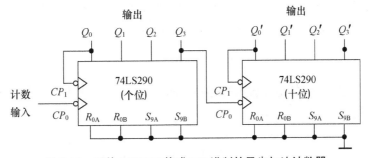

图 5-16 两片 74LS290 构成 100 进制的异步加法计数器

(2) 图 5-17 所示为两片 74LS290 构成的 23 进制计数器。当高位片 74LS290 (2) 计到 2 时，即 $Q'_3 Q'_2 Q'_1 Q'_0 = 0010$，低位片 74LS290 (1) 计到 3 时，即 $Q_3 Q_2 Q_1 Q_0 = 0011$，其归零函数为 $R_{0A} \cdot R_{0B} = Q'_1 Q_1 Q_0$，与非门输出高电平 1，使 $R_{0A} \cdot R_{0B} = 1$，计数归零。

(3) 图 5-18 所示为由两片 74LS161 级联构成的 50 进制计数器。

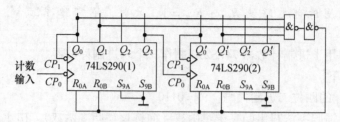

图 5-17 两片 74LS290 构成的 23 进制计数器

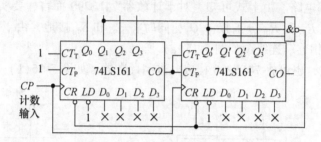

图 5-18 两片 74LS161 构成 50 进制计数器

十进制数 50 对应的二进制数为 00110010，所以，当计数器计到 50 时，计数器的状态为 $Q'_3Q'_2Q'_1Q'_0Q_3Q_2Q_1Q_0 = 00110010$，其反馈归零函数为 $\overline{CR} = \overline{Q'_1Q'_0Q_1}$，这时，与非门输出低电平 0，使两片 74LS161 同时清零，从而实现了 50 进制计数。

5.4 寄 存 器

寄存器是存放数码、运算结果或指令的电路，移位寄存器不但可以存放数码，而且在移位脉冲作用下，寄存器中的数码可根据需要向左或向右移位。寄存器和移位寄存器是数字系统和计算机中常用的基本逻辑部件，应用很广。

【特别提示】 一个触发器可存储一位二进制代码，n 个触发器可存储 n 位二进制代码。因此，触发器是寄存器和移位寄存器的重要组成部分。

5.4.1 寄存器

用以存放二进制代码的电路称为寄存器。图 5-19 所示为由维持阻塞 D 触发器构成的 4 位数码寄存器。

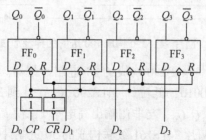

图 5-19 4 位数码寄存器的逻辑图

1. 逻辑功能

$\overline{CR}$是清零输入端，$D_3 \sim D_0$分别为并行数码输入端，CP为时钟脉冲端，$Q_3 Q_2 Q_1 Q_0$为并行数码输出端。

当$\overline{CR} = 0$时，触发器$FF_0 \sim FF_3$同时被清零。当寄存器工作时，$\overline{CR} = 1$为高电平。

$D_0 \sim D_3$分别为$FF_0 \sim FF_3$ 4个D触发器的D端的输入数码，因此，当时钟脉冲CP上升沿到达时，$D_0 \sim D_3$的数据并行置入到4个触发器中，这时，$Q_3 Q_2 Q_1 Q_0 = D_3 D_2 D_1 D_0$。

在$\overline{CR} = 1$、$CP = 0$时，寄存器中寄存的数码保持不变，即$FF_0 \sim FF_3$的状态保持不变。

2. 集成寄存器芯片

集成寄存器芯片的种类很多，常用的有74LS175/173/170等，下列仅以4×4寄存器阵列74LS170为例，说明它的逻辑功能。图5-20所示为74LS170的管脚排列图和逻辑功能示意图。

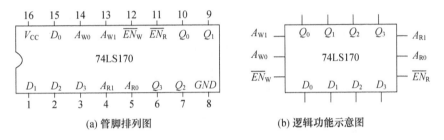

(a) 管脚排列图　　　　　　(b) 逻辑功能示意图

图 5-20　4×4 寄存器阵列 74LS170 芯片

（1）管脚，如图5-20(a)所示。
- A_{W0}，A_{W1}——写入地址码，$\overline{EN}_W$——写入时钟脉冲；
- A_{R0}，A_{R1}——读出地址码，$D_0 \sim D_3$——并行数码输入端；
- $\overline{EN}_R$——读出时钟脉冲，$Q_0 \sim Q_3$——数码输出端；
- V_{CC}——电源，GND——地。

（2）逻辑功能。4×4寄存器阵列74LS170芯片内部有16个D锁存器$FF_{00} \sim FF_{03}$，$FF_{10} \sim FF_{13}$，$FF_{20} \sim FF_{23}$，$FF_{30} \sim FF_{33}$，对应的输出为$Q_{00} \sim Q_{03}$，构成字W_0；$Q_{10} \sim Q_{13}$，构成字W_1；$Q_{20} \sim Q_{23}$，构成字W_2；$Q_{30} \sim Q_{33}$，构成字W_3。

（3）禁止功能。
- 当$\overline{EN}_W = 1$时，数码输入被禁止，内间存储矩阵数据保持不变；
- 当$\overline{EN}_R = 1$时，数码读出被禁止，各输出端呈高电平，即$Q_3 = Q_2 = Q_1 = Q_0 = 1$。

（4）主要特点。

① 读地址A_{R0}，A_{R1}和写地址A_{W0}，A_{W1}及时钟EN_R，EN_W彼此分开，因此，允许同时进行读、写操作；

② 为集电波开路输出；

③ 共有 $W_0 \sim W_3$ 4 个字，每个字有 4 位，$Q_3Q_2Q_1Q_0$，故容量为 $4 \times 4 = 16$ 位。

5.4.2 移位寄存器

具有存放数码和使数码逐位右移或左移的电路称为移位寄存器。移位寄存器有单向移位寄存器和双向移位寄存器。

1. 串入/串出单向移位寄存器

串行输入、串行输出右移和左移移位寄存器如图 5-21 所示。

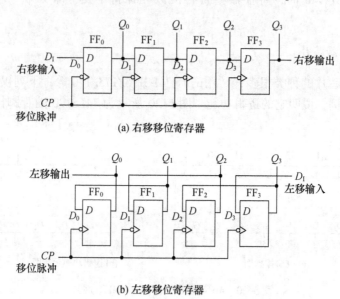

图 5-21 移位寄存器

图 5-21(a) 所示的电路是由 4 个维持阻塞 D 触发器组成的 4 位右移移位寄存器。这 4 个 D 触发器共享同一个时钟脉冲信号，因此，为同步时序逻辑电路。数码由 FF_0 的 D_1 端串行输入，其工作原理如下所述。

设串行输入数码 $D_1 = 1001$，同时 $FF_0 \sim FF_3$ 都为零态。当输入第一个数码 1 时，这时 $D_0 = 1$，$D_1 = Q_0 = 0$，$D_2 = Q_1 = 0$，$D_3 = Q_2 = 0$，则在第 1 个移位脉冲 CP 的上升沿作用下，FF_0 由 0 状态翻转到 1 状，第一个数码 1 存入 FF_0 中，其原来的状态 $Q_0 = 0$ 移入 FF_1 中，数码向右移了一位，同理 FF_1、FF_2 和 FF_3 中的数码也都右移了一位。这时，寄存器的状态为 $Q_3Q_2Q_1Q_0 = 0001$。当输入第二个数码 0 时，则在第 2 个移位脉冲 CP 上升沿的作用下，第二个数码 0 存入 FF_0 中，这时 $Q_0 = 0$，FF_0 中原来的数码 1 移入 FF_1 中，$Q_1 = 1$，同理 $Q_3 = Q_2 = 0$，移位寄存器中的数码又依次向右移了一位。这样，在 4 个移位脉冲作用下，输入的 4 位串行数码 1001 全部存入寄存中。移位过程如表 5-7 所示。

表 5-7 右移移位寄存器的状态表

移位脉冲	输入数码	移位寄存器中的数码 $Q_0Q_1Q_2Q_3$
0		0 0 0 0
1	1	1 0 0 0
2	0	0 1 0 0
3	1	1 0 1 0
4	1	1 1 0 1

移位寄存器中的数码可由 Q_3，Q_2，Q_1，Q_0 并行输出，也可由 Q_3 串行输出。但串行输出时还需 4 个移位脉冲才能从寄存器中取出存入的 4 位数码 1011。

图 5-21(b) 所示为由 4 个 D 触发器组成的 4 位左移移位寄存器，其工作原理读者可自行分析。

2. 双向移位寄存器

双向移位寄存器即可向左移又可向右移，现在以集成双向移位寄存为例加以介绍。

图 5-22 所示为 4 位双向移位寄存器 74LS194 的逻辑功能示意图和管脚排列图。图中 $\overline{CR}$ 为清零端，$D_0 \sim D_3$ 为并行数码输入端，D_{SR} 为右移串行数码输入端，D_{SL} 为左移串行数码输入端，M_0 和 M_1 为工作方式控制端，$Q_0 \sim Q_3$ 为并行数码输出端。CP 为移位脉冲输入端。

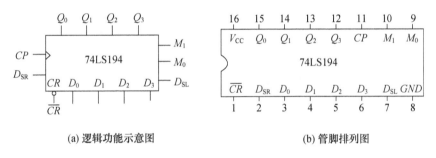

(a) 逻辑功能示意图　　　　　　　　(b) 管脚排列图

图 5-22　双向移位寄存器 74LS194

（1）逻辑功能。如表 5-8 所示。
① 异步清零功能。当 $\overline{CR}=0$ 时，双向移位寄存器异步清零。
② 保持功能。当 $\overline{CR}=1$，$CP=0$，或 $\overline{CR}=1$，$M_1M_0=00$ 时，双向移位寄存器保持原状态不变。
③ 同步并行送数功能。当 $\overline{CR}=1$，$M_1M_0=11$ 时，在 CP 上升沿作用下，使 $D_0 \sim D_3$ 端的数码并行送入寄存器中存储。
④ 右移串行送数功能。当 $\overline{CR}=1$，$M_1M_0=01$ 时，在 CP 上升沿作用下，可依次把加在 D_{SR} 端的数码从 FF_0 串行送入寄存器中。
⑤ 左移串行送数功能。当 $\overline{CR}=1$，$M_1M_0=10$ 时，在 CP 上升沿作用下，可依次把加在 D_{SL} 端的数码从 FF_3 串行送入寄存器中。

表 5-8　74LS194 的功能

$\overline{CR}$	M_1	M_0	CP	D_{SL}	D_{SR}	$D_0 D_1 D_2 D_3$	$Q_0 Q_1 Q_2 Q_3$	说明
0	×	×	×	×	×	× × × ×	0 0 0 0	异步清零
1	×	×	0	×	×	× × × ×	保　持	
1	1	1	↑	×	×	$d_0 d_1 d_2 d_3$	$d_0 d_1 d_2 d_3$	并行送数
1	0	1	↑	×	1	× × × ×	1 $Q_0 Q_1 Q_2$	右移输入 1
1	0	1	↑	×	0	× × × ×	0 $Q_0 Q_1 Q_2$	右移输入 0
1	1	0	↑	1	×	× × × ×	$Q_1 Q_2 Q_3$ 1	左移输入 1
1	1	0	↑	0	×	× × × ×	$Q_1 Q_2 Q_3$ 0	左移输入 0
1	0	0	×	×	×	× × × ×	保　持	

（2）移位寄存器的应用。74LS194 既可构成移位型计数器、分配器，还可实现数码传输方式的并/串、串/并转换。

【例 5-7】　如图 5-23 所示是利用 74LS194 构成环形计数器和扭环形计数器。试分析其分频系数，列出状态转换真值表并画出时序图。

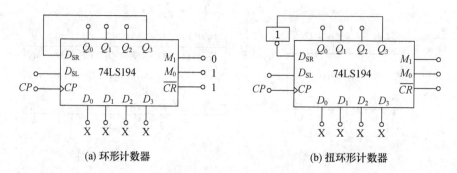

(a) 环形计数器　　　　　　　　(b) 扭环形计数器

图 5-23　74LS194 构成计数器

状态转换真值表如表 5-9 所示，状态转换图和时序图如图 5-24 所示。

表 5-9　环形计数器状态转换真值表

CP	Q_0	Q_1	Q_2	Q_3
0	1	0	0	0
1	0	1	0	0
2	0	0	1	0
3	0	0	0	1
4	1	0	0	0

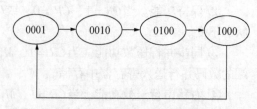

图 5-24　环形计数器状态转换图

从表 5-9 的状态转换真值表和图 5-24 的状态转换图可以看出,图 5-23(a) 是 74LS194 由 Q_3 输出端反馈到右移串行输入端 D_{SR} 来实现四进制计数器的,其时序图如图 5-25(a) 所示。

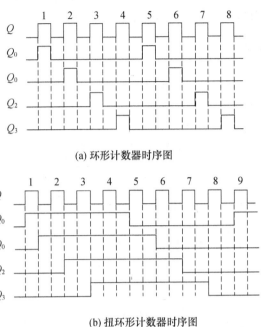

(a) 环形计数器时序图

(b) 扭环形计数器时序图

图 5-25　74LS194 构成环形、扭环形计数器的时序图

从表 5-10 的状态转换真值表和图 5-26 状态转换图可以看出,图 5-23(b) 是由 74LS194 的输出端 Q_3 经反相后,接到右移串行输入端 D_{SR} 来实现八进制计数器的,其时序图如图 5-25(b) 所示,两电路分别为 4 分频和 8 分频计数器。

表 5-10　扭环形计数器状态转换真值表

CP	Q_0	Q_1	Q_2	Q_3
0	0	0	0	0
1	1	0	0	0
2	1	1	0	0
3	1	1	1	0
4	1	1	1	1
5	0	1	1	1
6	0	0	1	1
7	0	0	0	1
8	0	0	0	0

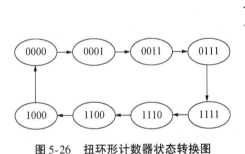

图 5-26　扭环形计数器状态转换图

5.5　随机寄存器 RAM

半导体存储器有两大类:易失性和非易失性。易失性存储器是当断电后就丢失数据

的存储器。随机存储器 RAM（Random Access Memory）是一种广泛用于存储数据和程序的易失性半导体存储器。RAM 简称读/写存储器，当从 RAM 中调用数据时称为取/读，而向 RAM 中存入数据时称为写入。读取数据时不会破坏 RAM 中所在内容。RAM 存储器包括静态存储器和动态存储器，它们都是由双极型，PMOS，NMOS，CMOS 来实现的。

5.5.1 RAM 的基本结构

RAM 的基本结构由存储矩阵、地址译码、读写控制和输入/输出缓冲器四个部分组成。图 5-27 是 N 字 1 位 RAM 结构图。

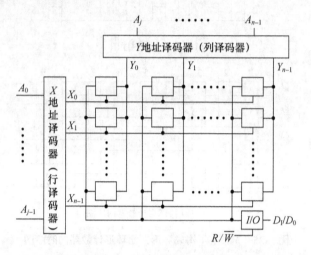

图 5-27 N 字 1 位 RAM 存储器的结构图

存储器矩阵是由许多存储单元组成的阵列。如图 5-27 所示的小方块，每个小方块代表一个存储单元，这些存储单元可存储二进制数并可随时读出和写入。

地址译码器是将外部给出的地址进行译码，找到唯一对应的存储单元。根据存储单元所排列的矩阵形式，通常将地址译码器分成行译码器和列译码器。

读写控制是数据读取和写入的指令控制，它和输入/输出缓冲器完成数据的读写操作。

5.5.2 RAM 的存储单元

RAM 的存储单元结构有双极型，NMOS 型和 CMOS 型。双极型速度快，但功耗大，集成度不高。大容量的 RAM 一般采用 MOS 型，MOS 型 RAM 的基本存储单元有静态 RAM（SRAM）和动态 RAM（DRAM）两种。

1. 静态 RAM（SRAM）

图 5-28 所示为由 MOS 管触发器组成的静态存储单元图。其中，MOS 管为 NMOS，V_1、V_2、V_3、V_4 组成两个反相器交叉耦合构成基本 RS 触发器作为基本存储单元；V_5、V_6 为门控管，由行译码器输出字线 X 控制其导通或截止；V_7、V_8 也为门控管，由列译码器输出 Y 控制其导通或截止，也是数据存入或读出的控制电路。

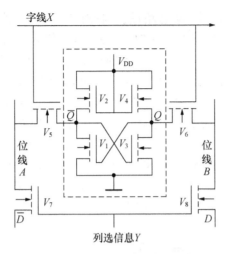

图 5-28　NMOS 静态存储器

在进行读写操作时，
- 当 $X=1$，$Y=1$ 时，V_5、V_6、V_7、V_8 均导通，触发器的状态与位线上数据一致；
- 当 $X=0$ 时，V_5、V_6 截止，触发器的输出端与位线断开，保持状态不变；
- 当 $Y=0$ 时，V_7、V_8 截止，不进行读写操作。

SRAM 一般用于小于 64 KB 数据存储器的小系统或在大系统中作为高速缓冲存储器，有时还用于需要电池作为后备电源进行数据保护的系统中。

2. 动态 RAM（DRAM）

图 5-29 所示是用一只 NMOS 管组成的动态 RAM 基本存储单元，MOS 电容 C_S 用于存储二进制信息，数据 1 和 0 是以电容上有无电荷来区分的，NMOS 管 V 是读写控制门，以控制信息的进出。字线控制该单元的读写，位线控制数据的输入或输出。读操作时，字线 $X=1$，使 MOS 电容 C_S 与位线相连。写入时，数据以位线存入 C_S 中，写 1 时充电，写 0 时放电。读出时，数据从 C_S 中传至位线。

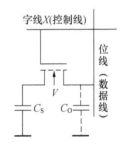

图 5-29　单管动态存储器

DRAM 利用 MOS 存储单元分布电容上的电荷来存储一个数据位。由于电容电荷会泄漏，为了保持信息不丢失，DRAM 需要不断周期性地进行刷新。由于 DRAM 存储单元所需的 MOS 管少，因此 DRAM 集成度高、功耗低。DRAM 常用于大于 64 KB 的大系统。

【综合应用案例】　电子拔河游戏电路。

本例是用 15 个发光二极管代替绳子进行模拟拔河，比赛开始时中间的二极管点亮，以此为拔河的中心点。甲乙各持一个按钮，比赛时双方不断按动按钮产生脉冲，谁按得快，亮点向谁方移动。当任何一方的终点二极管点亮时，这一方胜出，此时二极管状态保持，双方按钮无效，必须经过复位后，才能开始下一场比赛。

电路核心包含两大部分，分别为计数/译码电路和脉冲发生器。

如图 5-30 所示为计数/译码电路图，74LS193 为双时钟可逆计数器，时钟端有"UP"、"DOWN"。当"UP"为高电平时，"DOWN"输入的每个脉冲上升沿使计数器减 1，当"DOWN"为高电平时，"UP"输入的每个脉冲上升沿使计数器加 1。CD4514 为 4—16 译码器，当开始游戏时计数器输出为零（即 4514 输入为零），此时只有 $S0$ 输出高电平；当计数器的输出根据脉冲的输入发生变化时，4514 的输出相应发生变化（加计数时由 $S0$ 向 $S1$ 变化，减计数时由 $S0$ 向 $S15$ 变化，中间过程依此类推）。只要在 $S0 \sim S7$ 和 $S15 \sim S9$ 上接上发光二极管，便可观察到信号的移动，注意 $S8$ 不能用，否则将造成两边发光管个数不等。当点亮信号移动到 $S7$（或 $S9$）时，将 4514 的输出锁存，此时，脉冲的输入不能引起输出状态的改变。重新开始游戏时顺序按下复位按钮 $S4$ 和 $S3$，使计数器清零，译码器输出回到 $S0$ 并进入工作状态。

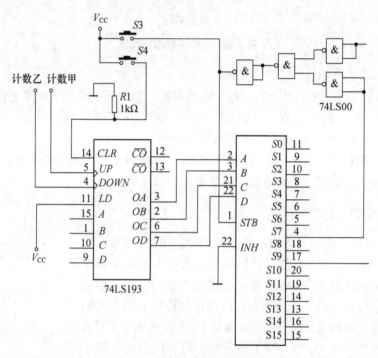

图 5-30　计数/译码电路部分电路图

脉冲电路部分可以选择成品脉冲发生器或者自行制作，这里简单提供一个脉冲发生器的制作电路，即由两个与非门组成一个基本 RS 触发器，后三个与非门组成脉冲整形电路，辅以电容的器件便可构成一个简单的脉冲发生器。这可产生一个占空比很大的脉冲信号，能减少某一方在计数时另一方输出为低电平的概率，使甲乙双方都能有效计数。

【知识链接】　上面所述脉冲信号发生电路为简易版本，目的是减少成本，当然，读者可以选择 555 定时器等专用脉冲电路构成的脉冲发生器，也可根据所学知识自行设计脉冲发生器电路。

本 章 小 结

时序逻辑电路由触发器和组合逻辑电路组成,而触发器是必不可少的,组合逻辑电路根据需要进行设定。时序逻辑电路的输出不仅和输入有关,而且还与电路的原状态有关。

描述时序逻辑电路的功能的方法有逻辑图、状态方程、状态转换真值表、状态转换图和时序图等。时序逻辑电路分析的关键是求出状态方程和状态转换真值表,由状态转换真值表中分析出时序电路的逻辑功能。根据状态转换真值表可画出状态转换图和时序图。

同步时序逻辑电路的设计首先根据设计要求求出最简状态转换真值表(编码表),再用卡诺图求出状态方程和输出方程,由状态方程求出驱动方程,根据驱动方程和输出方程画出逻辑图。

计数器是快速记录输入脉冲的部件。按计数进制分为二进制、十进制和任意进制计数器。按计数增减分为加法计数器、减法计数器和加/减计数器。按触发器翻转是否同步分为同步计数器和异步计数器。中规模集成计数器(74LS161,74LS290 等)功能完善,使用灵活,芯片功能表是其正确使用的依据。中规模集成计数器可很方便地构成 N 进制(任意进制)计数器。主要方法有两种:反馈归零法和反馈预置法。当需要扩大计数器的容量时,可将多片集成计数器进行级联。

寄存器主要用以存放数码。移位寄存器不但可存放数码,而且还能对数据进行移位操作。移位寄存器有单向移位寄存器和双向移位寄存器。集成移位寄存器使用方便,功能齐全,输入和输出方式灵活。利用移位寄存器可方便地构成环形计数器、扭环形计数器等多种逻辑电路。

随机存储器 RAM 是可随时进行读/写的存储器件,根据基本存储单元的构成可分为静态 RAM(SRAM)和动态 RAM(DRAM)两大类。其中,DRAM 集成度高、成本低,多用于超大规模的 RAM 中;而 SRAM 电路复杂、成本高、集成度低,但不用刷新,多用于微型机中。

习 题

一、单选题

1. 描述时序逻辑电路功能的两个必不可少的重要方程式是( )。
   A. 次态方程和输出方程　　　　　　B. 次态方程和驱动方程
   C. 驱动方程和时钟方程　　　　　　D. 驱动方程和输出方程
2. 四位移位寄存器构成的扭环形计数器是( )计数器。
   A. 模 4　　　　　　　　　　　　　B. 模 8
   C. 模 16　　　　　　　　　　　　　D. 模 32
3. 用 8421BCD 码作为代码的十进制计数器,至少需要的触发器个数是( )。
   A. 5　　　　　　　　　　　　　　　B. 4
   C. 3　　　　　　　　　　　　　　　D. 2

4. 下列叙述正确的是（　　）。
   A. 译码器属于时序逻辑电路　　　　B. 寄存器属于组合逻辑电路
   C. 编码器属于时序逻辑电路　　　　D. 计数器属于时序逻辑电路
5. 按各触发器的状态转换与时钟输入 CP 的关系分类，计数器可分为（　　）计数器。
   A. 同步和异步　　　　　　　　　　B. 加计数和减计数
   C. 二进制和十进制　　　　　　　　D. 主从和边沿计数器

二、简答题

1. 说明同步时序逻辑电路和异步时序逻辑电路有何不同。
2. 什么叫异步计数器？什么叫同步计数器？
3. 何谓计数器的自启动能力？

三、分析题

1. 试分析图 5-31 时序逻辑电路的逻辑功能。

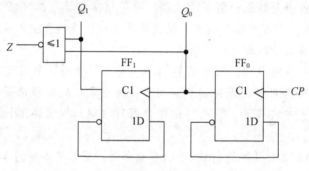

图 5-31　题 1 图

2. 电路及时钟脉冲、输入端 D 的波形如图 5-32 所示，设起始状态为"000"。试画出各触发器的输出时序图，并说明电路的功能。

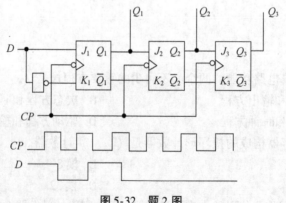

图 5-32　题 2 图

3. 设计一个同步 5 进制加法计数器。

第6章 脉冲信号的产生与变换

教学目标

通过学习脉冲信号的产生与变换电路，掌握脉冲信号在数字电路中的作用及产生方法，熟悉常见的脉冲产生电路，掌握脉冲信号的变换（整形）电路，如单稳态触发器、施密特触发器和多谐振荡器等电路的工作原理与方法，了解单稳态触发器、施密特触发器等集成芯片应用。着重掌握555定时器的电路结构，工作原理及其多用途构成方法。

教学要求

能力目标	知识要点	权　重	自测分数
了解脉冲信号的基本概念和产生	脉冲信号的基本概念及产生原理	10%	
掌握常见脉冲发生电路的电路结构和工作原理	多谐振荡器、单稳态触发器、施密特触发器等电路的分类、工作原理及其电路结构	55%	
掌握555定时器的工作原理与电路结构	555定时器电路的工作原理和电路结构，熟悉555定时器的多用途构成	35%	

引　例

图6-1是利用555定时器制作的光控自动闪烁警示灯电路原理图，其功能为在夜晚可自动地发出闪闪的红光，而白天自动熄灭。这种警示灯多用于城建施工的路段，作为夜间安全警示，也可用在电视发射塔和高层建筑的顶端，以保证夜间飞机的安全航行。本电路的特点是用555定时器设计，能够较容易地调整闪光频率，并且在555定时器的用法上也很独特。

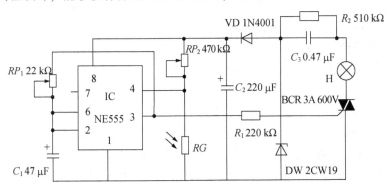

图6-1　光控自动闪烁警示灯

由工作原理图 6-1 可知 C_3、R_2、VD、DW、C_2 组成简单的电容降压半波整流稳压滤波电路。接通电源后，C_2 两端即可输出 12 V 左右的直流电压，供给控制电路工作。IC、RP_1、RP_2、C_1 和 RG 组成光控式自激多谐振荡器，其接法比较独特，比起传统接法简单，可省略一个电阻。白天，光敏电阻 RG 受光照射，呈低电阻，IC "4" 电位 < 0.4 V，IC 被强制复位，"3" 脚输出恒为低电位，BCR 无触发电压而处于关断状态，灯泡 H 不亮。夜间，RG 无光照射，呈高电阻，"4" 脚电位≥0.4 V 时，IC 开始起振，起振原理是：设 "2" 脚为低电平，此时 IC 置位，"3" 脚输出高电平，于是 "3" 脚通过 RP_1 向 C_1 充电，使 "2"、"6" 脚电位不断上升，当升到 $2/3V_{DD}$（V_{DD} 为 IC 的直流电源电压）时，IC 被复位，"3" 脚变成低电平，这时 C_1 通过 RP_1 向 "3" 脚放电，使 "2、6" 脚电位不断下降，当降到 $1/3V_{DD}$ 时，IC 被置位，"3" 脚又突变为高电平，"3" 脚又通过 RP_1 向 C_1 充电……如此周而复始进行振荡。每当 "3" 脚为高电平时，通过 R_1 使 BCR 导通，H 点亮。而当 "3" 脚为低电平时，BCR 关断，灯熄灭，即 H 发光。

电路中的 IC 采用 555 定时器电路。BCR 可用 3A/600 V 小型双向可控硅。DW 为 12 V 稳压管。VD 可用普通 1N4001 型二极管。RG 为 MG45 型非密封型光敏电阻器。C_1、C_2 为 CD11-16 V 型电解电容器，C_3 为 CJ10-400 V 型金属膜电容器。RP_1、RP_2 均为 WH7 型卧式微调电位器。R_1、R_2 为 RTX-1/8W 型碳膜电阻器。H 可用 25～40W 红色灯泡。

测试使用时 RP_1 置中间位置，RP_2 置阻值最大位置。将 RG 置于需要开灯的弱光环境，仔细调小 RP_2，H 能闪烁发光，然后再调 RP_1，使闪光频率适宜即可。

本引例使用 555 定时器电路作为设计核心，那么 555 定时器到底是一种什么样的逻辑器件呢？555 定时器都能产生什么样的脉冲信号？还有哪些其他的定时器或者相关电路？在本章中，我们将针对上述问题对脉冲信号的产生与变换进行详细的分析。

6.1 概　　述

6.1.1 脉冲信号及主要参数

在数字系统中使用的信号都是脉冲信号，所谓脉冲信号是指在极短的时间内发生突变或跃变的电压或电流信号。广义的脉冲信号是指凡不连续的非正弦电压或电流信号，狭义的脉冲信号指有规律的突变电压或电流。脉冲信号有多种，图 6-2 所示为常见的几种脉冲信号。在脉冲信号中典型的是矩形脉冲（矩形波）。

实际的矩形波并无理想的跳变，顶部也不平坦，如图 6-3 所示。通常用以下参数对它们进行描述。

(1) 脉冲幅度 U_m——指脉冲的最大幅值。

(2) 脉冲上升时间（前沿）t_r——通常指脉冲信号的幅值由 $0.1U_m$ 上升到 $0.9U_m$ 所需要的时间，t_r 越短，脉冲上升越快，越接近于理想矩形脉冲。

(3) 脉冲下降时间（后沿）t_f——脉冲信号的幅值由 $0.9U_m$ 下降到 $0.1U_m$ 所需要的时间。

(4) 脉冲宽度（脉宽）t_w——脉冲幅值为 $0.5U_m$ 时，同一个脉冲的前沿和后沿之间的时间间隔。

(5) 脉冲周期 T——对重复性的脉冲信号，两个相邻的脉冲波形上对应点之间的时间间隔，其倒数为脉冲频率，$f=1/T$ 脉冲频率，是单位时间内脉冲信号的重复次数。

(6) 占空比 q——脉冲宽度与其周期之比，即 $q=t_w/T$。

【知识链接】 占空比在电路中通常描述的是高低电平所占的时间的比率，占空比越大，电路开通时间就越长，整机性能就越高。

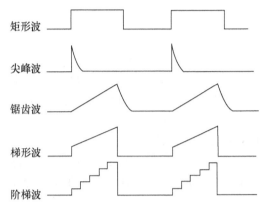

图 6-2 常见理想的脉冲形波

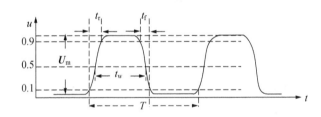

图 6-3 实际脉冲波形及参数

6.1.2 脉冲的产生

在数字系统中，常用以下两种方法来产生所需符合要求的脉冲信号：

一种是利用振荡器直接产生所需要的脉冲波形。这种电路不需外加触发器信号，只要电路的电源、电路参数选取合适，通电后电路就会自动产生脉冲信号（自激振荡）。这类电路称多谐振荡电路或多谐振荡器。

另一种利用变换电路将已有的性能不符合要求的脉冲信号变换为符合要求的矩形脉冲信号。变换电路本身不能产生脉冲信号，它只能起到波形变换作用，变换电路也称整形电路。这类电路包括单稳态触发器和施密特触发器。

6.2 多谐振荡器

多谐振荡器是一种自激振荡电路,它没有稳定状态,只有两个暂稳态。电路工作时,不需外加触发信号,接通电源后,电路就能在两个暂稳态之间相互转换,自动产生矩形脉冲信号,该电路通常作为脉冲信号源。由于矩形脉冲含有丰富的谐波分量,所以常将产生矩形波的电路称为多谐振荡器。

6.2.1 对称多谐振荡器

1. 电路结构

图 6-4 所示为由 CT74H 系列 TTL 门电路构成的对称多谐振荡器,图中 G_1 和 G_2 两个反相器之间经电容 C_1 和 C_2 耦合形成正反馈回路。合理选择反馈电阻 R_{F1} 和 R_{F2},可使 G_1 和 G_2 工作在电压传输特性的转折区,这时两个反相器都工作在放大区。由于 G_1 和 G_2 的外部电路对称,因此又称对称多谐振荡器。

【知识链接】 TTL(Transistor-Transistor Logic)电路是电流控制器件,TTL 电路的速度快,传输延迟时间短(5~10 ns),但是功耗大。在很多数字电路涉及到的器件中,很多都是 TTL 类型。

【特别提示】 由 TTL 门电路组成的多谐振荡器有两种:一是由奇数个非门组成的简单环形多谐振荡器;二是由非门和 RC 延迟电路组成的改进环形多谐振荡器。

2. 工作原理

此电路是利用 RC 电路的充、放电分别控制 G_1 和 G_2 的开通与关闭来实现自激振荡的。为了分析方便,设 $u_{o1}=0$,$u_{o2}=1$ 为第一暂稳态;$u_{o1}=1$,$u_{o2}=0$ 为第二暂稳态。电路波形如图 6-5 所示。

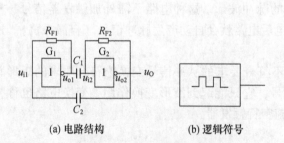

图 6-4 对称多谐振荡器

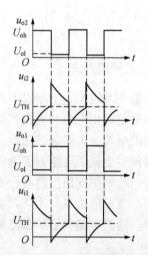

图 6-5 对称多谐振荡器工作波形

(1) 第一暂稳态。设接通电源后由于某种原因使 u_{i1} 产生很小的正跃变，经 G_1 放大后，输出 u_{o1} 产生负跃变，经 C_1 耦合使 u_{i2} 随之下降，G_2 输出 u_{o2} 产生较大的正跃变，通过 C_2 耦合，使 u_{i1} 进一步增大，于是电路产生如下正反馈过程。

$$u_{i1} \uparrow \rightarrow u_{o1} \downarrow \rightarrow u_{i2} \downarrow \rightarrow u_{o2} \uparrow$$

正反馈使电路迅速翻转到 G_1 开通（u_{o1} 为低电平），G_2 关闭（u_{o2} 为高电平）的状态。输出 u_{o1} 负跃变到低电平 U_{ol}，u_{o2} 正跃变到高电平 U_{oh}。电路进入第一暂稳态。

(2) 第二暂稳态。当电路进入第一暂稳态后，G_2 输出 u_{o2} 的高电平 U_{oh} 经 C_2、R_{F1}、G_1 的输出电阻对 C_2 进行反向充电（即 C_2 放电），使 u_{i1} 下降。同时，u_{o2} 的高电平又经 R_{F2}、C_1、G_2 的输出电阻对 C_1 进行充电，u_{i2} 随之上升。当 u_{i2} 上升到 G_2 的阈值电压 U_{TH} 时，电路又产生另一个正反馈过程。

$$u_{i2} \uparrow \rightarrow u_{o2} \downarrow \rightarrow u_{i1} \downarrow \rightarrow u_{o1} \uparrow$$

正反馈的结果使 G_2 开通（u_{o2} 为低电平），输出 u_o 由高电平 U_{oh} 跃变到低电平 U_{ol}，通过电容 C_2 耦合，使 u_{i1} 迅速下降到小于 G_1 的阈值电压 U_{TH}，使 G_1 关闭（u_{o1} 为高电平），其输出 u_{o1} 跃变到高电平。电路进入第二暂稳态。

(3) 返回第一暂稳态。当电路进入第二暂稳态后，G_1 输出 u_{o1} 的高电平，经 C_1、R_{F2} 和 G_2 的输出电阻对 C_1 进行反向充电（即 C_1 放电），u_{i2} 随之下降，同时，G_1 输出 u_{o1} 的高电平经 R_{F1}、C_2 和 G_2 的输出电阻对 C_2 进行充电，u_{i1} 随之上升。当 u_{i1} 上升到 G_1 的阈值电压 U_{TH} 时，G_1 开通，G_2 关闭。电路又返回到第一暂稳态。

由以上分析可知，由于电容 C_1 和 C_2 交替进行充电和放电，电路的两个暂稳态自动相互交替，从而使电路产生振荡，输出周期性的矩形脉冲。

3. 振荡宽度及周期

当取 $R_{F1} = R_{F2} = R_F$、$C_1 = C_2 = C$、$U_{TH} = 1.4\text{ V}$、$U_{oh} = 3.6\text{ V}$、$U_{ol} = 0.3\text{ V}$ 时，则振荡周期 T 和脉冲宽度 t_W 可用下式估算。

$$T = 2t_W = 1.4 R_F C \tag{6-1}$$

$$t_{W1} = t_{W2} = t_W = 0.7 R_F C \tag{6-2}$$

当取 $R_F = 1\text{ k}\Omega$，$C = 100\text{ pF} \sim 100\text{ μF}$ 时，则该电路的振荡频率可在几赫到几兆赫的范围内变化，输出矩形脉冲的宽度与间隔时间相等。

6.2.2 不对称多谐振荡器

1. 电路结构

图 6-6 所示为由两个 CMOS 反相器构成的多谐振荡器。由于 G_1 和 G_2 的外部电路不对

称,所以称为不对称多谐振荡器。

为了使电路能产生振荡,必须使 G_1 和 G_2 工作在电压传输特性的转折区,即工作在放大区。在正常工作时,不论 G_1 输入是低电平,还是高电平,MOS 管栅极输入的电流 $i_g \approx 0$,在电阻 R_F 上不会产生电压降,这时,$u_{o1} = u_{i1}$ 的直线与电压传输特性转折区的交点 Q 便为 G_1 的静态工作点,它处于转折区的中点,这时,$u_{o1} = u_{i1} = U_{TH} = 1/2 V_{DD}$,同时可知 $u_{i2} = u_{o1} = 1/2 V_{DD}$,所以,$G_2$ 也工作在电压传输特性的转折区。

【知识链接】 CMOS(Complementary Metal Oxide Semic Onductor,互补金属氧化物半导体),是电压控制的一种放大器件,也是组成 CMOS 数字集成电路的基本单元。

【特别提示】 此多谐振荡器可看成由 CMOS 反相器与 R、C 原件共同组成。通电之后,电路中将产生自激振荡。因 RC 串联电路中电容 C 上的电压随电容充放电过程不断变化,从而使两个反相器的状态不断发生翻转。

2. 工作原理

为了讨论方便,设 $u_{o1} = 0$,$u_{o2} = 1$ 为第一暂稳态。$u_{o1} = 1$,$u_{o2} = 0$ 为第二暂稳态。下面参照图 6-7 所示的波形讨论不对称多谐振荡器的工作过程。

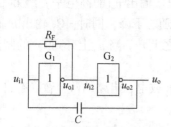

图 6-6 不对称多谐振荡器

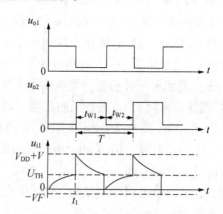

图 6-7 不对称多谐振荡器的工作波形

(1)第一暂稳态。接通电源后由于某种原因使 G_1 的输入电压 u_{i1} 产生一个小的正跃变时,通过 G_1 放大后,其输出 u_{o1} 产生一个较大的负跃变,使 G_2 输出一个大的正跃变,通过 C 的耦合,使 u_{i1} 得到更大的正跃变,于是电路产生如下的正反馈过程。

$$u_{i1} \uparrow \rightarrow u_{o2} \downarrow \rightarrow u_{o1} \uparrow$$

正反馈的结果使 G_1 开通,输出 u_{o1} 由高电平 V_{DD} 跃到低电平 U_{ol};G_2 关闭,输出 u_{o2} 由低电平 U_{ol} 跃到高电平 V_{DD},电路进入第一暂稳态。

(2)第二暂稳态。电路进入第一暂稳态后,u_{o2} 的高电平经 C,R_F 和 G_1 的输出电阻对 C 进行反向充电(即 C 放电),u_{i1} 随之下降。当 u_{i1} 下降到 G_1 的阈值电压 U_{TH} 时,电路又产生另一个正反馈过程。

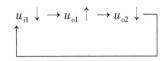

正反馈的结果使 G_1 关闭，输出 u_{o1} 由低电平 U_{ol} 跃到高电平 V_{DD}；G_2 开通，输出 u_{o2} 由高电平 V_{DD} 跃到低电平 U_{ol}，电路进入第二暂稳态。

（3）返回到第一暂稳态。电路进入第二暂稳态后，u_{o1} 的高电平 V_{DD} 经 R_F，C 和 G_2 的输出电阻对 C 进行充电，u_{i1} 随之上升。当 u_{i1} 上升到 G_1 的阈值电压 U_{TH} 时，G_1 又开通，G_2 关闭，电路返回到第一暂稳态。

由以上分析可知，由于电容 C 交替地进行充电和放电，使两个暂稳态不断相互交换，从而输出周期性的矩形脉冲。

3. 振荡周期

在 $U_{TH}=1/2V_{DD}$ 时，振荡周期可用式（6-3）估算。

$$T = 1.4R_F C \tag{6-3}$$

6.2.3 RC 环形多谐振荡

1. 电路结构

RC 环形多谐振荡器是指将奇数个门首尾相连加上外加 RC 延时网络而构成的振荡电路，如图 6-8 所示。

2. 工作原理

接通电源后，设电路已稳定，为了便于讨论，从电路刚跃变时刻开始，例如，从 $t = t_1$ 时刻开始讨论，此时，G_3 由关闭变为开通（1→0），输出 u_o 由高电平跃变为低电平；G_1 由开通变为关闭（0→1），u_{o1}（u_{i2}）由低电平跃变为高电平；u_{o1} 的正向跃变电压通过电容 C 耦合到 A 端，保证 G_3 开通，电路处于第一暂稳态。

在第一暂稳态内，G_1 输出的高电平通过图 6-9 所示的电路对电容 C 反向充电，A 点电位将随着电容 C 的充电电流的减小而减小，因为 $u_A = u_o + iR$，其中电流 i 是按指数规律减小的，时间常数 $\tau = (R+R_0)C$，R_0 为 G_1 输出高电平时的输出电阻。

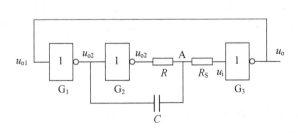

图 6-8 RC 环形多谐振器

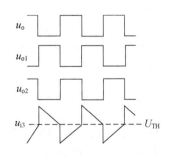

图 6-9 RC 环形多谐振荡器的工作波形

当 u_A 下降到阈值电压 U_{TH} 时（$t=t_2$），电路将发生翻转（因为 R_s 值较小，$u_i \approx u_A$），其正反馈过程如下。

$$u_A \downarrow \rightarrow u_o \uparrow \rightarrow u_{i1} \uparrow \rightarrow u_{i2} \downarrow$$

由于上述正反馈过程使 G_3、G_2 关闭，G_1 开通，电路进入第二暂稳态。在第二暂稳态期间，G_2 输出高电平，使电容 C 正向充电。

随着电容 C 的充电，A 点电位按指数规律上升，其时间常数为 $[(R+R_0) /\!/ (R_1 + R_s)] C \approx (R+R_0) C$；当 $t=t_3$，u_A 上升到阈值电压 $U_{TH}=1.4\text{V}$ 时，电路又将发生翻转，返回到第一暂稳态。图 6-9 所示为电路的工作波形。

3. 脉冲宽度周期

经分析可得第一、第二暂稳态持续时间分别为

$$t_{w1} = 1.1(R+R_0)C \tag{6-4}$$
$$t_{w1} = 0.9(R+R_0)C \tag{6-5}$$

其周期为 $T = t_{w1} + t_{w2} = 2(R+R_0)C$。

6.2.4 石英晶体多谐振荡器

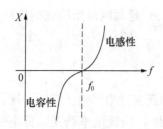

图 6-10 石英晶体的阻抗频率特性

前面介绍的几种多谐振荡器的一个共同缺点是振荡频率不稳定，容易受温度、电源电压波动和 RC 参数误差的影响。而在数字系统中，矩形脉冲信号常用作时钟信号来控制和协调数字系统的工作。因此，控制信号频率的稳定会直接影响到系统的工作，实际中通常用频率稳定度很高的石英晶体多谐振荡器。图 6-10 所示为石英体的阻抗频率特性。

石英晶体的品质因数很高，选频特性好，它的显著特点是只有当信号频率 $f=f_0$（f_0 为石英晶体的固有谐振频率）时，其等效阻抗最小，因而信号最容易通过，并在电路中形成正反馈。因此，若将石英晶体接在多谐振荡器电路中，电路的振荡频率只决定于石英晶体的谐振频率 f_0，而与电路的其他元件的参数无关。

由图 6-10 可以看出，石英晶体具有很好的选频特性。当谐振信号的频率和石英晶体的固有谐振频率 f_0 相同时，石英晶体呈现很低的阻抗，信号很容易通过，而其他频率的信号则被衰减掉。

1. 并联石英晶体多谐振荡器

图 6-11 所示为由 CMOS 反相器构成的并联多谐振荡器。R_F 为反馈电阻，用以使 G_1 工作在静态电压传输特性的转折区，R_F 值通常取 $5 \sim 10\text{M}\Omega$。反馈系数取决于 C_1 和 C_2 的比值，C_1 还可以微调振荡频率。

石英晶体振荡器可输出振荡频率很稳定的信号，但输出波形不太好，因此，G_1 输出端需加反向器 G_2，用以改善输出波形的前沿和后沿，使其更加陡峭。

2. 串联石英晶体振荡器

图 6-12 所示为由反相器构成的串联石英晶体多谐振荡器。C_1 为 G_1 和 G_2 间的耦合电容，R_1 和 R_2 用以使 G_1 和 G_2 工作在电压传输特性的转折区。由于 G_2 输出的振荡波形不好，因此，输出端加一个 G_3，用以改善输出振荡波形的前沿和后沿，使其更加陡峭。

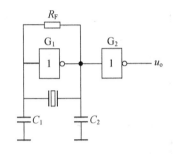

图 6-11　并联石英晶体多谐振荡器

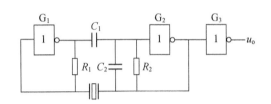

图 6-12　串联石英晶体多谐振荡器

6.3　单稳触发器

单稳态触发器具有一个稳定状态和一个暂稳态。在外加触发脉冲作用下，电路从稳定状态翻转到暂稳态，经过一定时间后，又自动返回到原来的稳定状态。而且暂稳态时间的长短取决电路本身的参数，与外加触发脉冲无关。在没有外加触发脉冲时，电路将一直保持稳定状态，不会翻转。在数字系统中，单稳态触发器一般用于以下 3 种情况。

- 定时：产生一定宽度的方波。
- 整形：把不规则的波形变成宽度，幅度符合要求的脉冲。
- 延时：将输入信号延时一定时间后输出。

6.3.1　微分型单稳态触发器

1. 电路结构

图 6-13 所示为微分型单稳态触发器，它由两个 CMOS 或非门和 RC 电路组成。G_2 输出和 G_1 输入为直接耦合，而 G_1 输出和 G_2 输入用 RC 微分电路耦合。因此，称为微分型单稳态触发器。

2. 工作原理

对于 CMOS 门电路，可以认为输出的高电平 $U_{oh} \approx V_{DD}$，输出的低电平 $U_{ol} \approx 0$，两个或非门的阈值电压 U_{TH} 均为 $1/2 V_{DD}$。下面参照图 6-14 所示的波形，分别讨论它的工作原理。

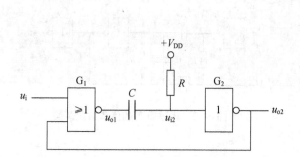

图 6-13 微分型单稳态触发器

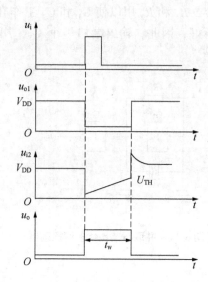

图 6-14 微分型单稳态触发器的工作波形

(1) 稳定状态。当输入电压 u_i 为低电平时，由于 G_2 输入通过电阻 R 接 V_{DD}（输入全1），因此，G_2 输出低电平 $U_{ol} \approx 0$，G_1 输入为全 0，输出 u_{o1} 为高电平 $U_{oh} = V_{DD}$。这时，电容 C 上的电压 $u_C \approx 0$。电路处于 $u_{o1} = 1$（V_{DD}）的稳定状态。

(2) 触发进入暂稳态。当输入 u_i 由低电平正跃变到大于 G_1 的阈值电压 U_{TH} 时，使 G_1 输出电压 u_{o1} 产生负跃变，由于电容 C 两端的电压不能跃变，使 G_2 的输入全 0，这又促使 G_2 输出 U_{o2} 产生正飞跃，它再反馈到 G_1 的输入端，于是，电路产生如下正反馈过程。

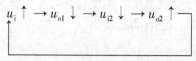

正反馈的结果使 G_1 开通，输出 u_{o1} 迅速跃到低电平，由于电容两端的电压不能跃变，使 u_{i2} 产生同样的负跃变，G_2 输出由低电平迅速跃到高电平 V_{DD}。于是，电源 V_{DD} 经 R、C 和 G_1 的输出电阻开始对电容 C 充电。电路进入暂稳态。在此期间输入电压 u_i 又回到低电平。

(3) 自动返回稳定状态。随着电容 C 的充电，其电压 u_C 随之升高，电压 u_{i2} 也逐渐升高。当 u_{i2} 上升到 G_2 的阈值电压 U_{TH} 时，u_{o2} 下降，使 u_{o1} 上升，又使 u_{i2} 进一步增加。电路又产生一个正反馈的过程。

$$u_{i1}\uparrow \to u_{o2}\downarrow \to u_{o1}\uparrow$$

正反馈使 G_1 迅速关闭,输出 u_{o1} 高电平 V_{DD},G_2 迅速开通,输出 u_{o2} 跃变到低电平 0。电路又返回到初始稳定状态。

暂稳态结束后,电容 C 通过电阻 R、G_2 的输入保护电路等向 V_{DD} 放电,直至恢复初始状态 $u_C = 0$ V。

3. 输出脉冲宽度的估算

单稳态触发器实际上是暂稳态维持的时间,用 t_W 表示。它为电容 C 上的电压由低电平 0 充到 G_2 的阈值电压 U_{TH} 所需的时间。其大小可用式 (6-6) 进行估算。

$$t_W \approx 0.7RC \tag{6-6}$$

应当指出,在使用微分型单稳态触发器时,输入触发器脉冲 u_i 的宽度 t_{W1},应小于输出脉冲的宽度 t_W,即 $t_{W1} < t_W$,否则电路不能正常工作。如果出现 $t_{W1} > t_W$ 的情况时,则可能触发器信号源 u_i 和 G_1 输入端接入一个 RC 微分电路。

6.3.2 集成单稳态触发器

由于集成单稳态触发器外接元件和连线少,触发方式灵活,可用输入脉冲的正跃变触发,又可用负跃变触发,使用十分方便,且工作稳定性好,因此有着广泛的应用。

集成单稳态触发器又分为不可重复触发型单稳态触发器和可重复触发型单稳态触发器,其逻辑符号如图 6-15 所示。在 6-15 图(a) 方框中的 "1⎍" 表示不可重复触发型单稳态触发器,该电路在触发进入暂稳态期间如再次受到触发,对原暂稳态时间没有影响,输出脉冲宽度 t_W 仍从第一次触发开始计算,其输出波形如图 6-16(a) 所示。

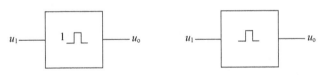

(a) 不可重复触发型单稳态触发器   (b) 可重复触发型单稳态触发器

图 6-15 单稳态触发器的逻辑符号

在图 6-15(b) 中的 "⎍" 表示可重复触发型单稳态触发器,该电路在触发进入暂稳态期间如再次被触发,则输出脉冲宽度可在此前暂稳态时间的基础上再展宽 t_W,其输出波形如图 6-16(b) 所示。因此,用可重复触发型单稳态触发器能较方便地获得输出宽脉冲。

下面以 TTL 不可重复触发型单稳态触发器 74LS121 为例说明它的逻辑功能。

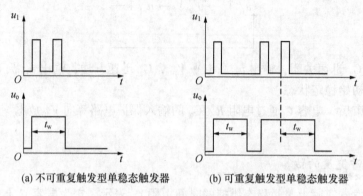

(a) 不可重复触发型单稳态触发器　　(b) 可重复触发型单稳态触发器

图 6-16　单稳态触发器的工作波形

1. 电路结构

图 6-17(a) 所示为单稳态触发器 74LS121 的逻辑符号，图 6-17(b) 为芯片管脚排列图。

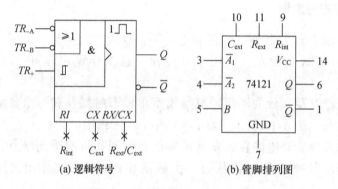

(a) 逻辑符号　　(b) 管脚排列图

图 6-17　单稳态触发器的 74LS121

图中外面线上的"×"号表示非逻辑连接，即没有任何逻辑信息的连接，如外接电阻、电容和基准电压等。该电路主要由三部分构成：$G_1 \sim G_4$ 组成触发脉冲形成电路，用来实现对触发脉冲上升沿触发或下降沿触发方式的选择；$G_5 \sim G_7$ 和外接电阻 R_{ext} 和电容 C_{ext} 组成微分型单稳态触发器，用 G_4 组成微分型单稳态触发器，G_8 和 G_9 为输出缓冲级，Q 和 $\overline{Q}$ 输出互补信号。

2. 工作原理

单稳态触发器 74LS121 的功能见表 6-1，它的主要功能如下。

（1）稳定状态。工作在表 6-1 中所示的前四中情况时，电路处于 $Q=0$，$\overline{Q}=1$ 的稳定状态。例如，正触发输入端 $TR_+ = 0$，负触发输入端 TR_{-A} 和 TR_{-B} 为任意值时，则 G_4 输出低电平 0，即没有触发信号，单稳态触发器处于稳定状态 $Q=0$，$\overline{Q}=1$。

表6-1   74LS121 功能表

输 入			输 出	
TR_{-A}	TR_{-B}	TR_+	Q	$\overline{Q}$
L	×	×	L	H
×	L	H	L	H
×	×	L	L	H
H	H	×	L	H
H	↓	H	⎍	⎎
↓	H	H	⎍	⎎
↓	↓	H	⎍	⎎
L	×	↑	⎍	⎎
×	L	↑	⎍	⎎

(2) 触发翻转。设单稳态触发器未输入触发信号时，电路处于稳定状态，即 $Q=0$，$\overline{Q}=1$。如触发脉冲由 TR_+ 端输入，而在 TR_{-A} 和 TR_{-B} 端中至少有一个输入为 0 时，使 G_1 输出为 1。在没有输入触发信号时，即 $TR_+=0$，这时，在 G_4 的 4 个输入中，除 $TR_+=0$ 外，其他 3 个输入均为 1。当有脉冲输入时，TR_+ 端由 0 正跃变到 1，G_4 随之产生由 0 到 1 的正跃变，G_6 输出由 1 负跃到低电平 0，使输入 $Q=1$，$\overline{Q}=0$。而当时，V_{CC} 经电阻 R_{ext} 电容 C_{ext} 和 G_6 的输出电阻对电容 C_{ext} 充电，电路进入暂稳态。由于 $\overline{Q}=0$，使 G_3 输出 1，这时 G_2 输入全 1，输出 0，使 G_4 由高电平 1 负跃变到低电平 0。所以 G_4 输出的时间是很短的，它实际上是一个很窄的正脉冲，从而保证了触发脉冲宽度大于输出脉冲宽度的情况下电路仍然能正常工作。

在暂稳态期间，G_7 的输入电压 u_{i7} 随着 C_{ext} 的充电升高。当 u_{i7} 上升到 G_7 的阈值电压 U_{TH} 时，G_7 开通，输出由 1 负跃变到 0，G_6 输出由 0 正跃变到 1，这时输出 $Q=0$，$\overline{Q}=1$，电路返回到初始的稳定状态。

3. 输出脉冲宽度的估算

单稳态触发器 74LS121 的输出脉冲宽度 t_w 可用式 (6-7) 进行估算

$$t_w \approx 0.7\, R_{ext} C_{ext} \tag{6-7}$$

对于 74LS121，一般 R_{ext} 的取值范围为 $2 \sim 40\,\text{k}\Omega$；对于 54LS121，$R_{ext}$ 的取值范围为 $20 \sim 30\,\text{k}\Omega$，$C_{ext}$ 一般取值范围为 $10\,\text{pF} \sim 10\,\mu\text{F}$，在要求不高的情况下，$C_{ext}$ 的最大值可达 $1000\,\mu\text{F}$。

在输出脉冲宽度不大时，可用 74LS121 的内部电阻（$R_{int}=2\,\text{k}\Omega$）取代 R_{ext}，这样可以简化外部接线。但输出脉冲宽度较大时，仍需要用外接电阻 R_{ext}。

图 6-18 所示为单稳态触发器 74LS121 的工作波形。由该图可以看出，如在暂稳态期间（即 t_w 内）再次进行触发时，对暂稳态时间没有影响。因此，输出脉冲宽度 t_w 不会改

变,它只取决于 R_{ext} 和 C_{ext} 大小,而与触发脉冲无关。因此,74LS121 为不可重复触发型单稳态触发器。

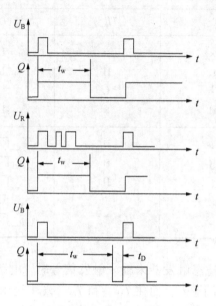

图 6-18　单稳态触发器 74LS121 的工作波形

6.3.3　单稳态触发器的应用

1. 脉冲整形

所谓脉冲整形就是将不规则的或经过长距离传输受到某些干扰而使脉冲波形变坏的脉冲信号进行整理,使之符合数字系统的要求,这时可利用单稳态触发器进行整形。

2. 脉冲定时

由于单稳态触发器可输出宽度和幅度符合要求的矩形脉冲,因此,可以利用它来做定时电路。在图 6-19 所示的定时电路中,单稳态触发器的输出脉冲 u_C 可作为与门 G 开通时间的控制信号。只有在输出 u_C 为高电平期间,与门 G 打开,u_B 才能通过与门 G,这时输出 $u_o = u_B$,与门 G 打开的时间,完全由单稳态触发器决定。而在 u_C 为低电平 0 时,与门 G 关闭,u_B 不能通过。

3. 脉冲展宽

当输入脉冲的宽度较窄时,则可用单稳态触发器的展宽。图 6-20 所示为 74LS121 组成的脉冲展宽电路。只要合理地选择 R_{ext} 和 C_{ext} 值,就可输出宽度符合要求的矩形脉冲。

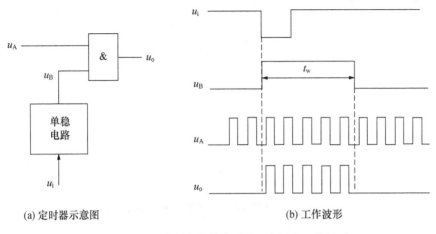

(a) 定时器示意图　　　　　　(b) 工作波形

图 6-19　单稳态触发器的定时器示意图和工作波形

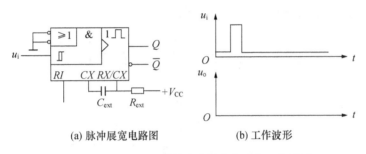

(a) 脉冲展宽电路图　　　　　(b) 工作波形

图 6-20　74LS121 组成的脉冲展宽电路和工作波形

6.4　施密特触发器

施密特触发器是数字系统中常用的电路之一，它的一个重要特点就是能够把变化非常缓慢的不规则的输入波形，整形为适合于数字电路所需要的矩形脉冲。施密特触发器也有两个稳定状态，但与一般触发器不同的是：不仅这两个稳定状态的转换需要外加触发信号，而且稳定状态的维持也得依赖于外加触发器信号，因此，它的触发方式是电平触发。又由于施密特触发器具有回差电压，所以抗干扰能力也较强。因此，施密特触发器主要用于波形整形、脉冲变换、幅度鉴别等电路中。

6.4.1　带电平转移二极管的施密特触发器

1. 电路结构

图 6-21 所示为带电平转移二极管的施密特触发器。它由两个与非门、一个非门和二极管 V_D 构成。其中，G_1、G_2 组成基本 RS 触发器，G_3 是反相器，V_D 起电平转移作用，

用以产生固定的回差电压。

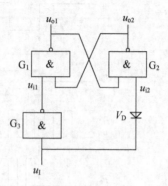

图 6-21 带电平转移二极管的施密特触发器

2. 工作原理

（1）第一稳态。设输入信号 u_i 为三角波，当输入信号 $u_i = 0$ 时，G_3 关闭，输出高电平 1；G_2 也关闭（因为二极管的正向电压约为 0.7 V 左右，u_{i2} 小于阈值电压 $U_{TH} = 1.4$ V），输出 u_{o2} 为高电平 1，经交叉耦合 G_1 开通，输出 u_{o1} 为低电平 0，电路处于第一稳态 $u_{o1} = 0$，$u_{o2} = 1$。

（2）第二稳态。当 u_i 上升到 G_3 的阈值电压时（$u_i = U_{T+}$），G_3 从关闭转为开通，$\overline{S}_D$ 变为低电平；G_1 从开通变为关闭，u_{o1} 变为高电平。此时由于二极管 V_D 的钳位作用，使 $\overline{R}_D$ 端的电平为 $u_i + U_D > U_{TH}$（U_D 为二极管的管压降），即为高电平。G_2 由关闭变为开通，u_{o2} 变为低电平，电路翻转到第二稳态，即 $u_{o1} = 1$，$u_{o2} = 0$。U_{T+} 称为"接通电平"或正向阈值电压。此后 u_i 继续上升，电路状态不变。

（3）返回第一稳态。当输入信号从最大值开始下降至略小于 U_{T+} 时，G_3 由开通变为关闭，$\overline{S}_D$ 变为高电平。由于二极管 V_D 的存在，$\overline{R}_D$ 端的电平为 $U_{T+} + U_D$，仍高于阈值电压。只有输入信号继续下降到 $u_i = U_{T-}$ 时，G_2 才由开通转为关闭，u_{o2} 变为高电平，G_1 由关闭转为开通，u_{o1} 变为低电平，电路翻回到第一稳态，即 $u_{o1} = 0$，$u_{o2} = 1$。U_{T-} 称为断开电平或负向阈值电压。

从以上分析可知，施密特触发器具有两个稳定状态，电路的翻转依赖于外部触发信号，外部信号可以是各种形状的波形，当触发信号在上升时满足 $u_i \geqslant U_{T+}$ 或下降时 $u_i \leqslant U_{T-}$，就能引起施密特触发器的翻转。此外，需要注意的是，施密特触发器稳态的维持也必须有外部触发信号的存在，因此，它是一种电平触发方式的触发器。图 6-22 所示为施密特触发器的工作波形。

3. 回差特性

施密特触发器的输入信号 u_i 上升到 U_{T+} 时，电路从第一稳态翻转到第二稳态，可是当 u_i 下降到低于 U_{T+} 且等于 U_{T-} 时，电路才能从第二稳态翻回到第一稳态。这种两次翻转所需输入电压不同的现象称为回差特性或滞后特性。施密特触发器的正向阈值电压 U_{T+}

和负向阈值电压 U_{T-} 的差,称为回差电压,用 ΔU_T 表示,即
$$\Delta U_T = U_{T+} - U_{T-}$$

回差电压 ΔU_T 产生的主要原因是在 G_2 输入端串入了转移电平二极管 V_D。因此,该电路的回差电压等于二极管 V_D 的正向压降。

图 6-23 所示为施密特触发器的电压传输特性,由该特性可以看出施密特触发器具有回差特性。

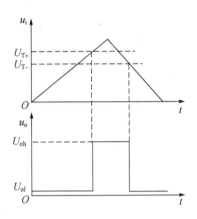

图 6-22 施密特触发器的工作波形

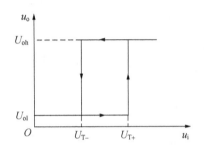

图 6-23 施密特触发器的电压传输特性

6.4.2 集成施密特触发器

74LS13 是一个典型的集成施密特触发器,也可称为施密特触发器的与非门。图 6-24 只给出芯片的简化逻辑符号,要求掌握其应用即可。74LS13 是一个双施密特触发器,每个触发器有 4 个输入端,它们之间都是与的关系。

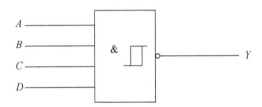

图 6-24 74LS13 双施密特触发器简化逻辑符号

TTL 集成施密特触发器的分列产品除了 74LS13 外,还有 74LS14,74LS132 等。读者可查阅相关的集成电路手册。

6.4.3 施密特触发器的应用

1. 波形变换

施密特触发器可用于将三角波,正弦波及其他不规则信号变换成规则形脉冲,图 6-25 所示为用施密特触发器将正弦波变成同周期的矩形波。

2. 脉冲整形

当传输的脉冲信号受到干扰而发生畸变时，可利用施密特触发器的回差特性，将受到的干扰的信号整形成为较好的矩形脉冲，如图 6-26 所示。

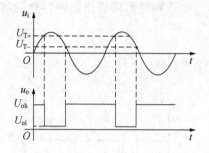

图 6-25　施密特触发器用于波形变换

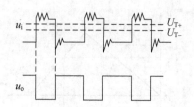

图 6-26　施密特触发器用于脉冲整形

3. 脉冲鉴幅

如果输入信号为一组幅度不等的脉冲，而需要将幅度大于 U_{T+} 的脉冲信号挑选出来时，可用施密特触发器对输入脉冲的幅度进行幅度鉴别，简称"鉴幅"，如图 6-27 所示。这时，可将幅度大于 U_{T+} 的脉冲信号选出来，而幅度小于 U_{T+} 的脉冲信号则被去掉了。

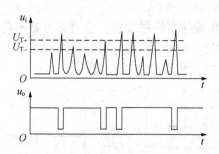

图 6-27　施密特触发器用于脉冲鉴幅

【特别提示】　根据施密特触发器的滞后特性，如果使它的输入电压在 U_{T+} 与 U_{T-} 之间不停地往复变化，在输出端即可得到矩形脉冲，因此，利用施密特触发器外接 RC 电路就可以构成多谐振荡器。根据施密特触发器的回差特性，当 $u_i=0$ 时，$u_R=0$，$u_o=0$，电路进入稳态。当 u_i 正跳变时，由于电容 C 上的电压不能突变，u_R 也上跳与 u_i 相同的幅值，一旦超过正向阈值电压 U_{T+}，输出就翻转为高电平，电路进入暂稳态。此时，由于电阻 R 两端电位不等，C 通过 R 对地放电，使 u_R 下降，当降至 U_{T-} 时，电路又将自动翻转，$u_o=0$，回到稳态，可以很方便地构成单稳态触发器。输出脉冲宽度 t_W 与 ΔU 有关，如果 ΔU 越小，则脉宽越窄；反之，如果 ΔU 越大，则脉宽越大。

6.5 555定时器的应用

定时器是大多数数字系统的重要部件之一。555定时器是其中一最常用的一种定时器,其使用方便灵活,用途广泛,不但本身可以组成定时电路,而且只要外接少量阻容元件便可构成施密特触发器,单稳态触发器,多谐振荡器等电路。555定时器的电源范围较大,TTL型555定时器电源电压为4.5～5V,双极型555定时器电源电压为5～16V,CMOS型555定时器电源电压为3～18V,555定时器还可以提供与TTL及CMOS数字电路兼容的接口电平,并能输出一定功率,驱动微电机、指示灯、扬声器等小功率电压负荷。它在脉冲波形的产生与变换、仪器与仪表、测量与控制、家用电器与电子玩具等领域都有着广泛的应用。按芯片内包含的定时器个数可分为单定时器555和双定时器556两种类型,如HA17555(日本)MCI555(美国)CH555/GH555(中国)等。按封装分类又可分为8脚T0-99型,8脚双列直插型和14脚双列直接型三种。如图6-28所示为8脚双列直插型555定时器的管脚排列图。

6.5.1 555定时器

1. 电路结构

图6-29所示为双极型5G555定时器的逻辑电路。它由电压比较器C_1和C_2,电阻分压器,G_1和G_2组成的基本RS触发器,集电极开路的放电管V和输出缓冲级G_3等部分组成。

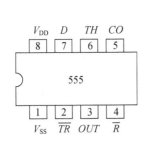

图6-28　8脚双列直插型555定时器管脚排列图

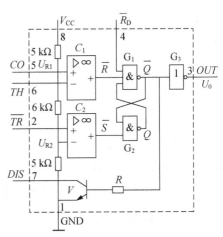

图6-29　5G555定时器的逻辑电路

C_1和C_2为两个电压比较器,它们的基准电压为V_{CC}经3个5kΩ电阻分压后提供。$U_{R1}=2/3V_{CC}$为比较器C_1的基准电压,TH(阈值输入端)为其输入端。$U_{R2}=1/3V_{CC}$为比较器C_2的基准电压,$\overline{TR}$(触发输入端)。CO为控制端,当外接固定电压V_{CO}时,则$U_{R1}=V_{CO}$,$U_{R2}=1/2V_{CO}$。为直接置0端,只要$\overline{R}_D=0$,输出u_o便为低电平,正常工作时,

$\overline{R}_D$ 端必须为高电平。

2. 工作原理

设 TH 和 $\overline{TR}$ 端的输入电压分别为 u_{i1} 和 u_{i2}。

(1) 当 $u_{i1} > u_{R1}$，$u_{i2} > u_{R2}$ 时，电压比较器 C_1 和 C_2 的输出 $u_{C1} = 0$，$u_{C2} = 1$，基本 RS 触发器被置0，即 $Q = 0$，$\overline{Q} = 1$，此时输出 u_o，同时三极管 V 饱和导通。

(2) 当 $u_{i1} < u_{R1}$，$u_{i2} < u_{R2}$ 时，两个电压比较器 C_1 和 C_2 输出分别为 $u_{C1} = 1$，$u_{C2} = 0$，基本 RS 触发器被置1，即 $Q = 1$，$\overline{Q} = 0$，此时输出 $u_o = 1$，同时三极管 V 截止。

(3) 当 $u_{i1} < u_{R1}$，$u_{i2} > u_{R2}$ 时，$u_{C1} = 1$，$u_{C2} = 1$，基本 RS 触发器保持原状态不变。上述过程，如表6-2所示。

表6-2 5G555定时器的功能表

输入			输出	
u_{i1}	u_{i2}	$\overline{R}_D$	U_o	V 状态
×	×	0	0	导通
$> 2/3 V_{CC}$	$> 1/3 V_{CC}$	1	0	导通
$< 2/3 V_{CC}$	$< 1/3 V_{CC}$	1	1	截止
$< 2/3 V_{CC}$	$> 1/3 V_{CC}$	1	不变	不变

应当指出，在工作时555定时器一般不另加控制电压，只通过0.01 μF的旁路电容将 CO 端接地，以旁路高频干扰。

【知识链接】 旁路（Bypass）电容是为本地器件提供能量的储能器件，它能使稳压器的输出均匀化，降低负荷需求。就像小型可充电电池一样，旁路电容能够被充电，并向器件进行放电。为尽量减少阻抗，旁路电容要尽量靠近负荷器件的供电电源管脚和地管脚。这能够很好地防止输入值过大而导致的地电位抬高和噪声。

【特别提示】

(1) TH 电平高低是与 $2/3V_{CC}$ 相比较，$\overline{TR}$ 电平高低是与 $1/3V_{CC}$ 相比较。

(2) 若控制输入端 CO 加输入电压 u_{CO}，则 $U_{R1} = u_{CO}$，$U_{R2} = 1/2 u_{CO}$，故 TH 和 $\overline{TR}$ 电平高低的比较值将变成 u_{CO} 和 $1/2 u_{CO}$。

(3) 通常不用 CO 端，为了提高电路工作稳定性，将其通过0.01 μF电容接地。

6.5.2 由555定时器组成多振荡器

1. 电路结构

将电路中三极管 V 集电极（7脚）经 R_1 接到电源 V_{CC} 上，便构成了一个反相器。其输出端 DIS 端对地接 R_2 和 C 构成的积分电路，积分电容 C 再接 TH（6脚）和 $\overline{TR}$（2脚）端便构成了如图6-30(a) 所示的多谐振荡器，其中 R_1，R_2 和 C 为定时元件。图6-30(b) 为多谐振荡器的工作波形。

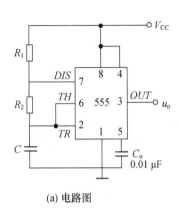 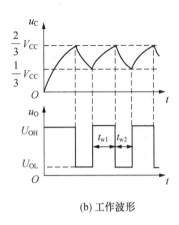

(a) 电路图   (b) 工作波形

图 6-30   5G555 定时器构成的多谐振荡器

2. 工作原理

（1）第一暂稳态。接通电源 V_{CC} 后，V_{CC} 经电阻 R_1 和 R_2 对电容 C 充电，其电压 u_C 由 0 按指数规律上升。当 $u_C \geq 2/3 V_{CC}$ 时，电压比较器 C_1 和 C_2 的输出分别为 $u_{C1}=0$，$u_{C2}=1$，基本 RS 触发器被置 0，即 $Q=0$，$\overline{Q}=1$，输出 u_o 跃变到低电平 U_{ol}。与此同时，放电管 V 饱和导通，电容 C 经电阻 R_2 和放电管 V 放电，电路进入第一暂稳态。

（2）第二暂稳态。随着电容 C 的放电，u_C 随之下降。当 u_C 下降到 $u_C \leq 1/3 V_{CC}$ 时，则电压比较器 C_1 和 C_2 的输出分别为 $u_{C1}=1$，$u_{C2}=0$，基本 RS 触发器被置 1，即 $Q=1$，$\overline{Q}=0$，输出 u_o 由低电平 U_{ol} 跃变到高电平 U_{oh}。电路进入第二暂稳态。

（3）返回第一暂稳态。在第二暂稳态时，u_o 为高电平 U_{oh}，所以 $\overline{Q}=0$，放电管 V 截止，电源又经 R_1 和 R_2 对电容 C 充电。当 $u_C \geq 2/3 V_{CC}$ 时，电压比较器的输出 $u_{C1}=0$，$u_{C2}=1$，基本 RS 触发器被置 0，u_o 跃变为低电平 U_{ol}，电路返回到第一暂稳态。因此，电容 C 上的电压 u_C 将在 $2/3V_{CC}$ 和 $1/3V_{CC}$ 之间来回充电放电，从而使电路产生振荡，输出矩形脉冲。

由图 6-30(b) 可知多谐振荡器的振荡周期 T 为

$$T = t_{W1} + t_{W2} \tag{6-8}$$

t_{W1}——电容 C 上的电压 u_C 由 $1/3V_{CC}$ 充到 $2/3V_{CC}$ 所需的时间，充电回路的时间常数为 $(R_1+R_2)C$，t_{W1} 可用式（6-9）估算。

$$t_{W1} = (R_1+R_2)C\ln2 \approx 0.7(R_1+R_2)C \tag{6-9}$$

t_{W2}——电容 C 上的电压 u_C 由 $2/3V_{CC}$ 放到 $1/3V_{CC}$ 所需的时间，放电回路的时间常数为 R_2C。t_{W2} 可用式（6-10）估算。

$$t_{W2} = R_2C\ln2 \approx 0.7R_2C \tag{6-10}$$

因此，由 555 定时器构成的多谐振荡器的周期 T 为

$$T = t_{W1} + t_{W2} \approx 0.7(R_2+2R_2)C \tag{6-11}$$

由此可知，多谐振荡器的振荡频率为

$$f = \frac{1}{0.7(R_1 + 2R_2)C} \tag{6-12}$$

6.5.3 555定时器构成单稳态触发器

1. 电路结构

将5G555定时器的$\overline{TR}$端（2脚）作为触发信号u_i的输入端，V管的集电极（7脚）和阈值触发端TH连在一起，通过电阻R接电源V_{CC}，组成了一个反相器，其集电极（7脚）通过电容C接地，CO控制端（5脚）通过$C_0=0.01\ \mu F$接地，便构成了图6-31(a)所示的单稳态触发器。其中，R和C为定时元件，图6-31(b)为其工作波形。

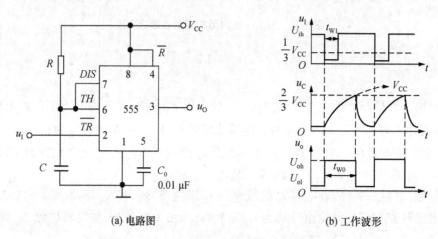

(a) 电路图　　(b) 工作波形

图6-31　由5G555定时器构成的单稳态触发器

2. 工作原理

（1）稳定状态。在没有施加触发信号u_i时，u_i为高电平U_{ih}。接通电源后，V_{CC}经电阻R对电容C进行充电，当电容上的电压u_C充到$u_C \geq 2/3V_{CC}$，电压比较器C_1输出$u_{C1}=0$，而在此时u_i为高电平，且$u_i > 1/3V_{CC}$，由电压比较器C_2输出$u_{C2}=1$，基本RS触发器置0，即$Q=0$，$\overline{Q}=1$，此时三极管V饱和导通，电容C经V迅速放完电，$U_C=0$，电压比较器C_1输出$U_{C1}=1$，这时基本RS触发器的两个输入信号都为高电平1，保持0状态不变。所以，在稳定状态时，$u_C=0$，$u_o=0$。

（2）触发进入暂稳态。当输入u_i由高电平U_{ih}跃变到小于$1/3V_{CC}$的低电平时，电压比较器C_2输出$u_{C2}=0$，由于此时$u_C=0$，因此，$u_{C1}=1$，基本RS触发器被置1，即$Q=1$，$\overline{Q}=0$ 输出u_o由低电平跃变到高电平U_{oh}。同时三极管V截止，这时电源V_{CC}经电阻R对电容C充电，电路进入暂稳态。在暂稳态期间由输入电压u_i回到高电平。

（3）自动返回稳定状态。随着电容C的充电，电容C上的电压u_C逐渐增大。当u_{C1}电压上升到$u_C \geq 2/3V_{CC}$时，电压比较器C_1的输出$u_{C1}=0$，由于此时u_i已为高电平，电压比较器C_2输出$u_{C2}=1$，基本RS触发器置0，即$Q=0$，$\overline{Q}=0$，输出u_o由高电平U_{oh}跃变

到低电平 U_{ol}。同时,三极管 V 饱和导通,C 经 V 迅速放完电,$u_C=0$,此时,电路返回稳定状态。由 555 定时器构成的单稳态触发器的输出脉冲宽度 t_w 为暂稳态维持的时间,它实际上为电容上电压 V_{CC} 由 0 V 充到 $2/3V_{CC}$ 所需要的时间,可按式(6-13)计算:

$$t_w = RC \ln \frac{V_{DD}-0}{V_{DD}-\frac{2}{3}V_{DD}} \approx 1.1RC \tag{6-13}$$

【特别提示】 (1)输出脉冲宽度 t_w 即为暂稳态维持时间,主要取决于充放电元件 R、C。

(2)由 555 定时器构成的单稳态触发器为不可重复触发器,且要求输入脉宽小于输出脉宽。

6.5.4 555 定时器构成施密特触发器

1. 电路结构

将 555 定时阈值输入端 TH(6 脚)和触发输入端 $\overline{TR}$(2 脚)连在一起,作为触发信号 u_i 的输入端,三极管 V 的集电极(7 脚)外接电阻 R 再接电源 V_{CC},输出信号 u_o 由 OUT 端(3 脚)取出,控制端经 0.01 μF 电容接地,便构成了一个反相输出的施密特触发器。电路如图 6-32 所示。

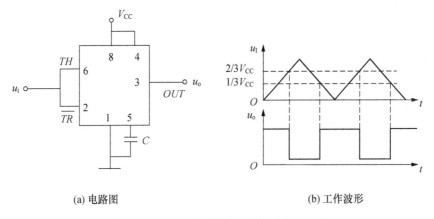

(a) 电路图   (b) 工作波形

图 6-32 由 555 定时器构成的施密特触发器

2. 工作原理

当输入 $u_i = 1/3V_{CC}$ 时,电压比较器 C_1 和 C_2 的输出 $u_{C1}=1$,$u_{C2}=0$,基本 RS 触发器置 1,即 $Q=1$,$\overline{Q}=0$,这时输出 $u_o = U_{oh}$(高电平)。

当输入 $1/3V_{CC} < u_i < 2/3V_{CC}$ 时,电压比较器 C_1 和 C_2 的输出为 $u_{C1}=1$,$u_{C2}=1$,基本 RS 触发器保持原状态不变,即输出 $u_o = U_{oh}$。

当输入 $u_i \geq 2/3V_{CC}$ 时,电压比较器 C_1 和 C_2 的输出 $u_{C1}=0$,$u_{C2}=1$,基本 RS 触发器置 0,即 $Q=0$,$\overline{Q}=1$,输出 u_o 由高电平 U_{oh} 跃变到低电平 U_{ol},即 $u_o=0$。

由以上分析可以看出,在输入 u_i 上升到 $2/3V_{CC}$ 时,电路的输出状态发生翻转。因此,由 555 定时器构成的施密特触发器的正向阈值电压 $U_{T+} = 2/3V_{CC}$。此后，u_i 再增大时，对电路的输出没有影响。

当输入 u_i 由高电平逐渐下降，且 $1/3V_{CC} < u_i < 2/3V_{CC}$ 时，电压比较器 C_1 和 C_2 的输出 $u_{C1} = 1$，$u_{C2} = 1$，基本 RS 触发器保持原状态不变，即 $Q = 0$，$\overline{Q} = 1$，输出 $u_o = U_{ol}$。

当输入 $u_i < 1/3V_{CC}$ 时，电压比较器的输出 $u_{C1} = 1$，$u_{C2} = 0$，基本 RS 触发器置 1，即 $Q = 1$，$\overline{Q} = 0$，输出 u_o 由低电平 U_{ol} 跃变到高电平 U_{oh}。

可见，当输入 u_i 下降到 $1/3V_{CC}$ 时，电路输出状态又发生另一次翻转，因此，电路的负向阈值电压 U_{T-} 为 $1/3V_{CC}$。

由以上分析可知，由 555 定时器构成的施密特触发器的回差电压为：

$$\Delta U_t = U_{T+} - U_{T-} = 1/3V_{CC} \qquad (6-14)$$

图 6-33 所示为由 555 定时器构成的施密特触发器的电压传输特性，由该特性可看出，该电路具有反相输出特性。

【例 6-1】 试对应输入波形画出如图 6-34 所示电路的输出波形。

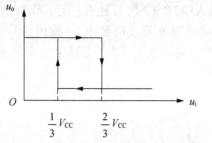

图 6-33 施密特触发器的电压传输特性

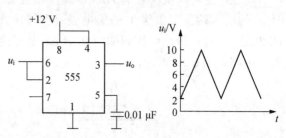

图 6-34 例 6-1 图

解：由题意分析可知，电路构成反相输出的施密特触发器

$$U_{T+} = 2/3V_{CC} = 8\text{ V}$$
$$U_{T-} = 1/3V_{CC} = 4\text{ V}$$

因此，可画出输出波形如图 6-35 所示。

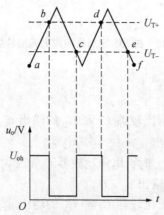

图 6-35 输出波形图

【综合应用】 简易震动式报警器。

震动式报警器的功能是判断被测物体是否发生震动，所以需要将报警器与被测物体相连接固定，如果该物体震动，报警器就会发声报警。例如，家庭防撬报警，将报警器固定于门窗边框上，若有人撬动门窗时就会发声报警；又如，用于地震的报警，将报警器放置在人们不易碰到的床底或其他大器件的下方，并与地面牢固结合，这样当有地震先兆发生小震时，报警器就会发声报警。图 6-36 所示就是简易震动式报警器的电路原理图。

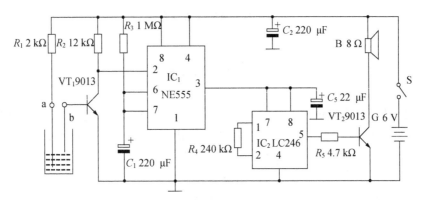

图 6-36 震动式报警器电路图

该报警器主要由自制的震动传感器、555 时基路及报警集成电路等部分组成。

时基电路 IC_1 组成典型的单稳态触发器，其暂态时间由 R_3 和 C_1 决定，平时电路处于稳定态，输出端"3"脚为低电平，报警集成电路 IC_2 失电不工作。如果自制的传感器受到震动，传感器内的盐水晃动，使触点 a、b 有短暂的接触，只要 a、b 一触碰，三极管 VT_1 立刻导通，就给 IC_1 的触发端"2"脚输入一个低电平触发信号，IC_1 立即翻转进入暂态，输出端"3"脚输出高电平，报警集成块 IC_2 得电工作，扬声器 B 就发出响亮的报警声。IC_1 进入暂态后，其内部放电管截止，"7"脚被悬空，电源就通过 R_3 向 C_1 充电，约经 $T=0.693R_3 \times C_1=2.5\min$，$C_1$ 两端电压充到 $2/3V_{DD}$，当暂态结束后，"3"脚恢复低电平，报警声响停止。当然，只要传感器不断晃动，报警声响就会持续不断地发出。

电路元件的选择是 IC_1 采用 555 等时基集成电路。IC_2 采用常州半导体厂生产的 LC246 型报警集成电路，它是 KD-9561 软封装报警集成电路。它有消防车声、救护车声、警车声、短促报警声四种模拟声响，本电路选的是消防车声。VT_1、VT_2 均可采用 9013 型硅 NPN 三极管，要求 $\beta \geq 100$。电阻全部采用 RTX-1/8W 型碳膜电阻器。电容均可用 CD11-10 V 型电解电容器。B 采用 8 Ω 小型电动扬声器。电源采用四节一号电池或用 6 V 稳压电源供电。

自制简单传感器需取用一个青霉素药瓶，内装半瓶淡盐水，触点 a、b 用 1 mm 的裸铜丝穿过瓶塞，两根铜丝一长一短，长的伸到瓶的底部，短的则刚好离开水面 1～2 mm 左右，然后用石蜡将瓶塞密封，如图 6-37 所示。

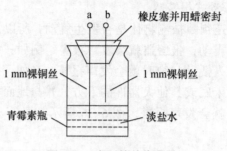

图 6-37　自制简单传感器

本 章 小 结

多谐振荡器没有稳定状态，只有两个暂稳态。暂稳态之间的相互转换完全靠电路本身电容的充放电自动完成。因此，多谐振荡器接通电源后，无须提供触发信号就能输出周期性的矩形脉冲。当改变定时元件 R、C 时，方可调节输出脉冲频率。

在要求震荡频率稳定的场合，可采用石英晶体振荡器。

单稳态触发器有一个稳定状态和一个暂稳态。其输出脉冲信号的宽度只取决于电路本身 R、C 定时元件的数值，与输入触发信号无关。输入触发信号只能起到触发电路进入暂稳态的作用。当改变定时元件 R、C 的数值时，可以调节输出脉冲的宽度。单稳态触发器可用于脉冲定时，整形，展宽等。由于单稳态触发器具有温度漂移小，工作稳定性高，脉冲宽度调节范围大，使用灵活等特点，因此，是一种较为理想的脉冲整形与变换电路。

施密特触发器有两个稳定状态，有两个不同的出发电平，因此，具有回差特性。它的两个稳定状态是靠两个不同的触发电平来维持的，输出脉冲的宽度由输入信号的波形决定。因此，调节回差电压的大小可以改变输出脉冲的宽度。

555 定时器是一种多用途的集成电路。只需外接少量阻容元件便可构成单稳态触发器、施密特触发器和多谐振荡器等。此外，它还可以构成其他的多种实用电路。由于 555 定时器使用方便、灵活，有较强的负荷能力和较高的灵敏度，因此，它在自动控制，仪器仪表，家用电器等许多方面都有着广泛的应用。除单定时器 555 外，还有双定时器 556，四定时器 558 等。

习　　题

一、单选题

1. 单稳态触发器的主要用途是（　　）。
　　A. 延时、定时、整形　　　　　　B. 延时、定时、存储
　　C. 整形、延时、鉴幅　　　　　　D. 整形、鉴幅、定时
2. 为了将正弦信号转换成与之频率相同的脉冲信号，可采用（　　）。
　　A. 多谐振荡器　　B. 施密特触发器　　C. RC 微分电路　　D. 双稳态触发器

3. 将三角波变换为矩形波，需选用（　　）。
   A. 单稳态触发器　　B. 多谐振荡器　　C. 施密特触发器　　D. RC 微分电路
4. 自动产生矩形脉冲信号的电路是（　　）。
   A. 施密特触发器　　B. 多谐振荡器　　C. T 触发器　　D. 单稳态触发器
5. 已知某电路的输入输出波形如图 6-38 所示，则该电路可能为（　　）。
   A. 多谐振荡器　　　B. 单稳态触发器
   C. T 触发器　　　　D. 施密特触发器

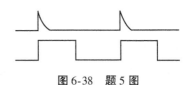

图 6-38　题 5 图

二、简答题

1. 试说明施密特触发器的工作特点和主要用途。
2. 试说明单稳态触发器的工作特点和主要用途。
3. 单稳态触发器为什么能用于定时控制和脉冲整形？

三、分析题

1. 555 定时器构成单稳态触发器如图 6-39 所示，输入如图 6-39（b）所示的电压波形。画出电容电压波形 u_C 和输出电压波形 u_o。

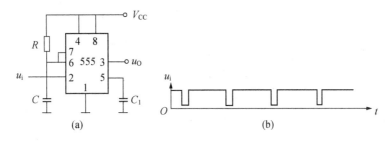

图 6-39　题 1 图

2. 试用 555 定时器设计一个单稳态触发器，要求输出脉冲宽度在 $1\sim10\,\text{s}$ 的范围内连续可调，取定时电容 $C=10\,\mu\text{F}$。

3. 555 定时器构成的电路如图 6-40（a）所示，定性画出电路的波形图。

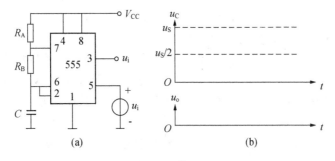

图 6-40　题 3 图

第 7 章 数/模与模/数转换

教学目标

通过学习数/模（D/A）和模/数（A/D）转换的基本概念，熟悉数/模和模/数转换特性，了解数/模和模/数转换器的工作原理及特点，掌握 R-$2R$ T 型网络 D/A 转换器，逐次逼近 A/D 转换和双积分型 A/D 转换器的工作原理、电路结构和主要技术参数。了解常用 A/D 和 D/A 集成芯片的一般使用方法。

教学要求

能力目标	知识要点	权重	自测分数
了解数/模和模/数转换的基本原理和概念	D/A 和 A/D 的基本概念和转换原理	10%	
掌握常见模/数转换器的电路结构和工作原理	权电阻网络、R-$2R$ T 型电阻网络、R-$2R$ 倒 T 型电阻网络 D/A 转换器、电子模拟开关等电路的工作原理与电路结构	40%	
掌握常见数/模转换器的电路结构和工作原理	并联比较型、逐次逼近型、双击积分 A/D 转换器等电路的工作原理和电路结构	30%	
掌握常用集成 A/D 与 D/A 转换器的应用	集成 D/A 和 A/D 转换器的应用	20%	

引 例

图 7-1 是利用双积分型 A/D 转换器进行设计制作的三位半型数字表，此电压表能够把被测电压通过 A/D 转换器转换成数字量，并且在 LED 数码管中显示出数值。

该电压表的全部显示位数为 4 位。其中，低 3 位可显示数值为 0～9 十种状态；而最高位只能表示 0 和 1 两种状态，这里将可显示全部十种状态的位数称之为全位，只能显示两种状态的数称之为半位。由此整个电压表可显示位数为 3 位半，故此得名。此种电压表可测量小电压信号，广泛应用于数字电压表、数字温度计和各种低速采集系统中。

引例中采用的 CC14433 是双积分型 A/D 转换器，它是大规模 CMOS 集成电路，广泛应用于数字电压表、数字温度计和各种低速采集系统中。当参考电压取 2 V 和 200 mV 时，输入被测模拟电压的范围分别为 0～1.999 V 和 0～1.999 mV，转换速度为 3～10 次/秒。

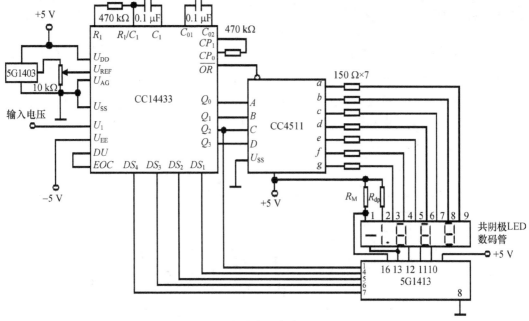

图 7-1 数字电压表电路原理图

对于数字电压表来说必须要有电源才能使其正常工作,这里采用 5G1403 作为基准电压源。它能够提供 2.5 V 高稳定度输出电压做精密电压源使用。在使用时 1 脚引入 +4.5～+15 V 电压就可以在 2 脚通过外接 4.7～10 kΩ 电位器,获得向 CC14433 提供的 $V_{REF}=2V$ 的标准参考电压。

在图 7-1 所示的电路中,反相器的选择上使用了 5G1413,其内含有 7 组达林顿结构驱动器;数字输出显示部件采用的是 CC4511,它是 BCD 七段显示译码器,其内部具有锁存器和输出驱动器;过程量报警控制使用的是 CC4013,它是双 D 触发器,这里作为过程量报警控制。

在数字电压表设计过程中 5G1403 通过可调变阻器 R_w 将输入电压转换后的电压值应为 2 V,要保证转换后的电压值不要出现太多的偏差;千位数码管的小数点阳极与 +5 V 电源连接,当扫描的是千位时,即 $DS_1=1$ 时才会被点亮。

本引例使用双积分型集成 A/D 转换器作为设计核心,那么集成 A/D 转换器具有什么样的逻辑功能才能实现数字电压显示的呢?A/D 和 D/A 转换器是如何实现数字量与模拟量之间的转换的?A/D 和 D/A 转换器如何区分及有多少分类?在实际工作中应该如何选择 A/D 和 D/A 转换器?在本章,我们将针对上述问题对 A/D 和 D/A 转换器进行分析。

7.1 D/A 转换器

数/模转换是将数字量转换为模拟量(电流或电压),使输出的模拟量与输入的数字量成正比,实现这种转换功能的电路称为数/模转换器,简称 D/A 或 DAC。数/模转换器是模拟系统和数字系统的接口电路,它在现代控制系统中的作用很大。

实现数/模转换的电路有多种形式,下面介绍比较常用的电阻网络数/模转换器。

7.1.1 权电阻网络 D/A 转换器

1. 权电阻网络 D/A 转换器的电路结构

典型的 4 位权电阻网络 D/A 转换器如图 7-2 所示，它主要由权电阻网络 D/A 转换电路、求和运算放大器和模拟电子开关三部分构成，其中权电阻网络 D/A 转换电路是核心，故此得名。该电路通过求和运算放大器，将流过各权电阻的电流相加，并转换成与输入数字量成正比的模拟电压输出。

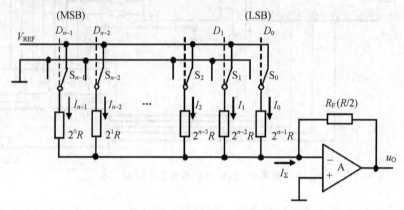

图 7-2 权电阻网络 D/A 转换器

【知识链接】 模拟电子开关是用数字电子逻辑控制模拟信号通、断的一种电路，通常是由双极型晶体管、结型场效应晶体管或金属氧化物半导体场效应管等类型组成。

2. 权电阻网络 D/A 转换电路的工作原理

所谓权电阻网络，是因为各支路权电阻值是按 4 位二进制数的位权大小取值的，最低位电阻值最大，为 2^3R，然后依次减半，最高位对应的电阻值最小，为 2^0R。各支路权电阻的上端在一起，连接到求和运算放大器的虚地端 A 点，各权电阻的下端分别通过电子模拟开关 S 连接到 1 端或 0 端。电子模拟开关 S 受输入数字信号控制，如第 3 位数字信号 $D_3 = 0$ 时，电子模拟开关 S 合向 0 端与地连接，此时没有电流流向 A 点，因此，流入节点 A 的总电流可表示为 I_Σ，其中

$$\begin{aligned} I_\Sigma &= I_0 + I_1 + I_2 + I_3 \\ &= \frac{V_{REF}}{2^3 R} D_0 + \frac{V_{REF}}{2^2 R} D_1 + \frac{V_{REF}}{2^1 R} D_2 + \frac{V_{REF}}{2^0 R} D_3 \\ &= \frac{V_{REF}}{2^3 R} (2^3 D_3 + 2^2 D_2 + 2^1 D_1 + 2^0 D_0) \end{aligned} \tag{7-1}$$

由上式可知，I_Σ 正比于输入的二进制数，所以实现了数字量到模拟量的转换。

3. 求和运算放大器的输出电压

求和运算放大器的作用是将流向 A 点的各权电阻电流求和后再转换成模拟电压，其输出电压为

$$u_o = I_F R_F = -I_\Sigma R_F = -\frac{V_{REF} R_F}{2^3 R}(2^3 D_3 + 2^2 D_2 + 2^1 D_1 + 2^0 D_0) \qquad (7\text{-}2)$$

采用运算放大器进行电压转换有两个优点：一是起隔离作用，把负荷电阻与权电阻网络相隔离，以减小负荷电阻对权电阻网络的影响；二是可以调节 R_F 的控制满刻度值（即输入数字信号为全 1）时输出电压的大小，使 D/A 转换器的输出达到设计要求。

权电阻网络 D/A 转换器可以做到 n 位，此时对应的输出电压为

$$u_o = -\frac{V_{REF} R_F}{2^{n-1} R}(2^{n-1} D_{n-1} + 2^{n-2} D_{n-2} + \cdots + 2^1 D_1 + 2^0 D_0) \qquad (7\text{-}3)$$

当取 $R_F = R/2$ 时，输出电压为

$$u_o = -\frac{V_{REF}}{2^n}(2^{n-1} D_{n-1} + 2^{n-2} D_{n-2} + \cdots + 2^1 D_1 + 2^0 D_0) \qquad (7\text{-}4)$$

其中，V_{REF} 就是电路的基准电压值。

【例 7-1】 如图 7-2 所示权电阻网络 D/A 转换器中，电阻权位关系同工作原理中所设定方式一致，若已知 $V_{REF} = -8\text{ V}$，$R_F = R/2$，则当输入不同数字量时输出电压的值也会不同，试求：

（1）当输入数字量 $D_3 D_2 D_1 D_0 = 1001$ 时，输出电压的值。

（2）当输入数字量 $D_3 D_2 D_1 D_0 = 1111$ 时，输出电压的值。

$$u_o = -\frac{-8}{2^4}(1 \times 2^3 + 0 \times 2^2 + 0 \times 2^1 + 1 \times 2^0) = 4.5\text{ V}$$

解：由于 $R_F = R/2$，将输入数字量的各位数值代入上式可求得各输出电压值为：

（1）$u_o = -\dfrac{-8}{2^4}(1 \times 2^3 + 0 \times 2^2 + 0 \times 2^1 + 1 \times 2^0) = 4.5\text{ V}$

$u_o = -\dfrac{-8}{2^4}(1 \times 2^3 + 1 \times 2^2 + 1 \times 2^1 + 1 \times 2^0) = 7.5\text{ V}$

（2）权电阻网络 D/A 转换器的优点是电路原理易于理解、电路简单，使用电阻少；但也存在两个严重缺点：一是各电阻之间应严格保持相差一半的要求；二是最大阻值和最小阻值相差很大，当输入数字量位数增多时，这种差别尤为严重。因此，要制造出能满足上述要求的高精度电阻很困难。采用 $R\text{-}2R$ T 型和 $R\text{-}2R$ 倒 T 型电阻网络 D/A 转换器，可以克服上述缺点。

7.1.2 $R\text{-}2R$ T 型电阻网络 D/A 转换器

1. $R\text{-}2R$ T 型电阻网络 D/A 转换器的电路结构

$R\text{-}2R$ T 型电阻网络 D/A 转换器原理图如图 7-3 所示，它由电阻网络、电子模拟开关和求和运算放大器三部分组成。

【特别提示】 $R\text{-}2R$ T 型电阻网络与权电阻网络相比，除电阻网络结构呈 T 型外，它只有 R 和 $2R$ 两种电阻，这对于电路实现是非常有利的。

【知识链接】 运算放大器（Operational Amplifier）是由具有高放大倍数的直接耦合放大电路组成的半导体多端器件，因其最早用于运算而得名。它可以用于求和、求差、

微分、积分、乘法、除法、对数和反对数等数学运算。

2. $R\text{-}2R$ T 型电阻网络的工作原理

在图 7-3(a) 中,当只有一个电子模拟开关 S 合向 1,而其余电子模拟开关 S 均合向 0 时,从该支路的 $2R$ 电阻向左、右看去的等效电阻均为 $2R$,故此时流过 $2R$ 电阻的电流为 $\dfrac{V_{\text{REF}}}{3R}$,且该电流流向 A 点时,每经过一节 $R\text{-}2R$ 电路,电流就减少一半。如只有开关 S_0 合向 1,即对应输入的二进制数为 $D_3D_2D_1D_0=0001$ 时,T 型电阻网络的等效电路如图 7-3(b) 所示。电流 I_0 在流向 A 点过程中,每经过一个节点 E、D、C、B 时,都被分流一半,最后流到 A 点的电流减少为 $I'_0=\dfrac{V_{\text{REF}}}{3R\cdot 2^4}D_0$。依此可推出,在输入的二进制数分别为 $D_3D_2D_1D_0=0010$、0100 和 1000 时,对应支路电流 I_1、I_2、I_3 流入 A 点的电流分别为:

$$I'_1=\dfrac{V_{\text{REF}}}{3R\cdot 2^3}D_1 \quad I'_2=\dfrac{V_{\text{REF}}}{3R\cdot 2^2}D_2 \quad I'_3=\dfrac{V_{\text{REF}}}{3R\cdot 2^1}D_3。$$

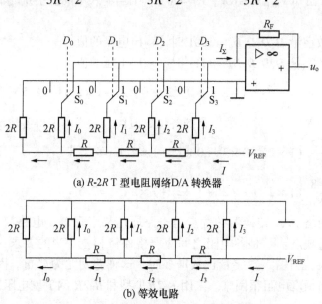

(a) $R\text{-}2R$ T 型电阻网络 D/A 转换器

(b) 等效电路

图 7-3 $R\text{-}2R$ T 型电阻网络 D/A 转换器和等效电路

依照叠加原理,流入 A 点的电流总和为

$$\begin{aligned}I_\Sigma &= I'_0+I'_1+I'_2+I'_3\\ &=\dfrac{V_{\text{REF}}}{3R\cdot 2^4}D_0+\dfrac{V_{\text{REF}}}{3R\cdot 2^3}D_1+\dfrac{V_{\text{REF}}}{3R\cdot 2^2}D_2+\dfrac{V_{\text{REF}}}{3R\cdot 2^1}D_3\\ &=\dfrac{V_{\text{REF}}}{3R\cdot 2^4}(2^3 D_3+2^2 D_2+2^1 D_1+2^0 D_0)\end{aligned} \qquad (7\text{-}5)$$

由此可知,I_Σ 正比于输入的二进制数,实现了数字量转换为模拟量。

3. 求和运算放大器的输出电压

$$u_o = i_F R_F = -I_\Sigma R_F$$
$$= -\frac{V_{REF} \cdot R_F}{3R \cdot 2^4}(2^3 D_3 + 2^2 D_2 + 2^1 D_1 + 2^0 D_0) \qquad (7\text{-}6)$$

当输入为 n 位二进制数时,则有:

$$u_o = -\frac{V_{REF} \cdot R_F}{3R \cdot 2^n}(2^{n-1} D_{n-1} + 2^{n-2} D_{n-2} + \cdots + 2^1 D_1 + 2^0 D_0) \qquad (7\text{-}7)$$

当取 $R_F = 3R$ 时,则有:

$$u_o = -\frac{V_{REF}}{2^n}(2^{n-1} D_{n-1} + 2^{n-2} D_{n-2} + \cdots + 2^1 D_1 + 2^0 D_0) \qquad (7\text{-}8)$$

7.1.3 $R\text{-}2R$ 倒 T 型电阻网络 D/A 转换器

1. $R\text{-}2R$ 倒 T 型电阻网络 D/A 转换器的电路结构

$R\text{-}2R$ 倒 T 型电阻网络 D/A 转换器的原理如图 7-4 所示,它由电阻网络、电子模拟开关和求和运算放大器三部分组成。

【特别提示】 和 T 型电阻网络相比,$R\text{-}2R$ 倒 T 型网络不仅是把 T 型电阻网络倒置,而且它的电子模拟开关的接法也不同。

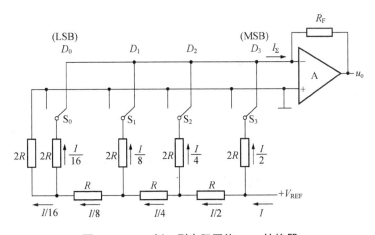

图 7-4 $R\text{-}2R$ 倒 T 型电阻网络 D/A 转换器

2. $R\text{-}2R$ 倒 T 型电阻网络 D/A 转换器的工作原理

在 $R\text{-}2R$ 倒 T 型电阻网络中,各位电子模拟开关 S 在输入的数字量 $D = 1$ 时,合向位置 1,将相应的 $2R$ 支路连接到求和运算放大器的虚地端;在 $D = 0$ 时,合向位置 0,将相应的 $2R$ 支路连接到地。因此,各 $2R$ 支路上端都等效为接地,其等效电路如图 7-5 所示。所以,不论开关的状态如何,各支路的电流大小不变,开关的状态仅仅决定电流是流向求和运算放大器的虚地端还是流向地端。由图 7-5 还可看出,从电路的 A、B、C 节点向左看去,各节点对地的等效电阻均为 $2R$,故基准电压 V_{REF} 输出的电流恒为 $I = V_{REF}/R$,并且每经过一个 $2R$

电阻,电流就被分流一半,因此,从输入数字信号的高位到低位,流过 4 个 $2R$ 电阻的电流分别为 $I_3 = I/2$, $I_2 = I/4$, $I_1 = I/8$, $I_0 = I/16$。所以,流入求和运算放大器的电流为

$$I_\Sigma = \frac{I}{2}D_3 + \frac{I}{4}D_2 + \frac{I}{8}D_1 + \frac{I}{16}D_0$$

$$= \frac{V_{\text{REF}}}{R \cdot 2^4}(2^3 D_3 + 2^2 D_2 + 2^1 D_1 + 2^0 D_0) \qquad (7\text{-}9)$$

由式(7-9)可知 R-$2R$ 倒 T 型电阻网络实现了数字量到模拟量的转换。

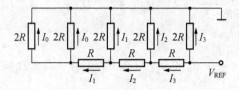

图 7-5 R-$2R$ 倒 T 型电阻网络的等效电路

3. 求和运算放大器的输出电压

当取 $R_F = R$ 时,求和运算放大器的输出电压同 T 型电阻网络 D/A 转换器一样,即

$$u_o = -\frac{V_{\text{REF}}}{2^4 R}(2^3 D_3 + 2^2 D_2 + 2^1 D_1 + 2^0 D_0)$$

$$= -\frac{V_{\text{REF}}}{2^4}(2^3 D_3 + 2^2 D_2 + 2^1 D_1 + 2^0 D_0) \qquad (7\text{-}10)$$

倒 T 型电阻网络由于流过各支路的电流恒定不变,故在开关状态变化时,不需要电流建立时间,所以,该电路转换速度高,在数/模转换器中广泛采用。

7.1.4 电子模拟开关

1. 电子模拟开关电路的结构

图 7-6 是一个 CMOS 电子模拟开关电路,它由两级 CMOS 反相器产生两路反相信号,各自控制一个 NMOS 开关管,实现模拟单刀双掷的开关功能。图 7-6 中的 $V_1 \sim V_3$ 是一个电平转移电路,使输入信号能与 TTL 门电平兼容,V_4、V_5 和 V_6、V_7 为两级 CMOS 反相器,用于控制开关管 V_8 和 V_9。

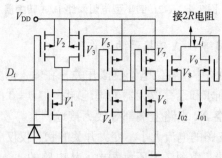

图 7-6 CMOS 电子模拟开关

【知识链接】 MOS 管分为 NMOS 和 PMOS 两种，属于单极型三极管，由 NMOS 和 PMOS 共同组成的电路称为 CMOS，这里 MOS 管的作用是作为开关管和构成反相器来使用。

2. 电子模拟开关的工作原理

当输入数字信号 $D_i=1$ 时，V_1 截止，V_3 导通，V_3 输出为低电平 0，经 V_4、V_5 组成的第一级反相器后输出高电平，使 V_9 导通；同时第一级反相器输出的高电平再经 V_6、V_7 组成的第二级反相器后输出低电平，使 V_8 截止。此时，$2R$ 支路经导通管 V_9 接向位置 1。反之当输入数字信号 $D_i=0$ 时，V_8 导通，V_9 截止，$2R$ 支路被连到位置 0。由此，实现了单刀双掷开关的作用，符合 D/A 转换的要求。

7.1.5 D/A 转换器的主要参数

1. 分辨率

分辨率是指 D/A 转换器模拟输出的最小电压与最大输出电压之比。最小输出电压就是对应于输入数字量最低位（LSB）为 1，其余位均为 0 时的输出电压，记为 U_{LSB}，最大输出电压就是对应于输入数字量各位均为 1 时的输出电压，记为 U_{FSR}，对于一个 n 位的 D/A 转换器，其分辨率可表示为

$$分辨率 = \frac{U_{LSB}}{U_{FSR}} = \frac{1}{2^n - 1} \tag{7-11}$$

可以看出，分辨率的数值与转换器输入数字量的有效位数成反比，即数字量的有效位数越多，则分辨率的数值越小，分辨力越强。

【特别提示】 在实际应用中常用输入数字量的有效位数来表示分辨率，如 12 位 D/A 转换器，其分辨率为 12。

2. 转换精度

转换精度分为绝对精度和相对精度。D/A 转换器的实际输出值与理论计算值之差，称为绝对精度，通常用最小输出电压的倍数表示，如 $1/2U_{LSB}$，表示输出值与理论值的误差为最小输出电压的 1/2。相对精度是绝对精度与最大输出电压之比，通常用百分数表示。

3. 转换时间

D/A 转换器从接收数字量开始到输出电压达到稳定值所需要的时间称为转换时间，它反映了 D/A 转换器的转换速度。

7.1.6 集成 D/A 转换器及其应用

集成 D/A 转换器有两类：一类是内部仅有电阻网络和电子模拟开关两部分，常用于一般的电路中；另一类是内部除有电阻网络和电子模拟开关外，还带有数据锁存器，并具有片选控制和数据输入控制端。便于和分数处理器进行接口的 D/A 转换器，多用于计

算机控制系统中。

根据 DAC 的位数和转换速度不同，集成 D/A 转换芯片有多种型号，如 DAC0832、DAC0830、DAC0831、AD7524 等都是 8 位 D/A 转换芯片。

图 7-7 所示为 D/A 集成芯片 DAC0832（DAC0830、DAC0831）的内部结构图，从图中可以看出，DAC0832 由 8 位输入锁存器、8 位 DAC 寄存器和 8 位 D/A 转换器三大部分组成。I_{LE} 控制的 DAC 输入锁存器与 $\overline{WR_2}$、$\overline{X_{FER}}$ 控制的 DAC 寄存器，实现输入信号的两次缓冲，因此，使用时有较大的灵活性，可以根据需要换成不同的工作方式。DAC0832 采用的是 R-2R 倒 T 型电阻网络电流输出，没有求和运算放大器，使用时需外接运算放大器。芯片中设置了负反馈电阻 R_{FB}，只需要将芯片的第 9 脚接到运算放大器的输出端即可。但若运算放大器的放大倍数不够可外接电位器以利调节。图 7-8 是 DAC0832 的外部引脚图。

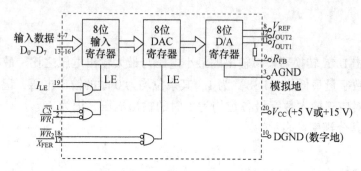

图 7-7　D/A 集成芯片 DAC0832（DAC0830、DAC0831）的内部结构图

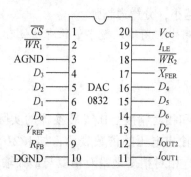

图 7-8　DAC0832 管脚排列图

DAC0832 芯片各引脚功能说明如下。

$\overline{CS}$（1 脚）——片选信号，输入低电平有效。

I_{LE}（19 脚）——输入锁存器允许信号。若 I_{LE} 为 1，则 Q 输出跟随 D 输入；若 I_{LE} 为 0，则输入被锁存。

$\overline{WR_1}$（2 脚）——输入数据选通信号，输入低电平有效。

$\overline{WR_2}$（18 脚）——数据传送选通信号，输入低电平有效。

$\overline{X_{FER}}$（17 脚）——数据传送选通信号，低电平有效。

$DI_0 \sim DI_7$（4~7、13~16 脚）——8 位输入数据信号。

I_{OUT1}（11 脚）——DAC 输出电流 1，此输出信号一般作为运算放大器反相输入端信号。

I_{OUT2}（12 脚）——DAC 输出电流 2，此输出信号一般作为运算放大器的同相输入端信号，通常接地。

V_{REF}（8 脚）——基准电压。一般可在 $-10\text{ V} \sim +10\text{ V}$ 范围内选取。

V_{CC}（20 脚）——供电电压。可在 $+5\text{ V} \sim +15\text{ V}$ 范围内选取。

DGND（3 脚）——数字电路接地端。

AGND（10 脚）——模拟电路接地端。

DAC0832 在应用中有三种方式：双缓冲型、单缓冲型和直通型，如图 7-9 所示。

从图 7-9(a) 中可以看出，首先将 $\overline{WR_1}$ 接低电平，将输入数据先锁存在输入寄存器中，当需要转换时，再将 $\overline{WR_2}$ 接低电平，将锁存器中的数据送入 DAC 寄存器中，并进行转换。这种工作方式称为双缓冲型方式。

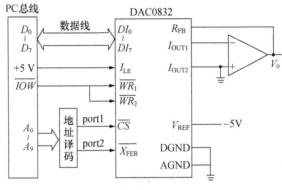

(a) 双缓冲型

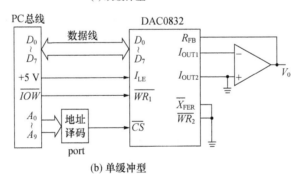

(b) 单缓冲型

图 7-9　DAC0832 的工作方式

从图 7-9(b) 中可以看出，DAC 寄存器处于常通状态，当需要转换时，将 $\overline{WR_1}$ 接低电平，使输入数据经过输入寄存器直接存入 DAC 寄存器中，并进行转换。这种工作方式是通过控制 DAC 寄存器的锁存，达到两个寄存器同时选通及锁存的效果，称为单缓冲型工作方式。

当两个寄存器均处于常通状态，输入数据直接经两个寄存器到达 DAC 进行转换，称为直通型工作方式。

7.2 A/D 转换器

模/数转换是将模拟电量转换为数字量，使输出的数字量与输入的模拟电量成正比。实现这种转换功能的电路称为模/数转换器，简称 A/D 或 ADC。它是模拟系统到数字系统的接口电路。A/D 转换器在进行转换期间，要求输入的模拟量保持不变，因此，在对连续变化的模拟信号进行模/数转换前，需要对模拟信号进行取样，在样值保持期间内完成对样值的量化和编码，最后输出数字信号。因此，A/D 转换器的工作过程分为取样、保持、量化和编码 4 个步骤。

7.2.1 A/D 转换器的基本原理

1. 取样与保持

取样是将随时间连续变化的模拟信号转换为离散模拟信号。取样过程如图 7-10 所示。

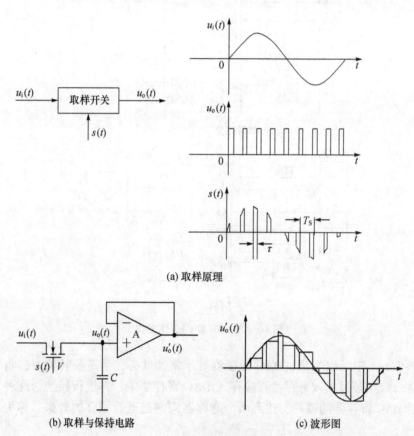

图 7-10 取样原理及波形

模拟信号经取样后，就转换为在时间上断续，在幅度上等于取样时间内模拟信号大小的一串脉冲（离散模拟信号）。

图 7-10(a) 为取样开关，它是一个受取样脉冲 u_S 控制的电子模拟开关，其工作波形如图 7-10(c) 所示。

在 u_S 为高电平期间，即在 t_W 内，电子模拟开关 S 闭合，输出电压等于输入电压，即 $u_o = u_i$。

在 u_S 为低电平期间，开关 S 断开，输出电压 $u_o = 0$。当取样电压 u_S 按一定频率变化时，输入模拟信号被抽取为一串样值脉冲，显然，取样频率 f_S 越高，在有限时间内采集到的样值脉冲就越多，那么输出脉冲的包络线就越接近输入的模拟信号。

采样定理：输入的模拟信号的最高频率分量为 f_{max}，采样信号频率为 f_S，如果 $f_S \geq 2f_{max}$，则可以无失真地复现输入信号。

由于 A/D 转换需要一定时间，因此，在每次取样结束后，应保持取样电压值在一定的时间内不变，直到下一次取样开始，这就需要取样后加上保持电路，实际取样与保持电路是做成一个电路，如图 7-10(b) 所示。图中 NMOS 管作为电子模拟开关，受控于取样脉冲 u_S，其周期为 T_S，C 为存储样值的电容，要求品质好，漏电小；运算放大器构成电压跟随器，要选用高输入阻抗的运算放大器。

电路的工作过程是：当 $u_S = 1$ 时，NMOS 管导通，u_i 对 C 充电。由于 C 很小，充电很快，使电容上的电压跟随输入电压 u_i 变化，因此在 t_W 期间，$u_C = u_i$。当 $u_S = 0$ 时，NMOS 截止，由于跟随器输入阻抗很高，可视为开路，电容没有放电回路，故保持电压不变，直到下一个取样脉冲到来。若输出电压 u_o，则始终随电容上的电压变化。在这一过程中，电容在保持期的电压为取样脉冲由 1→0 时刻输入模拟电压的瞬时值，保持时间为 $T_S - t_W$。取样波形如图 7-10(c) 所示。

2. 量化与编码

模拟信号经取样、保持电路后，得到了连续模拟信号的样值脉冲，它们是连续模拟信号在给定时刻上的瞬时值，还不是数字信号。接下来，还要进一步把每个样值脉冲转换成与它的幅度成正比的数字量，才算完成了模拟量到数字量的转换。当用数字量表示输入模拟电压 u_i 的大小时，首先要确定一个单位电压值，然后用 u_i 与单位电压值比较，取比较值的整数倍表示 u_i，这一过程就是量化。如果这个整数倍值用二进制表示，就称为二进制编码，它就是 A/D 转换输出的数字信号。这里用作比较的单位电压称为量化单位，用 Δ 表示，显然，Δ 的大小就表示数字信号中最低位 1 对应的输入模拟电压的大小。由于取样得到的样值脉冲的幅度是模拟信号某时刻的瞬时值，它们不可能都正好是量化单位 Δ 的整数倍，在量化时，非整数倍部分的余数被舍去，因此，必然会产生一定的误差，这个误差称为量化误差。

量化误差的大小与转换输出的二进制码的位数不仅和基准电压 V_{REF} 的大小有关，还和如何划分量化电平有关。

例如，取基准电压 $V_{REF} = 1$ V，量化输出为 3 位二进制码时，可把基准电压 V_{REF} 平均分为 8 份，即量化单位 $\Delta = 1/8 V_{REF}$，并规定：

(1) 当样值电压 u_i,在 $0 \leq u_i < 1/8V_{REF}$ 时,输入的模拟电压为 $0\Delta = 0$ V,对应的输出二进制数为 000;

(2) 当样值电压 u_i,在 $1/8V_{REF} \leq u_i < 2/8V_{REF}$ 时,输入的模拟电压为 $1\Delta = 1/8V_{REF}$,对应输出二进制数为 001;其余类推,如图 7-11 所示。

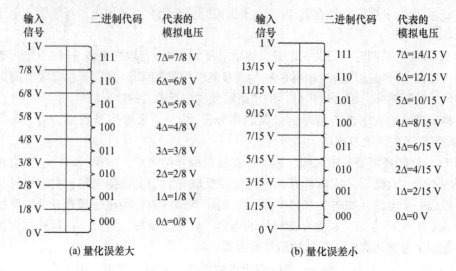

图 7-11 划分量化电平的两种方法

显然,这种量化电平的划分,其最大误差为 $\Delta = 1/8V_{REF}$,由于当输入的模拟样值电压 $u_i > V_{REF}$ 时,输出的二进制数都是 111,不再变化,因而导致输出错误。因此,实际中基准电压不能小于输入模拟量的最大值,应使 $V_{REF} \geq u_{Imax}$,同时,V_{REF} 也不能取得过大,一般取 V_{REF} 略大于 u_{Imax} 即可。在 V_{REF} 确定后,输入模拟电压的最大值不会超过。

由于图 7-11(a) 量化电平的划分方法误差较大,为了减小量化误差,可采用如图 7-11(b)所示的量化电平的划分方法。取基准电压 $V_{REF} = 15$ V,量化单位 $\Delta = 2/8V_{REF}$,并做如下规定。

(1) 当样值电压 u_i,在 $0 \leq u_i < 1/15V_{REF}$ 时,输入的模拟电压为 $0\Delta = 0$ V,对应输出的数量为 000。

(2) 当样值电压 u_i,在 $1/15V_{REF} < u_i \leq 3/15V_{REF}$ 时,输入的模拟电压为 $1\Delta = 2/15V_{REF}$,对应输出的数字量为 001;依次类推。

如此,每个输出的二进制数对应的输入模拟电压与它的上下两个电平划量之差的最大值为 $1/2\Delta = 1/15V_{REF}$。显然这种划分电平的方法比较前一种,其最大量化误差减少了一半,因而实际采用的都是后一种划分方法。无论如何划分量化电平,量化误差都不可避免。量化级数越多,量化误差越小,这就意味着输出二进制数的位数增多,电路更复杂。因此,在实际应用中,要根据实际要求来选择 A/D 转换器的位数。

【知识链接】 编码就是将若干个 0 和 1 按照一定规律编排起来的过程。编码种类很多,包括二进制编码、八进制编码、十进制编码及十六进制编码等。数字电路中通常采用二进制编码或者二—十进制编码。

7.2.2 并联比较型 A/D 转换器

并联比较型 A/D 转换器是直接转换型 A/D 转换器。图 7-12 所示为一个 3 位并联比较型 A/D 转换器的原理图,它由基准电压、分压器、电压比较器、寄存器和优先编码器组成。图中的 8 个电阻将基准电压 V_{REF} 分成 8 个等级,其中 7 个等级的电压分别作为 7 个电压比较器 $C_1 \sim C_7$ 的参考电压,其数值分别为 $1/15V_{REF} \sim 13/15V_{REF}$。输入电压 u_i 的大小决定各电压比较器的输出状态,电压比较器的输出再经寄存器送到优先编码器,完成二进制编码,从而输出 3 位二进制数,实现模拟量到数字量的转换。表 7-1 是 3 位并联比较型 A/D 转换器的真值表。

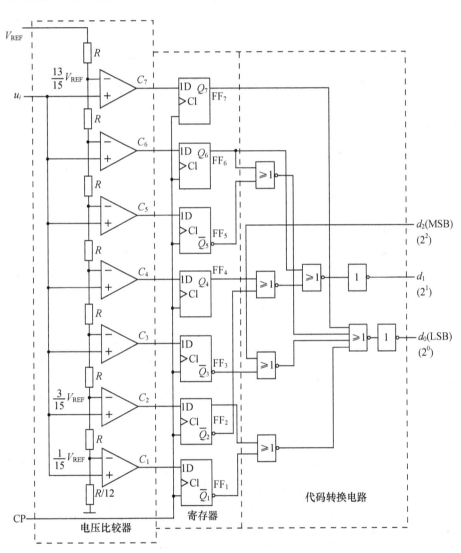

图 7-12　3 位并联比较型 A/D 转换器

表 7-1 位并联比较型 A/D 转换器真值表

输入模拟电压 u_i	寄存器状态 $Q_7Q_6Q_5Q_4Q_3Q_2Q_1$	代码输出 $D_2D_1D_0$
$0 < u_i \leq (1/15) V_{REF}$	0 0 0 0 0 0 0	0 0 0
$(1/15) V_{REF} < u_i \leq (3/15) V_{REF}$	0 0 0 0 0 0 1	0 0 1
$(3/15) V_{REF} < u_i \leq (5/15) V_{REF}$	0 0 0 0 0 1 1	0 1 0
$(5/15) V_{REF} < u_i \leq (7/15) V_{REF}$	0 0 0 0 1 1 1	0 1 1
$(7/15) V_{REF} < u_i \leq (9/15) V_{REF}$	0 0 0 1 1 1 1	1 0 0
$(9/15) V_{REF} < u_i \leq (11/15) V_{REF}$	0 0 1 1 1 1 1	1 0 1
$(11/15) V_{REF} < u_i \leq (13/15) V_{REF}$	0 1 1 1 1 1 1	1 1 0
$(13/15) V_{REF} < u_i \leq V_{REF}$	1 1 1 1 1 1 1	1 1 1

并联比较型 A/D 转换器的转换速度极快,是各种 A/D 转换器中速度最快的一种,但它的电路复杂,所用比较器和触发器数量多,成本高、价格贵,一般多用于要求转换速度很高的场合。

7.2.3 逐次逼近型 A/D 转换器

1. 逐次逼近型 A/D 转换器的电路结构

逐次逼近型 A/D 转换器也是直接转换型 A/D 转换器。如图 7-13 所示为一个 3 位逐次逼近型 A/D 转换器的原理图,它由一个 3 位 D/A 转换器、3 位逐次逼近寄存器 $FF_6 \sim FF_8$、一个环形移位寄存器 $FF_1 \sim FF_5$ 和一个电压比较器以及相应的控制逻辑电路组成。

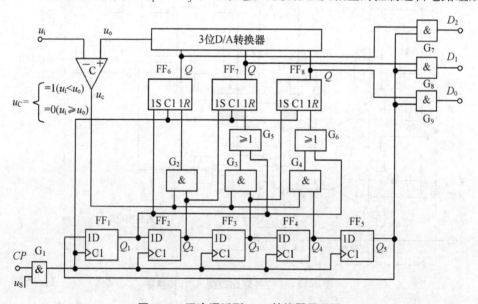

图 7-13 逐次逼近型 A/D 转换器原理图

2. 逐次逼近型 A/D 转换器的工作原理

（1）第 1 个时钟脉冲 CP 作用后，$FF_6 \sim FF_8$ 被置为 $Q_6Q_7Q_8=100$，经 D/A 转换后输出一个模拟电压 u_o。之后，再将 u_o 送到电压比较器与输入的模拟电压 u_i 进行比较，比较结果 u_C 反馈到控制逻辑电路去控制 FF_6 输出的 1，看是否保留。若 $u_C=0$，则保留；若 $u_C=1$，则去掉。同时，环形移位寄存器右移一位，使 $Q_1Q_2Q_3Q_4Q_5=01000$，由于 $Q_5=0$，故无代码输出。此时，逐次逼近寄存器各触发器的输入信号变为 $S_7=1$、$R_7=0$、$S_8=0$、$R_8=0$、$S_6=0$，而 R_6 则由 u_C 的状态决定。

（2）第 2 个时钟脉冲 CP 作用后，FF_7 被置为 1，FF_8 保持 0 态，而 FF_6 的状态则由 u_C 决定。如果 $u_C=1$，则 $R_6=1$，使 FF_6 置 0；如果 $u_C=0$，则 $R_6=0$，FF_6 保持 1 不变。同时，环形移位寄存器再右移一位，使 $Q_1Q_2Q_3Q_4Q_5=00100$，由于 $Q_5=0$，故仍无代码输出。此时，$FF_6 \sim FF_8$ 各触发器的输入信号变为 $R_6=S_6=0$，$S_8=1$、$R_8=0$，$S_7=0$，而 R_7 则由 u_C 的状态决定。

（3）第 3 个时钟脉冲 CP 作用后，FF_8 被置 1，FF_6 保持不变，而 FF_7 的状态则由 u_C 决定。如果 $u_C=1$，则 FF_7 置 0；如果 $u_C=0$，则 FF_7 保持 1 不变。同时，环形移位寄存器再向右移一位，使 $Q_1Q_2Q_3Q_4Q_5=00010$，由于 $Q_5=0$，故无代码输出。此时，$FF_6 \sim FF_8$ 各触发器的输入信号变为 $R_6=S_6=0$，$S_7=R_7=0$，$S_8=0$，而 R_8 则由 u_C 的状态决定。

（4）第 4 个时钟脉冲 CP 作用后，FF_6 和 FF_7 都保持不变，FF_8 则由 u_C 的状态决定。如果 $u_C=1$，则 FF_8 置 0；如果 $u_C=0$，则 FF_8 保持 1 不变。同时，环形移位寄存器再向右移一位，使 $Q_1Q_2Q_3Q_4Q_5=00001$。此时，$Q_5=1$，将输出门 $G_7 \sim G_9$ 打开，转换结果输出，使 $D_2D_1D_0=Q_6Q_7Q_8$。

（5）第 5 个脉冲作用后，环形移位寄存器再右移一位，复位为初始的状态，$Q_1Q_2Q_3Q_4Q_5=10000$，同时 u_S 将逐次逼近寄存器复位，为进行新的模数转换做好准备。

由以上分析可知，一个 n 位逐次逼近型 A/D 转换器完成一次转换要进行 n 次比较，需要 $n+2$ 个时钟脉冲，其转换速度较慢，属于中速 A/D 转换器。但由于电路简单、成本低，因此被广泛使用。

7.2.4 双积分型 A/D 转换器

1. 双积分型 A/D 转换器的电路结构

双积分型 A/D 转换器是一种间接型 A/D 转换器，它由基准电压 V_{REF}、积分器、比较器、计数器和定时触发器组成。如图 7-14 所示。

2. 双积分型 A/D 转换器的工作原理

双积分型 A/D 转换器的基本原理是，对输入模拟电压 u_i 和参考电压 V_{REF} 分别进行积分，将两次电压平均值分别变换成与之成正比的时间间隔，然后，利用时钟脉冲和计数器测出此时间间隔，通过运算得到相应的数字量输出。该电路具有很强的抗干扰能力，在数字测量电路中得到广泛应用。

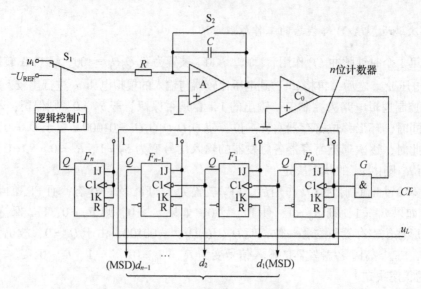

图 7-14 双积分型 A/D 转换器

转换开始前,控制信号 u_S 为低电平,它使开关 S_1 断开,使积分电容上没有电荷,积分器输出 $u_o=0$,比较器输出 $u_C=0$;同时,将计数器和定时触发器复位,定时触发器的输出 $Q_n=0$,使开关 S_2 合向模拟信号输入端,做好转换的准备。

(1) 第一次积分。当转换控制信号 $u_S=1$ 时,转换开始。此时,S_1 断开,积分电路开始第一次对 u_i 积分,u_i 经比较器后输出一个高电平,即 $u_C=1$,把门 G_1 打开,计数器对周期为 T_C 的时钟脉冲 CP 开始计数。在此期间,由于输入信号 u_i 是一个常数,因此积分器的输出电压为

$$u_o(t) = -\frac{1}{RC}\int_0^t u_i dt = -\frac{u_i}{RC}t \tag{7-12}$$

对应的积分器输出波形见图 7-15 中 u_o 波形的 $0 \sim t_1$ 段。当计数器计到 2^n 个时钟脉冲时,计数器计满复位回到初始的 0 状态,同时送出一个脉冲,使定时触发器翻转,$Q_n=1$,控制开关 S_2 合向基准电压 $-V_{REF}$。此时,第一次积分结束,对应的时间为 T_1,可知 $T_1=2^n T_C$,代入式 (7-12) 中,得到输出电压为

$$u_o(t_1) = -\frac{u_i}{RC} \cdot 2^n T_C \tag{7-13}$$

由于 $T_1=2^n T_C$ 为定值,因此第一次对 u_i 的积分称为定时积分。

(2) 第二次积分。第一次积分结束后,S_2 合向 $-V_{REF}$,开始第二次对 $-V_{REF}$ 的积分。因为 $-V_{REF}$ 与 u_i 极性相反,所以第二次积分为反向积分,电容以恒定电流 $-\frac{V_{REF}}{R}$ 放电,放电初始电压为 $-\frac{u_i}{RC} \cdot 2^n T_C$,积分器输出电压为

$$u_o(t) = u_o(t_1) - \frac{1}{C}\int_{t_1}^t \left(-\frac{V_{REF}}{R}\right)dt$$

$$= -\frac{u_i}{RC} \cdot 2^n T_C + \frac{V_{REF}}{RC}(t-t_1) \tag{7-14}$$

对应的积分器输出波形见图7-15中u_o波形的$T_1 \sim T_2$段。

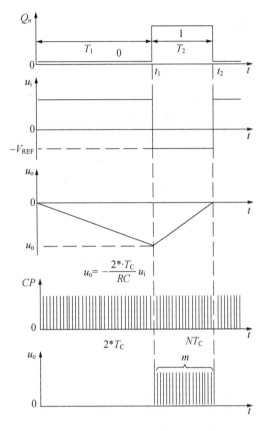

图7-15 双积分A/D转换器工作波形

由于积分器输出小于0，比较器输出仍然为高电平$u_C = 1$，故计数器同时从0态开始重新计数，直到电容器电荷放完。当积分器输出电压达到0 V时，比较器输出电压为低电平，即$u_C = 0$，将G_1门关闭，计数器停止计数，这时的计数值记为N，对应于时间T_2，由此得到在T_2时刻积分器的输出电压为

$$u_o(t_2) = -\frac{u_i}{RC} \cdot 2^n T_C + \frac{V_{REF}}{RC}(t_2 - t_1) = 0 \qquad (7-15)$$

式中$t_2 \sim t_1$为第二次积分的时间，记为T_2，则$T_2 = NT_C$，代入式（7-15），整理后得

$$N = \frac{2^n}{V_{REF}} \cdot u_i \qquad (7-16)$$

式（7-16）说明，第二次积分结束后，计数值N与输入的模拟电压u_i成正比，从而实现了模拟量到数字量的转换。计数器的输出就是A/D转换输出的二进制数，因此，计数器的位数就是A/D转换器的位数。由于进行了正反两次积分，故称为双积分型A/D转换器。

应当指出，只有V_{REF}与u_i极性相反，转换结果才是正确的，否则会产生溢出，导致错误输出的结果。

由于双积分型A/D转换器转换一次要进行两次积分，因此它的转换时间长、工作速度慢，但它的电路结构简单、转换精度高、抗干扰能力强，常用于低速场合。

7.2.5 A/D 转换器的主要参数

1. 分辨率

分辨率是指当 A/D 转换器输出数字量的最低位变化一个数码时，对应输入模拟的变化量。显然 A/D 转换器的位数越多，分辨率最小模拟电压的值就越小，分辨率就越高。例如，一个最大输入电压为 5 V 的 8 位 A/D 转换器，所能分辨的最小输入电压为 $5\,V/2^8 = 19.53\,mV$。而同样输入电压的 10 位 A/D 转换器，其分辨率为 $5\,V/2^{10} = 4.88\,mV$，因此，一个 n 位 A/D 转换器，其分辨率也可以说是 n 位，它是一个重要的设计参数。

2. 绝对精度

绝对精度是指 A/D 转换器实际输出数字量与理论输出数字量之间的最大差值，通常用最低有效位 LSB 的倍数来表示。例如，绝对精度不大于 1/2 LSB，说明实际输出数字量的最大误差不超过 1/2 LSB。

3. 转换速度

转换速度是指 A/D 转换器完成一次转换所需要的时间，即从转换开始到输出端出现稳定的数字信号所需要的时间。并联型 A/D 转换速度最高，约为 10 ns；逐次逼近型 A/D 转换器约几十微秒，最高可达 0.4 微秒；双积分型 A/D 转换器最慢，约为几十毫秒。

7.2.6 集成 A/D 转换器及其应用

集成 A/D 转换器种类很多，如从使用角度上可分为两大类：一类在电子电路中使用，不带使能控制端；另一类带有使能控制端，可与计算机相连。

1. ADC0804 A/D 转换器

ADC0804 是逐次逼近型单通道 CMOS 型 8 位 A/D 转换器，其转换时间小于 100 μs，电源电压 +5 V，输入输出都和 TTL 兼容，输入电压范围 0～5 V 模拟信号，内部含有时钟电路，图 7-16 为 ADC0804 的管脚排列图。

ADC0804 芯片上各管脚的名称和功能说明如下：

$\overline{CS}$（1 脚）——片选信号，输入低电平有效；

$\overline{RD}$（2 脚）——输出数字信号，输入低电平有效；

$\overline{WR}$（3 脚）——输入选通信号，输入低电平有效；

CLK（4 脚），$CLKR$（19 脚）——时钟脉冲输入；

$\overline{INTR}$（5 脚）——中断信号输出（低电平有效）；

V_{IN+}（6 脚）、V_{IN-}（7 脚）——模拟电压输入；

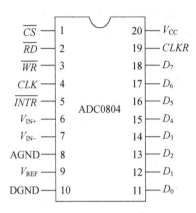

图 7-16　ADC0804 管脚排列图

AGND（8 脚）——模拟电路接地端；
$V_{REF/2}$（9 脚）——基准电压输入；
DGND（10 脚）——数字电路接地端；
$D_7 \sim D_0$（11～18 脚）——8 位数字信号输出；
V_{CC}（20 脚）——直流电源 5 V。

2. ADC0804 的应用

图 7-17 是 ADC0804 的典型应用电路。图中 4 脚和 19 脚外接 RC 电路，与内部时钟电路共同形成电路的时钟，其时钟频率 $f = (1/1.1)\ RC = 640\ \text{kHz}$，对应转换时间约为 100 μs。

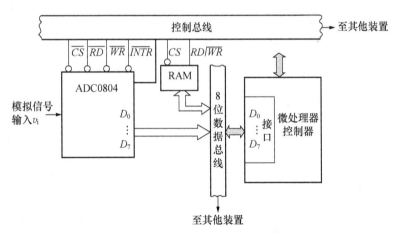

图 7-17　ADC0804 的典型应用电路

电路的工作过程是，计算机给出片选信号（$\overline{CS}$ 低电平和选通信号 $\overline{WR}$ 低电平），使 A/D 转换器启动工作，当转换数据完成时，转换器的 $\overline{INTR}$ 向计算机发出低电平中断信号，计算机接受后发出输出数字信号（$\overline{RD}$ 低电平），则转换后的数字信号便出现在 $D_0 \sim D_7$ 数据端口上。

【综合应用】 利用 ADC0809 与单片机制作数字电压表。

利用 ADC0809 的工作特性,利用单片机和 ADC0809 制作一款数字电压表,该电压表可以测量 0~5 伏的电压值,并且通过 4 位 LED 数码管显示出电压值。

设计过程:数字电压表电路图如图 7-18 所示。把单片机系统中的 P1 端口、P2 端口分别连接到两个数码显示管上,作为数码管的位段选择;P0 端口连接到 ADC0809 输入待转换数据,并将转换完毕的数据返回到单片机的 P0 端口。分别将 ADC0809 的 V_{REF+} 连接到 V_{CC} 上;ST 端连接到单片机的 P3.0 上;OE 端子连接到单片机的 P3.1 上;EOC 连接到单片机的 P3.2 上;CLK 连接单片机的 P3.2 上。

【特别提示】 由于 ADC0809 在进行 A/D 转换时需要有 CLK 信号,而此时的 ADC0809 的 CLK 是接在 AT89S51 单片机的 P3.3 端口上,也就是要求从 P3.3 输出 CLK 信号供 ADC0809 使用。因此产生 CLK 信号的方法就得用软件来产生了。并且由于 ADC0809 的参考电压 $V_{REF+} = V_{CC}$,所以转换之后的数据要经过数据处理,在数码管上显示出电压值。

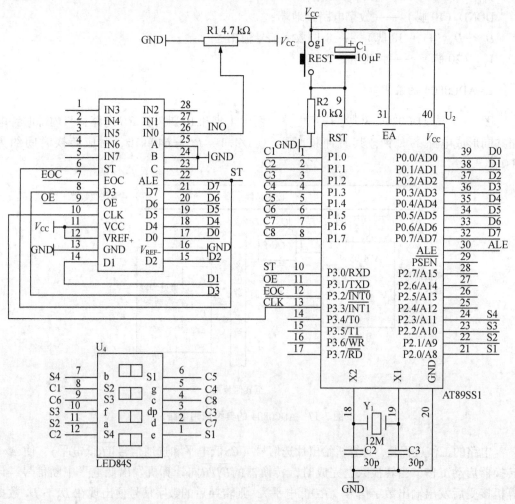

图 7-18 数字电压表电路图

本章小结

D/A 转换器是将输入的二进制数字量转换成与之成正比的模拟电量,实现数/模转换有多种方式,常用的是电阻网络 D/A 转换器有权电阻网络、$R\text{-}2R$ T 型电阻网络和 $R\text{-}2R$ 倒 T 型电阻网络 D/A 转换器,其中以 $R\text{-}2R$ 倒 T 型电阻网络 D/A 转换器速度最快、性能最好,适合于集成工艺制造,因而被广泛采用。电阻网络 D/A 转换器的转换原理都是把输入的数字量转换为权电流之和,因此,在应用时,要外接求和运算放大器,把电阻网络的输出电流转换为电压。D/A 转换器的分辨率和转换精度都与 D/A 转换器的位数有关,位数越多,分辨率和精度越高。

A/D 转换器是将输入的模拟电压转换为与之成正比的二进制数字量,A/D 转换器分为直接转换型和间接转换型。直接转换型速度快,如并联比较型 A/D 转换器。间接转换型速度慢,如双积分型 A/D 转换器。逐次逼近型 A/D 转换器也属于直接转换型,但要进行多次反馈比较,因此,速度比并联比较型慢,但比间接转换型 A/D 转换器快。

A/D 转换要经过取样、保持、量化和编码四步实现。取样、保持电路对输入模拟信号抽取样值并保持,量化是对样值脉冲进行分级,编码是将分级后的信号转换成二进制代码。在对模拟信号取样时,必须满足取样定理,既取样脉冲的频率 f_s 大于输入模拟信号最高频率的 2 倍,即 $f_s \geq f_{I\max}$,这样才能做到不失真地恢复出原模拟信号。

不论是 D/A 转换还是 A/D 转换,基准电压 V_{REF} 都是一个很重要的应用参数,要理解基准电压的作用,尤其是在 A/D 转换中,它的值对量化误差、分辨率都有影响。一般应按器件手册给出的电压范围取用,并保证输入的模拟电压最大值不能大于基准电压值。

习 题

一、单选题

1. ADC 的转换精度取决于( )。
   A. 分辨率   B. 转换速度
   C. 分辨率和转换速度 D. 转换率

2. 如果 $u_i = 0 \sim 10\,\text{V}$,$U_{I\max} = 1\,\text{V}$,若用 ADC 电路将它转换成 $n = 3$ 的二进制数,采用四舍五入量化法,其量化当量为( )V。
   A. 1/8   B. 2/15   C. 1/4   D. 1/16

3. 对于 n 位 DAC 的分辨率来说,可表示为( )。
   A. $\dfrac{1}{2^n}$ B. $\dfrac{1}{2^{n-1}}$ C. $\dfrac{1}{2^n - 1}$ D. $\dfrac{1}{2^n + 1}$

4. 在 $R\text{-}2R$ T 型电阻网络 DAC 中,基准电压源 U_R 和输出电压 u_o 的极性关系为( )。
   A. 同相   B. 反相   C. 成正比例   D. 成反比例

二、简答题

1. D/A 转换器的位数有什么意义？它与分辨率、转换精度有什么关系？
2. 设 D/A 转换器的输出电压为 0～5 V，对于 12 位 D/A 转换器，试求它的分辨率。
3. 根据逐次逼近型 A/D 转换器的工作原理，一个 8 位 A/D 转换器，它完成一次转换需要几个时钟脉冲？如时钟脉冲频率为 1 MHz，则完成一次转换需要多少时间？

三、分析题

1. 在如图 7-19 所示的电路中，$R=8\text{ k}\Omega$，$R_F=1\text{ k}\Omega$，$V_R=-10\text{ V}$，试求：

（1）在输入 4 位二进制数 $D=1001$ 时，网络输出 u_o 为多少？

（2）若 $u_o=1.25\text{ V}$，则可以判断输入的 4 位二进制数 D 为多少？

2. 在倒 T 型电阻网络 DAC 中，假设 $U_R=10\text{ V}$，输入 10 位二进制数字量为 1011010101，试求其输出模拟电压为何值？（已知 $R_F=R=10\text{ k}\Omega$）

3. 已知某 DAC 电路的最小分辨电压 $U_{LSB}=40\text{ mV}$，最大满刻度输出电压 $U_{FSR}=0.28\text{ V}$，试求该电路输入二进制数字量的位数 n 应是多少？

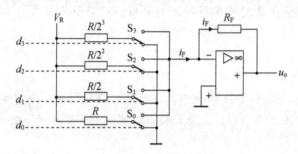

图 7-19　题 1 图

第 8 章 实验与应用实训

第一部分 实验部分

实验一 晶体管开关特性、限幅器与钳位器

一、实验目的

（1）观察晶体二极管、三极管的开关特性，了解外电路参数变化对晶体管开关特性的影响；

（2）掌握限幅器和钳位器的基本工作原理。

二、实验原理

1. 晶体二极管的开关特性

由于晶体二极管具有单向导电性，故其开关特性表现在正向导通与反向截止两种不同状态的转换过程。如图 8-1 所示的电路，输入端施加一方波激励信号 V_i，由于二极管结电容的存在，因而有充电、放电和存储电荷的建立与消散的过程。因此，当加在二极管上的电压突然由正向偏置（$+V_1$）变为反向偏置（$-V_2$）时，二极管并不立即截止，而是出现一个较大的反向电流 $-V_2/R$，并维持一段时间 t_s（称为存储时间）后，电流才开始减小；再经 t_r（称为下降时间）后，反向电流才等于静态特性上的反向电流。$t_{rr} = t_s + t_r$ 叫做反向恢复时间，t_{rr} 与二极管的结构有关，PN 的结面积小，结电容小，存储电荷就小，t_s 就短，同时也与正向导通电流和反向电流有关。

当管子选定后，减小正向导通电流和增大反向驱动电流，可加速电路的转换过程。

2. 晶体三极管的开关特性

晶体三极管的开关特性是指它从截止到饱和导通，或从饱和导通到截止的转换过程，而且这种转换都需要一定的时间才能完成。

如图 8-2 所示电路的输入端，施加一个足够幅度（在 $-V_2$ 和 $+V_1$ 之间变化）的矩形脉冲电压 V_i 激励信号，就能使晶体管从截止状态进入饱和导通，再从饱和导通进入截止。可见晶体管 VT 的集电极电流 I_c 和输出电压 V_o 的波形已不是一个理想的矩形波，其起始部分和平顶部分都延迟了一段时间，其上升沿和下降沿都变得缓慢了。如图 8-2 的波形所示，从 V_1 开始跃升，I_c 上升到 $0.1I_{CS}$ 所需时间定义为延迟时间 t_d；而 I_c 从 $0.1I_{CS}$ 增长到

$0.9I_{CS}$ 的时间为上升时间 t_r；从 V_1 开始跃降，到 I_c 下降到 $0.9I_{CS}$ 的时间为存储时间 t_s；而 I_C 从 $0.9I_{CS}$ 下降到 $0.1I_{CS}$ 的时间为下降时间 t_f。通常称 $t_{on} = t_d + t_r$ 为三极管开关的"接通时间"，$t_{off} = t_s + t_f$ 称为"断开时间"，形成上述开关特性的主要原因产生于晶体管的结电容。

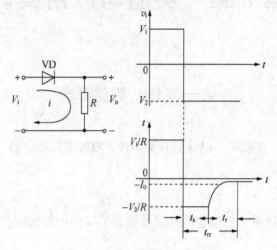

图 8-1　晶体二极管的开关特性

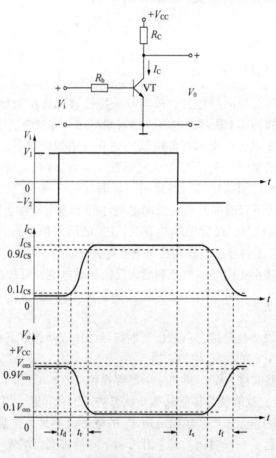

图 8-2　晶体三极管的开关特性

改善晶体三极管开关特性的方法是采用加速电容 C_b 和在晶体管的集电极加二极管 D 箝位，如图 8-3 所示。

C_b 是一个近百皮法的小电容，当 V_i 正跃变期间，由于 C_b 的存在，R_{b1} 相当于被短路，V_i 几乎全部加到基极上，使 VT 迅速进入饱和，t_d 和 t_r 大大缩短。当 V_i 负跃变时，R_{b1} 再次被短路，使 VT 迅速截止，也大大缩短了 t_s 和 t_f，可见 C_b 仅在瞬态过程中才起作

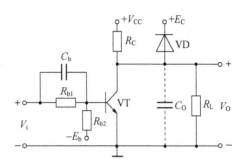

图 8-3 改善晶体三极管开关特性的电路

用，稳态时相当于开路，对电路没有影响。C_b 既加速了晶体管的接通过程，又加速了断开过程，故称之为加速电容，这是一种经济有效的方法，在脉冲电路中得到广泛应用。

箝位二极管 D 的作用是当管子 VT 由饱和进入截止时，随着电源对分布电容和负荷电容的充电，V_o 逐渐上升。因为 $V_{CC} > E_C$，当 V_o 超过 E_C 后，二极管 VD 导通，使 V_o 的最高值被箝位在 E_C，从而缩短 V_o 波形的上升边沿，而且上升边的起始部分又比较陡，所以大大缩短了输出波形的上升时间 t_r。

3. 利用晶体二极管与晶体三极管的非线性特性

利用晶体二极管与晶体三极管的非线性特性可构成限幅器和箝位器，它们均是一种波形变换电路，在实际中均有广泛的应用。晶体二极管限幅器是利用晶体二极管导通和截止时呈现不同的阻抗来实现限幅的，其限幅电平由外接偏压决定。晶体三极管则利用其截止和饱和特性实现限幅。箝位的目的是将脉冲波形的顶部或底部箝制在一定的电平上。

三、实验设备与器件

仔细查看数字电路实验装置的结构：直流稳压电源、信号源，逻辑开关，逻辑电平显示器，元器位置的布局及使用方法。

（1）±5 V、+15 V 直流电源　　　　（2）双踪示波器
（3）连续脉冲源　　　　　　　　　　（4）音频信号源
（5）直流数学电压表　　　　　　　　（6）IN4007　3DG6　3DK2　2AK2
　　　　　　　　　　　　　　　　　　　　R、C 元件若干

四、实验内容

在实验装置合适位置放置元件，然后接线。

1. 晶体二极管反向恢复时间的观察

按图 8-4 接线，E 为偏置电压（0～2 V 可调）。

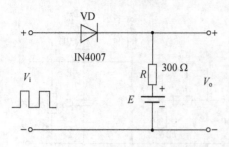

(1) 输入信号 V_i 为频率 $f = 100\,\text{kHz}$、幅值 $V_m = 3\,\text{V}$ 方波信号，E 调至 $0\,\text{V}$，用双踪示波器观察和记录输入信号 V_i 和输出信号 V_o 的波形，并读出存储时间 t_s 和下降时间 t_r 的值。

(2) 改变偏值电压 E（0 变到 2 V），观察输出波形 V_o 的 t_s 和 t_r 的变化规律，记录结果并进行分析。

图 8-4　晶体二极管开关特性实验电路

2. 晶体三极管开关特性的观察

按图 8-3 接线，输入 V_i 为 100 kHz 方波信号，晶体管选用 3DG6A。

(1) 将 B 点接至负电源 $-E_b$，使 $-E_b$ 在 $0 \sim -4\,\text{V}$ 内变化。观察并记录输出信号 V_o 波形的 t_d、t_r、t_s 和 t_f 的变化规律。

(2) 将 B 点换接在接地点，在 R_{b1} 并接 30 pF 的加速电容 C_b，观察 C_b 对输出波形的影响；然后将 C_b 更换成 300 pF，观察并记录输出波形的变化情况。

(3) 去掉 C_b，在输出端接入负荷电容 $C_O = 30\,\text{pF}$，观察并记录输出波形的变化情况。

(4) 在输出端再并接一负荷电阻 $R_L = 1\,\text{k}\Omega$，观察并记录输出波形变化情况。

(5) 去掉 R_L，接入限幅二极管 VD（2AK2），观察并记录输出波形的变化情况。

3. 晶体二极管限幅器

按图 8-5 接线，输入 V_i 为 $f = 10\,\text{kHz}$，$V_{pp} = 4\,\text{V}$ 的正弦波信号，令 $E = 2\,\text{V}$、$1\,\text{V}$、$0\,\text{V}$、$-1\,\text{V}$，观察输出波形 V_o，并列表记录。

4. 晶体二极管箝位器

按图 8-6 接线，V_i 为 $f = 10\,\text{kHz}$ 的方波信号，令 $E = 1\,\text{V}$、$0\,\text{V}$、$-1\,\text{V}$、$-3\,\text{V}$，观察输出波形 V_o，并列表记录。

5. 晶体三极管限幅器

按图 8-7 接线，V_i 为正弦波，$f = 10\,\text{kHz}$，V_{pp} 在 $0 \sim 5\,\text{V}$ 范围连续可调，在不同的输入信号幅度下，观察输出波形 V_o 的变化情况，并列表记录。

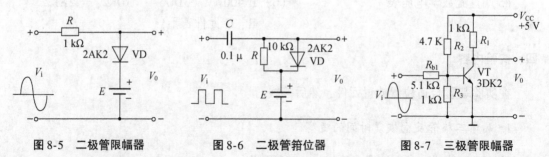

图 8-5　二极管限幅器　　　图 8-6　二极管箝位器　　　图 8-7　三极管限幅器

五、实验预习要求

（1）如何由 +5 V 和 –5 V 直流稳压电源获得 +3 V ～ –3 V 连续可调的电源？

（2）熟知晶体二极管、三极管开关特性的表现及提高开关速度的方法。

（3）在晶体二极管箝位器和限幅器中，若将晶体二极管的极性及偏压的极性反接，输出波形会出现什么变化？

六、实验报告

（1）将实验观测到的波形画在方格坐标纸上，并对它们进行分析和讨论。

（2）总结外电路元件参数对晶体二、三极管开关特性的影响。

实验二　TTL 集成逻辑门的逻辑功能与参数测试

一、实验目的

（1）掌握 TTL 集成与非门的逻辑功能和主要参数的测试方法；

（2）掌握 TTL 器件的使用规则；

（3）进一步熟悉数字电路实验装置的结构，基本功能和使用方法。

二、实验原理

本实验采用四输入双与非门 74LS20，即在一块集成块内含有两个互相独立的与非门，每个与非门有四个输入端，其逻辑框图、符号及引脚排列如图 8-8(a)、(b)、(c)所示。

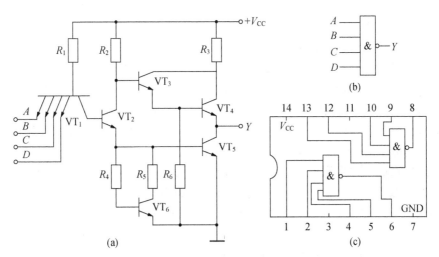

图 8-8　74LS20 逻辑框图、逻辑符号及引脚排列

1. 与非门的逻辑功能

与非门的逻辑功能是：当输入端中有一个或一个以上是低电平时，输出端为高电平；只有当输入端全部为高电平时，输出端才是低电平。

2. TTL与非门的主要参数

（1）低电平输出电源电流 I_{CCL} 和高电平输出电源电流 I_{CCH}。与非门处于不同的工作状态，电源提供的电流是不同的。I_{CCL} 是指所有输入端悬空，当输出端空载时，电源提供器件的电流。I_{CCH} 是指当输出端空载时（即每个门各有一个以上的输入端接地，其余输入端悬空），电源提供给器件的电流。通常 $I_{CCL} > I_{CCH}$，它们的大小标志着器件静态功耗的大小。器件的最大功耗为 $P_{CCL} = V_{CC} I_{CCL}$。手册中提供的电源电流和功耗值是指整个器件总的电源电流和总的功耗。I_{CCL} 和 I_{CCH} 的测试电路如图 8-9(a)、(b) 所示。

注意：TTL 电路对电源电压要求较严，电源电压 V_{CC} 只允许在 +5 V ± 10% 的范围内，超过 5.5 V 将损坏器件；低于 4.5 V 器件的逻辑功能将不正常。

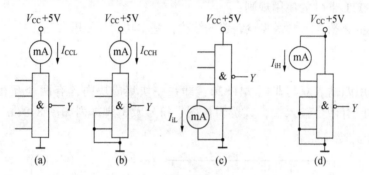

图 8-9　TTL 与非门静态参数测试电路

（2）低电平输入电流 I_{il} 和高电平输入电流 I_{ih}。I_{il} 是指被测输入端接地，其余输入端悬空，输出端空载时，由被测输入端流出的电流值。在多级门电路中，I_{il} 相当于前级门输出低电平时，后级向前级门灌入的电流，因此它关系到前级门的灌电流负荷能力，即直接影响前级门电路带负荷的个数，因此希望 I_{il} 小些。

I_{ih} 是指被测输入端接高电平，其余输入端接地，输出端空载时，流入被测输入端的电流值。在多级门电路中，它相当于前级门输出高电平时，前级门的拉电流负荷，其大小关系到前级门的拉电流负荷能力，希望 I_{ih} 小些。由于 I_{ih} 较小，难以测量，一般免于测试。

I_{il} 与 I_{ih} 的测试电路如图 8-9(c)、(d) 所示。

（3）扇出系数 N_o。扇出系数 N_o 是指门电路能驱动同类门的个数，它是衡量门电路负荷能力的一个参数，TTL 与非门有两种不同性质的负荷，即灌电流负荷和拉电流负荷，因此有两种扇出系数，即低电平扇出系数 N_{ol} 和高电平扇出系数 N_{oh}。通常 $I_{ih} < I_{il}$，则 $N_{oh} > N_{ol}$，故常以 N_{ol} 作为门的扇出系数。

N_{ol} 的测试电路如图 8-10 所示，门的输入端全部悬空，输出端接灌电流负荷 R_L。调节 R_L 使 I_{ol} 增大，V_{ol} 随之增高，当 V_{ol} 达到 V_{olm}（一般规定低电平规范值 0.4 V）时的 I_{ol}（就是允许灌入的最大负荷电流）时，则

$$N_{ol} = \frac{I_{ol}}{I_{il}} \quad （通常 N_{ol} \geq 8）$$

（4）电压传输特性。门的输出电压 V_o 随输入电压 V_i 而变化的曲线 $V_o = f(V_i)$ 称为门的电压传输特性，通过它可读取门电路的一些重要参数，如输出高电平 V_{oh}、输出低电平 V_{ol}、关门电平 V_{OFF}、开门电平 V_{on}、阈值电平 V_T 及抗干扰容限 V_{Nl}、V_{Nh} 等值。测试电路如图 8-11 所示，采用逐点测试法，即调节 R_W，逐点测得 V_i 及 V_o，然后绘成曲线。

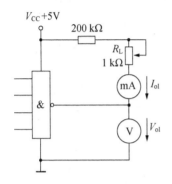

图 8-10 扇出系数测试电路

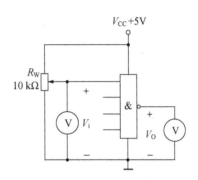

图 8-11 传输特性测试电路

（5）平均传输延迟时间 t_{pd}。t_{pd} 是衡量门电路开关速度的参数，它是指输出波形边沿的 $0.5V_m$ 至输入波形对应边沿 $0.5V_m$ 点的时间间隔，如图 8-12 所示。

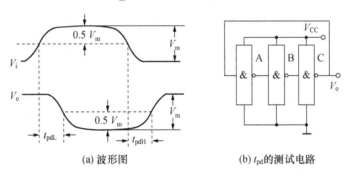

(a) 波形图　　　　　　(b) t_{pd} 的测试电路

图 8-12 平均传输延迟时间测试电路及波形图

在图 8-12(a) 中的 t_{pdL} 为导通延迟时间，t_{pdH} 为截止延迟时间，平均传输延迟时间为

$$t_{pd} = \frac{1}{2}(t_{pdL} + t_{pdH})$$

t_{pd} 的测试电路如图 8-12(b) 所示，由于 TTL 门电路的延迟时间较小，直接测量时对信号发生器和示波器的性能要求较高，故实验采用测量由奇数个与非门组成的环形振荡器的振荡周期 T 来求得。其工作原理是：假设电路在接通电源后某一瞬间，电路中的 A 点为逻辑"1"，经过三级门的延迟后，使 A 点由原来的逻辑"1"变为逻辑"0"；再经

过三级门的延迟后，A 点电平又重新回到逻辑"1"。电路中其他各点电平也跟随变化。说明使 A 点发生一个周期的振荡，必须经过 6 级门的延迟时间。因此平均传输延迟时间为

$$T_{pd} = \frac{T}{6}$$

TTL 电路中的 t_{pd}，一般在 $10 \sim 40$ ns 之间。

74LS20 的主要电参数规范如表 8-1 所示。

表 8-1　74LS20 主要参数

参数名称和符号		规范值	单　位	测试条件
直流参数	通导电源电流　I_{CCL}	<14	mA	$V_{CC}=5$ V，输入端悬空，输入端空载
	截止电源电流　I_{CCH}	<7	mA	$V_{CC}=5$ V，输入端接地，输出端空载
	低电平输入电流　I_{il}	≤1.4	mA	$V_{CC}=5$ V，被测输入端接地，其他输入端悬空，输出端空载
	高电平输入电流　I_{ih}	<50	μA	$V_{CC}=5$ V，被测输入端 $V_{ih}=2.4$ V，其他输入端接地，输出端空载
	输出高电平　V_{oh}	<1	mA	$V_{CC}=5$ V，被测输入端 $V_{ih}=5$ V，其他输入端接地，输出端空载
	输出低电平　V_{ol}	≥3.4	V	$V_{CC}=5$ V，被测输入端 $V_{ih}=0.8$ V，其他输入端悬空，$I_{oh}=400$ μA
	扇出系数　N_o	<0.3	V	$V_{CC}=5$ V，输入端 $V_{ih}=2.0$ V，$I_{ol}=12.8$ mA
		$4 \sim 8$	V	测试条件同 V_{oh} 和 V_{ol}
交流参数	平均传输延迟时间　t_{pd}	≤20	ns	$V_{CC}=5$ V，被测输入端输入信号：$V_{ih}=3.0$ V，$f=2$ MHz

三、实验设备与器件

(1) +5 V 直流电源　　　　　　　　(2) 逻辑电平开关

(3) 逻辑电平显示器　　　　　　　　(4) 直流数字电压表

(5) 直流毫安表　　　　　　　　　　(6) 直流微安表

(7) 74LS20×2　　1 k　　10 k 电位器　　200 Ω 电阻器（0.5 W）

四、实验内容

在合适的位置选取一个 14P 插座，按定位标记插好 74LS20 集成块。

1. 验证 TTL 集成与非门 74LS20 的逻辑功能

按图 8-13 接线，门的 4 个输入端接逻辑开关输出插口，以提供 "0" 与 "1" 电平信

号,开关向上,输出逻辑"1";开关向下,输出逻辑"0"。门的输出端接由 LED 发光二极管组成的逻辑电平显示器(又称 0-1 指示器)的显示插口,LED 亮为逻辑"1",不亮为逻辑"0"。按表 8-2 的真值表逐个测试集成块中两个与非门的逻辑功能。74LS20 有 4 个输入端,16 个最小项,在实际测试时,只要通过对输入 1111、0111、1011、1101、1110 这 5 项进行检测,就可判断其逻辑功能是否正常。

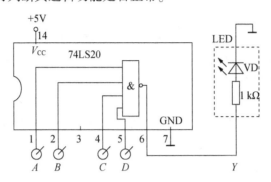

图 8-13　与非门逻辑功能测试电路

表 8-2　真值表

输 入				输 出
A	B	C	D	Y
1	1	1	1	
0	1	1	1	
1	0	1	1	
1	1	0	1	
1	1	1	0	

2. 74LS20 主要参数的测试

(1) 分别按图 8-9、8-10、8-12(b) 所示的电路接线并进行测试,将测试结果记入表 8-3 中。

表 8-3　测试记录

I_{CCL}(mA)	I_{CCH}(mA)	I_{iL}(mA)	I_{oL}(mA)	$N_o = I_{oL}/I_{iL}$	$t_{pd} = T/6$(ns)

(2) 按照图 8-11 所示的电路接线,调节电位器 R_W,使 V_i 从 0 V 向高电平变化,逐点测量 V_i 和 V_o 的对应值,记入表 8-4 中。

表 8-4　测试记录

V_i(V)	0	0.2	0.4	0.6	0.8	1.0	1.5	2.0	2.5	3.0	3.5	4.0	…
V_o(V)													

五、实验报告

(1) 记录、整理实验结果，并对结果进行分析。

(2) 画出实测的电压传输特性曲线，并从中读出各有关参数值。

六、集成电路芯片简介

数字电路实验中所用到的集成芯片都是双列直插式的，其引脚排列规则如图8-8所示。识别方法是：正对集成电路型号（如74LS20）或看标记（左边的缺口或小圆点标记），从左下角开始按逆时针方向以1，2，3，…依次排列到最后一脚（在左上角）。在标准型TTL集成电路中，电源端V_{CC}一般排在左上端，接地端GND一般排在右下端。例如，74LS20为14脚芯片，第14脚为V_{CC}，第7脚为GND。若集成芯片引脚上的功能标号为NC，则表示该引脚为空脚，与内部电路不连接。

七、TTL集成电路使用规则

(1) 接插集成块时，要认清定位标记，不得插反。

(2) 电源电压使用范围为 +4.5 ~ +5.5 V之间，实验中要求使用V_{CC} = +5 V。电源极性绝对不允许接错。

(3) 闲置输入端处理方法如下。

① 悬空，相当于正逻辑"1"。对于一般小规模集成电路的数据输入端，实验时允许悬空处理，但易受外界干扰，导致电路的逻辑功能不正常。因此，对于接有长线的输入端，中规模以上的集成电路和使用集成电路较多的复杂电路，所有控制输入端必须按逻辑要求接入电路，不允许悬空。

② 直接接电源电压V_{CC}（也可以串入一只1 ~ 10 kΩ的固定电阻）或接至某一固定电压（+2.4 ~ 4.5 V）的电源上，或与输入端为接地的多余与非门的输出端相接。

③ 若前级驱动能力允许，可以与使用的输入端并联。

(4) 输入端通过电阻接地，电阻值的大小将直接影响电路所处的状态。当$R \leqslant 680\ \Omega$时，输入端相当于逻辑"0"；当$R \geqslant 2.1\ k\Omega$时，输入端相当于逻辑"1"。对于不同系列的器件，要求的阻值不同。

(5) 输出端不允许并联使用（集电极开路门和三态输出门电路除外），否则不仅会使电路逻辑功能混乱，还会导致器件损坏。

(6) 输出端不允许直接接地或直接接 +5 V电源，否则将损坏器件，有时为了使后级电路获得较高的输出电平，允许输出端通过电阻R接至V_{CC}，一般取$R = 3 \sim 5.1\ k\Omega$。

实验三　CMOS集成逻辑门的逻辑功能与参数测试

一、实验目的

(1) 掌握CMOS集成门电路的逻辑功能和器件的使用规则；

(2) 学会CMOS集成门电路主要参数的测试方法。

二、实验原理

1. CMOS 集成电路简介

CMOS 集成电路是将 N 沟道 MOS 晶体管和 P 沟道 MOS 晶体管同时用于一个集成电路中,成为组合两种沟道 MOS 管性能的更优良的集成电路。CMOS 集成电路的主要优点如下。

(1) 功耗低,其静态工作电流在 10^{-9} A 数量级,是目前所有数字集成电路中最低的,而 TTL 器件的功耗则大得多。

(2) 高输入阻抗,通常大于 10^{10} Ω,远高于 TTL 器件的输入阻抗。

(3) 接近理想的传输特性,输出高电平可达电源电压的 99.9% 以上,低电平可达电源电压的 0.1% 以下,因此输出逻辑电平的摆幅很大,噪声容限很高。

(4) 电源电压范围广,可在 +3 ~ +18 V 范围内正常运行。

(5) 由于有很高的输入阻抗,要求驱动电流很小,约 0.1 μA,输出电流在 +5 V 电源下约为 500 μA,远小于 TTL 电路,如果以此电流来驱动同类门电路,则其扇出系数将非常大。在一般低频率时,无需考虑扇出系数,但在高频时,后级门的输入电容将成为主要负荷,使其扇出能力下降,所以在较高频率工作时,CMOS 电路的扇出系数一般取 10 ~ 20。

2. CMOS 门电路逻辑功能

尽管 CMOS 与 TTL 电路内部结构不同,但它们的逻辑功能完全一样。本实验将测定与门 CC4081,或门 CC4071,与非门 CC4011,或非门 CC4001 的逻辑功能。各集成块的逻辑功能与真值表参阅教材及有关资料。

3. CMOS 与非门的主要参数

CMOS 与非门主要参数的定义及测试方法与 TTL 电路相仿,此处略。

4. CMOS 电路的使用规则

由于 CMOS 电路有很高的输入阻抗,这给使用者带来一定的麻烦,即外来的干扰信号很容易在一些悬空的输入端上感应出很高的电压,以至损坏器件。CMOS 电路的使用规则如下。

(1) V_{DD} 接电源正极,V_{SS} 接电源负极(通常接地),不得接反。CC4000 系列的电源允许电压在 +3 ~ +18 V 范围内选择,实验中一般要求使用 +5 ~ +15 V。

(2) 所有输入端一律不准悬空。闲置输入端的处理方法是按照逻辑要求,直接接 V_{DD}(与非门)或 V_{SS}(或非门)。在工作频率不高的电路中,允许输入端并联使用。

(3) 输出端不允许直接与 V_{DD} 或 V_{SS} 连接,否则将导致器件损坏。

(4) 在装接电路,改变电路连接或插、拔电路时,均应切断电源,严禁带电操作。

(5) 焊接、测试和存储时的注意事项:

① 电路应存放在导电的容器内,有良好的静电屏蔽;

② 焊接时必须切断电源,电烙铁外壳必须良好接地,或拔下烙铁,靠其余热焊接;

③ 所有的测试仪器必须良好接地;

三、实验设备与器件

（1）+5 V 直流电源　　　　　　（2）双踪示波器
（3）连续脉冲源　　　　　　　　（4）逻辑电平开关
（5）逻辑电平显示器　　　　　　（6）直流数字电压表
（7）直流毫安表　　　　　　　　（8）直流微安表
（9）CC4011　　CC4001　　CC4071　　CC4081　　电位器 100 kΩ　　电阻 1 kΩ

四、实验内容

1. CMOS 与非门 CC4011 参数测试（方法与 TTL 电路相同）

（1）测试 CC4011 一个门的 I_{CCL}，I_{CCH}，I_{il}，I_{ih}。

（2）测试 CC4011 一个门的传输特性（一个输入端作信号输入，另一个输入端接逻辑高电平）。

（3）将 CC4011 的 3 个门串接成振荡器，用示波器观测输入、输出波形，并计算出 t_{pd} 值。

2. 验证 CMOS 各门电路的逻辑功能，判断其好坏

验证与非门 CC4011、与门 CC4081、或门 CC4071 及或非门 CC4001 逻辑功能。

以 CC4011 为例：测试时，选好某一个 14P 插座，插入被测器件，其输入端 A、B 接逻辑开关的输出插口，其输出端 Y 接至逻辑电平显示器输入插口，拨动逻辑电平开关，逐个测试各门的逻辑功能，并记入表 8-5 中。

表 8-5　测试记录

输	入	输		出	
A	B	Y_1	Y_2	Y_3	Y_4
0	0				
0	1				
1	0				
1	1				

3. 观察与非门、与门、或非门对脉冲的控制作用

选用与非门按图 8-14（a）、（b）接线，将一个输入端接连续脉冲源（频率为 20 kHz），用示波器观察两种电路的输出波形，记录之。

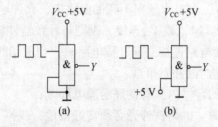

图 8-14　与非门对脉冲的控制作用

然后测定"与门"和"或非门"对连续脉冲的控制作用。

五、实验预习要求

（1）复习 CMOS 门电路的工作原理。
（2）熟悉实验用各集成门引脚功能。
（3）画出各实验内容的测试电路与数据记录表格。
（4）画好实验用各门电路的真值表表格。
（5）各 CMOS 门电路闲置输入端如何处理？

六、实验报告

（1）整理实验结果，用坐标纸画出传输特性曲线。
（2）根据实验结果，写出各门电路的逻辑表达式，并判断被测电路的功能好坏。

实验四　集成逻辑电路的连接和驱动

一、实验目的

（1）掌握 TTL、CMOS 集成电路输入电路与输出电路的性质；
（2）掌握集成逻辑电路相互连接时应遵守的规则和实际连接方法。

二、实验原理

1. TTL 电路输入输出电路性质

当输入端为高电平时，输入电流是反向二极管的漏电流，电流极小，其方向是从外部流入输入端。

当输入端处于低电平时，电流由电源 V_{CC} 经内部电路流出输入端，电流较大，当与上一级电路连接时，将决定上级电路应具有的负荷能力。高电平输出电压在负荷不大时，为 3.5 V 左右。低电平输出时，允许后级电路灌入电流，随着灌入电流的增加，输出低电平将升高，一般 LS 系列 TTL 电路允许灌入 8 mA 电流，即可吸收后级 20 个 LS 系列标准门的灌入电流。最大允许低电平输出电压为 0.4 V。

2. CMOS 电路输入输出电路性质

一般 CC 系列的输入阻抗可高达 10^{10} Ω，输入电容在 5 pF 以下，输入高电平通常要求在 3.5 V 以上，输入低电平通常为 1.5 V 以下。因为 CMOS 电路的输出结构具有对称性，故对高低电平具有相同的输出能力，负荷能力较小，仅可驱动少量的 CMOS 电路。当输出端负荷很轻时，输出高电平将十分接近电源电压，输出低电平将十分接近地电位。

在高速 CMOS 电路 54/74HC 系列中的一个子系列 54/74HCT，其输入电平与 TTL 电路完全相同，因此在相互取代时，不需考虑电平的匹配问题。

3. 集成逻辑电路的连接

在实际的数字电路系统中总是将一定数量的集成逻辑电路按需要前后连接起来。这时,前级电路的输出将与后级电路的输入相连并驱动后级电路工作。这就存在着电平的配合和负荷能力这两个需要妥善解决的问题。可用下列几个表达式来说明连接时所要满足的条件。

V_{oh}(前级) $\geq$ V_{ih} (后级)

V_{ol}(前级) $\leq$ V_{il} (后级)

I_{oh}(前级) $\geq$ $n \times I_{ih}$ (后级)

I_{ol}(前级) $\geq$ $n \times I_H$ (后级)   其中,n 为后级门的数目

(1) TTL 与 TTL 的连接。TTL 集成逻辑电路的所有系列,由于电路结构形式相同,电平配合比较方便,不需要外接元件可直接连接,不足之处是,受低电平时负荷能力的限制。表 8-6 列出了 74 系列 TTL 电路的扇出系数。

表 8-6 74 系列 TTL 电路的扇出系数

	74LS00	74ALS00	7400	74L00	74S00
74LS00	20	40	5	40	5
74ALS00	20	40	5	40	5
7400	40	80	10	40	10
74L00	10	20	2	20	1
74S00	50	100	12	100	12

(2) TTL 驱动 CMOS 电路。TTL 电路驱动 CMOS 电路时,由于 CMOS 电路的输入阻抗高,故驱动电流一般不会受到限制,但在电平配合问题上,低电平是可以的,高电平时有困难,这是因为 TTL 电路在满载时,输出高电平通常低于 CMOS 电路对输入高电平的要求,因此为保证 TTL 输出高电平时,后级的 CMOS 电路能可靠工作,通常要外接一个提拉电阻 R。如图 8-15 所示,使输出高电平达到 3.5 V 以上,R 的取值为 2～6.2 kΩ 比较合适,这时 TTL 后级的 CMOS 电路的数目实际上是没有什么限制的。

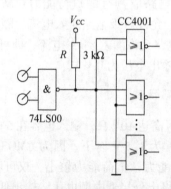

图 8-15 TTL 电路驱动 CMOS 电路

(3) CMOS 驱动 TTL 电路。CMOS 的输出电平能满足 TTL 对输入电平的要求,而驱动电流将受限制,主要是低电平时的负荷能力。表 8-7 列出了一般 CMOS 电路驱动 TTL 电路时的扇出系数,从表中可见,除了 74HC 系列外,其他 CMOS 电路驱动 TTL 的能力都较低。

表 8-7　CMOS 驱动 TTL 电路时的扇出系数

	LS-TTL	L-TTL	TTL	ASL-TTL
CC4001B	1	2	0	2
MC14001B	1	2	0	2
MM74HC 及 74HCT 系列	10	20	2	20

在既要使用此系列，又要提高其驱动能力时，可采用以下两种方法。

① 采用 CMOS 驱动器，如 CC4049、CC4050 是专为给出较大驱动能力而设计的 CMOS 电路。

② 几个同功能的 CMOS 电路并联使用，即将其输入端和输出端并联（但在 TTL 电路中输出端是不允许并联的）。

（4）CMOS 与 CMOS 的衔接。CMOS 电路之间的连接十分方便，不需另加外接元件。对直流参数来讲，一个 CMOS 电路可带动的 CMOS 电路数量是不受限制，但在实际使用时，应当考虑后级门输入电容对前级门的传输速度的影响。当电容太大时，传输速度要下降，因此在高速使用时要从负荷电容来考虑，例如，CC4000T 系列。CMOS 电路在 10 MHz 以上速度运用时应限制在 20 个门以下。

三、实验设备与器件

（1）+5 V 直流电源　　　　（2）逻辑电平开关
（3）逻辑电平显示器　　　　（4）逻辑笔
（5）直流数字电压表　　　　（6）直流毫安表
（7）74LS00 × 2　　CC4001　　74HC00
　　　电阻：100 Ω　　470 Ω　　3 kΩ
　　　电位器：47 kΩ　　10 kΩ　　4.7 kΩ

四、实验内容

1. 测试 TTL 电路 74LS00 及 CMOS 电路 CC4001 的输出特性

测试电路如图 8-16 所示，图中以与非门 74LS00 为例画出了高、低电平两种输出状态下输出特性的测量方法。改变电位器 R_W 的阻值，从而获得输出特性曲线，R 为限流电阻。

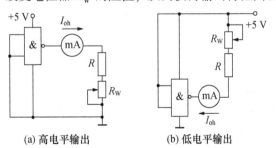

(a) 高电平输出　　　　(b) 低电平输出

图 8-16　与非门电路输出特性测试电路

(1) 测试 TTL 电路 74LS00 的输出特性。在实验装置的合适位置选取一个 14P 插座。插入 74LS00，R 取为 100 Ω，当为高电平输出时，R_W 取 47 kΩ；当为低电平输出时，R_W 取 10 kΩ。当在高电平测试时，应测量空载到最小允许高电平（2.7 V）之间的一系列点；当在低电平测试时，应测量空载到最大允许低电平（0.4 V）之间的一系列点。

(2) 测试 CMOS 电路 CC4001 的输出特性。测试时 R 取为 470 Ω，R_W 取 4.7 kΩ。当在高电平测试时，应测量从空载到输出电平降到 4.6 V 为止的一系列点；当在低电平测试时，应测量从空载到输出电平升到 0.4 V 为止的一系列点。

2. TTL 电路驱动 CMOS 电路

用 74LS00 的一个门来驱动 CC4001 的 4 个门，实验电路如图 8-15 所示，R 取 3 kΩ。测量当连接 3 kΩ 与不连接 3 kΩ 电阻时，74LS00 的输出高低电平及 CC4001 的逻辑功能，测试逻辑功能时，可用实验装置上的逻辑笔进行测试，逻辑笔的电源 V_{CC} 接 +5 V，其输入口 1NPVT 通过一根导线接至所需的测试点。

3. CMOS 电路驱动 TTL 电路

CMOS 电路如图 8-17 所示，被驱动的电路用 74LS00 的 8 个门并联。

电路的输入端接逻辑开关输出插口，8 个输出端分别接逻辑电平显示的输入插口。先用 CC4001 的一个门来驱动，观测 CC4001 的输出电平和 74LS00 的逻辑功能。然后将 CC4001 的其余 3 个门，一个个并联到第一个门上（输入与输入，输出与输出并联），分别观察 CMOS 的输出电平及 74LS00 的逻辑功能。最后用了 1/4 74HC00 代替 1/4 CC4001，测试其输出电平及系统的逻辑功能。

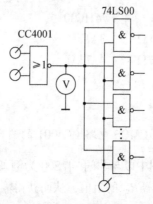

图 8-17 CMOS 驱动 TTL 电路

五、实验预习要求

(1) 自拟各实验记录用的数据表格及逻辑电平记录表格。
(2) 熟悉所用集成电路的引脚功能。

六、实验报告

(1) 整理实验数据，作出输出特性曲线，并加以分析。

(2) 通过本次实验，你对不同集成门电路的连接得出什么结论？

实验五 组合逻辑电路的设计与测试

一、实验目的

掌握组合逻辑电路的设计与测试方法。

二、实验原理

1. 组合逻辑电路设计进程

使用中、小规模集成电路来设计组合电路是最常见的逻辑电路。设计组合电路的一般步骤如图 8-18 所示。

根据设计任务的要求建立输入、输出变量，并列出真值表。然后用逻辑代数或卡诺图化简法求出简化的逻辑表达式。并按实际选用逻辑门的类型修改逻辑表达式。根据简化后的逻辑表达式，画出逻辑图，用标准器件构成逻辑电路。最后，用实验来验证设计的正确性。

2. 组合逻辑电路设计举例

用"与非"门设计一个表决电路。当 4 个输入端中有 3 个或 4 个为"1"时，输出端才为"1"。

（1）设计步骤。根据题意列出真值表如表 8-8 所示，再填入卡诺图，卡诺图如图 8-19 所示。

表 8-8 真值表

A	B	C	D	Y
0	0	0	0	0
0	0	0	1	0
0	0	1	0	0
0	0	1	1	0
0	1	0	0	0
0	1	0	1	0
0	1	1	0	0
0	1	1	1	1
1	0	0	0	0
1	0	0	1	0
1	0	1	0	0
1	0	1	1	1
1	1	0	0	0
1	1	0	1	1
1	1	1	0	1
1	1	1	1	1

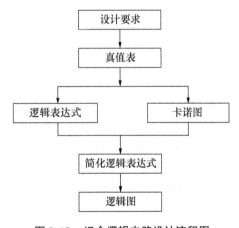

图 8-18 组合逻辑电路设计流程图

由卡诺图得出逻辑表达式,并演化成"与非"的形式:

$$Y = ABC + BCD + ACD + ABD$$

$$Y = \overline{\overline{ABC} \cdot \overline{BCD} \cdot \overline{ACD} \cdot \overline{ABD}}$$

根据逻辑表达式画出用"与非门"构成的逻辑电路如图 8-20 所示。

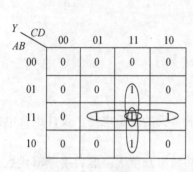
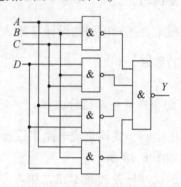

图 8-19　卡诺图　　　　　　　图 8-20　表决电路逻辑图

(2) 用实验验证逻辑功能。在实验装置的适当位置选定 3 个 14P 插座,按照集成块定位标记插好集成块 CC4012。

按图 8-20 接线,输入端 A、B、C、D 接至逻辑开关输出插口,输出端 Y 接逻辑电平显示输入插口,按真值表(自拟)要求,逐次改变输入变量,测量相应的输出值,验证逻辑功能,与表 8-8 进行比较,验证所设计的逻辑电路是否符合要求。

三、实验设备与器件

(1) +5 V 直流电源　　　　　　(2) 逻辑电平开关
(3) 逻辑电平显示器　　　　　　(4) 直流数字电压表
(5) CC4011×2 (74LS00)　　CC4012×3 (74LS20)　　CC4030 (74LS86)
　　CC4081 (74LS08)　　　74LS54 ×2 (CC4085)　　CC4001 (74LS02)

四、实验内容

(1) 设计用与非门及用异或门、与门组成的半加器电路。要求按本文所述的设计步骤进行,直到测试电路逻辑功能符合设计要求为止。

(2) 设计一个一位全加器,要求用异或门、与门、或门组成。

(3) 设计一位全加器,要求用与或非门实现。

(4) 设计一个对两个两位无符号的二进制数进行比较的电路:根据第一个数是否大于、等于、小于第二个数,使相应的 3 个输出端中的一个输出为"1",要求用与门、与非门及或非门实现。

五、实验预习要求

(1) 根据实验任务要求设计组合电路,并根据所给的标准器件画出逻辑图。

(2) 如何用最简单的方法验证"与或非"门的逻辑功能是否完好?

(3)"与或非"门中,当某一组与端不用时,应作如何处理?

六、实验报告

(1)列写实验任务的设计过程,画出设计的电路图。
(2)对所设计的电路进行实验测试,记录测试结果。
(3)组合电路设计体会。

实验六 译码器及其应用

一、实验目的

1. 掌握中规模集成译码器的逻辑功能和使用方法;
2. 熟悉数码管的使用。

二、实验原理

译码器是一个多输入、多输出的组合逻辑电路。它的作用是把给定的代码进行"翻译",变成相应的状态,使输出通道中相应的一路有信号输出。译码器在数字系统中有广泛的用途,不仅用于代码的转换、终端的数字显示,还用于数据分配,存储器寻址和组合控制信号等。不同的功能可选用不同种类的译码器。

译码器可分为通用译码器和显示译码器两大类。前者又分为变量译码器和代码变换译码器。

1. 变量译码器

变量译码器(又称二进制译码器),用以表示输入变量的状态,如 2 线—4 线、3 线—8 线和 4 线—16 线译码器。若有 n 个输入变量,则有 2^n 个不同的组合状态,就有 2^n 个输出端供其使用。而每一个输出所代表的函数对应于 n 个输入变量的最小项。

以 3 线—8 线译码器 74LS138 为例进行分析,图 8-21(a)、(b) 分别为其逻辑图及引脚排列。其中,A_2、A_1、A_0 为地址输入端,$\overline{Y_0} \sim \overline{Y_7}$ 为译码输出端,S_1、$\overline{S_2}$、$\overline{S_3}$ 为使能端。

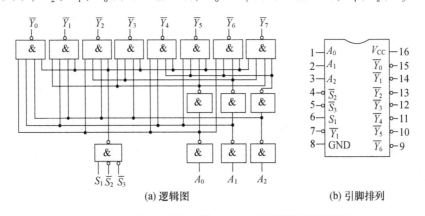

(a) 逻辑图   (b) 引脚排列

图 8-21 3 线—8 线译码器 74LS138 逻辑图及引脚排列

表 8-9 为 74LS138 功能表。当 $S_1=1$，$\overline{S}_2+\overline{S}_3=0$ 时，器件使能、地址码所指定的输出端有信号（为 0）输出，其他所有输出端均无信号（全为 1）输出。当 $S_1=0$，$\overline{S}_2+\overline{S}_3=X$ 时，或 $S_1=X$，$\overline{S}_2+\overline{S}_3=1$ 时，译码器被禁止，所有输出同时为 1。

表 8-9 74LS138 功能表

输 入					输 出							
S_1	$\overline{S}_2+\overline{S}_3$	A_2	A_1	A_0	$\overline{Y}_0$	$\overline{Y}_1$	$\overline{Y}_2$	$\overline{Y}_3$	$\overline{Y}_4$	$\overline{Y}_5$	$\overline{Y}_6$	$\overline{Y}_7$
1	0	0	0	0	0	1	1	1	1	1	1	1
1	0	0	0	1	1	0	1	1	1	1	1	1
1	0	0	1	0	1	1	0	1	1	1	1	1
1	0	0	1	1	1	1	1	0	1	1	1	1
1	0	1	0	0	1	1	1	1	0	1	1	1
1	0	1	0	1	1	1	1	1	1	0	1	1
1	0	1	1	0	1	1	1	1	1	1	0	1
1	0	1	1	1	1	1	1	1	1	1	1	0
0	×	×	×	×	1	1	1	1	1	1	1	1
×	1	×	×	×	1	1	1	1	1	1	1	1

二进制数译码器实际上也是负脉冲分配器。若利用使能端中的一个输入数据信息，器件就成为一个数据分配器（又称多路分配器），如图 8-22 所示。若在 S_1 输入端输入数据信息，$\overline{S}_2=\overline{S}_3=0$，地址码所对应的输出是 S_1 数据信息的反码；若从 $\overline{S}_2$ 端输入数据信息，令 $\overline{S}_3=0$，$S_1=1$，地址码所对应的输出就是 $\overline{S}_2$ 端数据信息的原码。若数据信息是时钟脉冲，则数据分配器便成为时钟脉冲分配器。

根据输入地址的不同组合译出唯一地址，故可用作地址译码器。接成多路分配器，可将一个信号源的数据信息传输到不同的地点。

二进制译码器还能方便地实现逻辑函数，如图 8-23 所示，实现的逻辑函数是
$$Z = \overline{ABC} + \overline{AB}C + A\overline{B}C + ABC$$

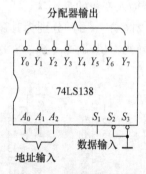

图 8-22 用作数据分配器

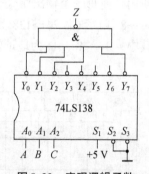

图 8-23 实现逻辑函数

利用使能端能方便地将两个 3 线—8 线译码器组合成一个 4 线—16 线译码器，如图 8-24 所示。

2. 数码显示译码器

（1）七段发光二极管（LED）数码管。LED 数码管是目前最常用的数字显示器，图

8-25(a)、(b) 所示为共阴管和共阳管的电路,(c) 为两种不同出线形式的引出脚功能图。

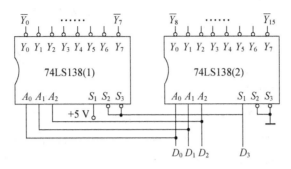

图 8-24 用两片 74LS138 组合成 4 线—16 线译码器

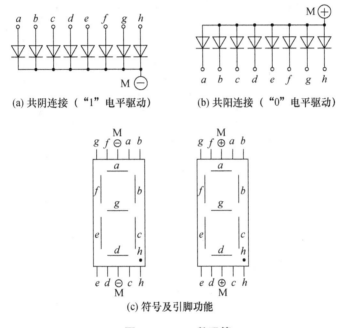

图 8-25 LED 数码管

一个 LED 数码管可用来显示一位 0～9 十进制数和一个小数点。小型数码管(0.5 寸和 0.36 寸)每段发光二极管的正向压降,随显示光(通常为红、绿、黄、橙色)的颜色不同略有差别,通常约为 2～2.5 V,每个发光二极管的点亮电流在 5～10 mA 之间。如果 LED 数码管要显示 BCD 码所表示的十进制数字,就需要有一个专门的译码器,该译码器不但要完成译码功能,还要有相当的驱动能力。

(2) BCD 码七段译码驱动器。此类译码器型号有 74LS47(共阳),74LS48(共阴),CC4511(共阴)等,本实验采用 CC4511 BCD 码锁存/七段译码/驱动器,用来驱动共阴极 LED 数码管。

图 8-26 为 CC4511 引脚排列,其中:

A、B、C、D——BCD 码输入端;

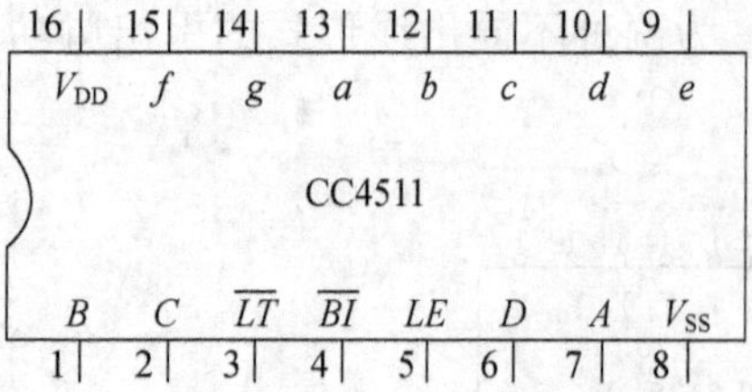

```
 16│ 15│ 14│ 13│ 12│ 11│ 10│ 9│
 V_DD  f   g   a   b   c   d   e
              CC4511
  B   C   LT̄  BĪ  LE  D   A   V_SS
  1│  2│  3│  4│  5│  6│  7│  8│
```

图 8-26 CC4511 引脚排列

a、b、c、d、e、f、g——译码输出端,输出 "1" 有效,用来驱动共阴极 LED 数码管;

$\overline{LT}$——测试输入端,当 $\overline{LT}$ = "0" 时,译码输出全为 "1";

$\overline{BI}$——消隐输入端,当 $\overline{BI}$ = "0" 时,译码输出全为 "0";

LE——锁定端,当 LE = "1" 时,译码器处于锁定(保持)状态,译码输出保持在 LE = 0 时的数值,LE = 0 为正常译码。

表 8-10 为 CC4511 的功能表。CC4511 内接有上拉电阻,故只需在输出端与数码管各段之间串入限流电阻即可工作。译码器还有拒伪码功能,当输入码超过 1001 时,输出全为 "0",数码管熄灭。

表 8-10　CC4511 功能表

输入							输出							显示字形
LE	$\overline{BI}$	$\overline{LT}$	D	C	B	A	a	b	c	d	e	f	g	
×	×	0	×	×	×	×	1	1	1	1	1	1	1	8
×	0	1	×	×	×	×	0	0	0	0	0	0	0	消隐
0	1	1	0	0	0	0	1	1	1	1	1	1	0	0
0	1	1	0	0	0	1	0	1	1	0	0	0	0	1
0	1	1	0	0	1	0	1	1	0	1	1	0	1	2
0	1	1	0	0	1	1	1	1	1	1	0	0	1	3
0	1	1	0	1	0	0	0	1	1	0	0	1	1	4
0	1	1	0	1	0	1	1	0	1	1	0	1	1	5
0	1	1	0	1	1	0	0	0	1	1	1	1	1	6
0	1	1	0	1	1	1	1	1	1	0	0	0	0	7
0	1	1	1	0	0	0	1	1	1	1	1	1	1	8
0	1	1	1	0	0	1	1	1	1	0	0	1	1	9
0	1	1	1	0	1	0	0	0	0	0	0	0	0	消隐
0	1	1	1	0	1	1	0	0	0	0	0	0	0	消隐
0	1	1	1	1	0	0	0	0	0	0	0	0	0	消隐
0	1	1	1	1	0	1	0	0	0	0	0	0	0	消隐
0	1	1	1	1	1	0	0	0	0	0	0	0	0	消隐
0	1	1	1	1	1	1	0	0	0	0	0	0	0	消隐
1	1	1	×	×	×	×	锁存							锁存

在本数字电路实验装置上已完成了译码器 CC4511 和数码管 BS202 之间的连接。实验时，只要接通 +5 V 电源和将十进制数的 BCD 码接至译码器的相应输入端 A、B、C、D，即可显示 0～9 的数字。4 位数码管可接受 4 组 BCD 码输入。CC4511 与 LED 数码管的连接如图 8-27 所示。

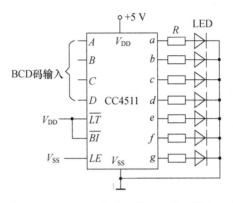

图 8-27　CC4511 驱动一位 LED 数码管

三、实验设备与器件

(1) +5 V 直流电源　　　　　　　(2) 双踪示波器

(3) 连续脉冲源　　　　　　　　(4) 逻辑电平开关

(5) 逻辑电平显示器　　　　　　(6) 拨码开关组

(7) 译码显示器　　　　　　　　(8) 74LS138×2　CC4511

四、实验内容

1. 数据拨码开关的使用

将实验装置上的 4 组拨码开关的输出 A、B、C、D 分别接至 4 组显示译码/驱动器 CC4511 的对应输入口，LE、$\overline{BI}$、$\overline{LT}$ 接至 3 个逻辑开关的输出插口，接上 +5 V 显示器的电源，然后按功能表 8-10 输入的要求拨动 4 个数码的增减键（"+"与"−"键），以便操作和 LE、$\overline{BI}$、$\overline{LT}$ 对应的 3 个逻辑开关，观测拨码盘上的 4 位数与 LED 数码管显示的对应数字是否一致，判定译码显示是否正常。

2. 74LS138 译码器逻辑功能测试

将译码器使能端 S_1、$\overline{S_2}$、$\overline{S_3}$ 及地址端 A_2、A_1、A_0 分别接至逻辑电平开关输出口，8 个输出端 $\overline{Y_7}\cdots\overline{Y_0}$ 依次连接在逻辑电平显示器的 8 个输入口上，拨动逻辑电平开关，按表 8-9 逐项测试 74LS138 的逻辑功能。

3. 用 74LS138 构成时序脉冲分配器

参照图 8-21 和实验原理的说明，时钟脉冲 CP 频率约为 10 kHz，要求分配器输出端

$\overline{Y}_7 \cdots \overline{Y}_0$ 的信号与 CP 输入信号同相。画出分配器的实验电路，用示波器观察和记录在地址端 A_2、A_1、A_0 分别取 000~111 这 8 种不同状态时 $\overline{Y}_7 \cdots \overline{Y}_0$ 端的输出波形，注意输出波形与 CP 输入波形之间的相位关系。

4. 用 74LS138 组成译码器

用两片 74LS138 组合成一个 4 线—16 线译码器，并进行实验。

五、实验预习要求

(1) 复习有关译码器和分配器的原理。
(2) 根据实验任务，画出所需的实验线路及记录表格。

六、实验报告

(1) 画出实验线路，把观察到的波形画在坐标纸上，并标上对应的地址码。
(2) 对实验结果进行分析、讨论。

实验七　数据选择器及其应用

一、实验目的

(1) 掌握中规模集成数据选择器的逻辑功能及使用方法；
(2) 学习用数据选择器构成组合逻辑电路的方法。

二、实验原理

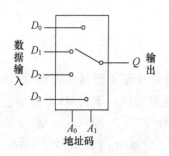

图 8-28　4 选 1 数据选择器示意图

数据选择器又叫"多路开关"。数据选择器在地址码（或叫选择控制）电位的控制下，从几个数据输入中选择一个并将其送到一个公共的输出端。数据选择器的功能类似一个多掷开关，如图 8-28 所示，图中有 4 路数据 $D_0 \sim R_3$，通过选择控制信号 A_1、A_0（地址码）从 4 路数据中选中某一路数据送至输出端 Q。

数据选择器为目前逻辑设计中应用十分广泛的逻辑部件，它有 2 选 1、4 选 1、8 选 1、16 选 1 等类别。

数据选择器的电路结构一般由与或门阵列组成，也有用传输门开关和门电路混合而成的。

1. 8 选 1 数据选择器 74LS151

74LS151 为互补输出的 8 选 1 数据选择器，引脚排列如图 8-29 所示，功能如表 8-11 所示。

选择控制端（地址端）为 $A_2 \sim A_0$，按二进制译码，从 8 个输入数据 $D_0 \sim D_7$ 中，选择一个需要的数据送到输出端 Q。$\overline{S}$ 为使能端，低电平有效。

表 8-11　74LS151 功能表

输　入				输　出	
$\overline{S}$	A_2	A_1	A_0	Q	$\overline{Q}$
1	×	×	×	0	1
0	0	0	0	D	$\overline{D}_0$
0	0	0	1	D	$\overline{D}_1$
0	0	1	0	D	$\overline{D}_2$
0	0	1	1	D	$\overline{D}_3$
0	1	0	0	D	$\overline{D}_4$
0	1	0	1	D	$\overline{D}_5$
0	1	1	0	D	$\overline{D}_6$
0	1	1	1	D	$\overline{D}_7$

16 15 14 13 12 11 10 9
V_{CC} D_4 D_5 D_6 D_7 A_0 A_1 A_2
74LS151
D_3 D_2 D_1 D_0 Q $\overline{Q}$ $\overline{S}$ GND
1 2 3 4 5 6 7 8

图 8-29　74LS151 引脚排列

（1）使能端$\overline{S}=1$时，不论$A_2 \sim A_0$状态如何，均无输出（$Q=0$，$\overline{Q}=1$），多路开关被禁止。

（2）使能端$\overline{S}=0$时，多路开关正常工作，根据地址码A_2、A_1、A_0的状态选择$D_0 \sim D_7$中某一个通道的数据输送到输出端Q。

如果$A_2A_1A_0=000$，则选择D_0数据到输出端，即$Q=D_0$。

如果$A_2A_1A_0=001$，则选择D_1数据到输出端，即$Q=D_1$，其余类推。

2. 双 4 选 1 数据选择器 74LS153

所谓双 4 选 1 数据选择器就是在一块集成芯片上有两个 4 选 1 数据选择器。引脚排列如图 8-30 所示，功能如表 8-12 所示。

表 8-12　74LS153 功能表

输　入			输　出
$\overline{S}$	A_1	A_0	Q
1	×	×	0
0	0	0	D_0
0	0	1	D_1
0	1	0	D_2
0	1	1	D_3

16 15 14 13 12 11 10 9
V_{CC} $2\overline{S}$ A_0 $2D_3$ $2D_2$ $2D_1$ $2D_0$ $2Q$
74LS153
$1\overline{S}$ A_1 $1D_3$ $1D_2$ $1D_1$ $1D_0$ $1Q$ GND
1 2 3 4 5 6 7 8

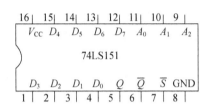

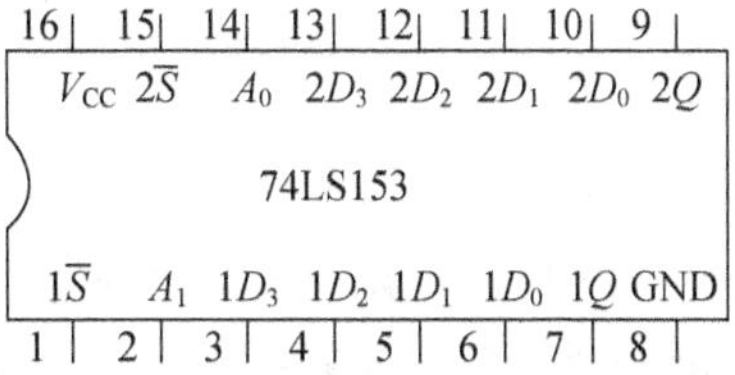

图 8-30　74LS153 引脚功能

$1\overline{S}$、$2\overline{S}$ 为两个独立的使能端;A_1、A_0 为公用的地址输入端;$1D_0 \sim 1D_3$ 和 $2D_0 \sim 2D_3$,分别为两个4选1数据选择器的数据输入端;$1Q$、$2Q$ 为两个输出端。

(1) 当使能端 $1\overline{S}$($2\overline{S}$)$=1$ 时,多路开关被禁止,无输出,$Q=0$。

(2) 当使能端 $1\overline{S}$($2\overline{S}$)$=0$ 时,多路开关正常工作,根据地址码 A_1、A_0 的状态,将相应的数据 $D_0 \sim D_3$ 送到输出端 Q。

如果 $A_1A_0=00$,则选择 D_0 数据到输出端,即 $Q=D_0$。

如果 $A_1A_0=01$,则选择 D_1 数据到输出端,即 $Q=D_1$,其余类推。

数据选择器的用途很多,例如,多通道传输、数码比较、并行码变串行码,以及实现逻辑函数等。

3. 数据选择器的应用——实现逻辑函数

【例8-1】 用8选1数据选择器74LS151实现函数
$$F = A\overline{B} + \overline{A}C + B\overline{C}$$
采用8选1数据选择器74LS151可实现任意3输入变量的组合逻辑函数。

做出函数 F 的功能表,如表8-13所示,将函数 F 功能表与8选1数据选择器的功能表相比较,可以看出:

(1) 将输入变量 C、B、A 作为8选1数据选择器的地址码 A_2、A_1、A_0。

(2) 使8选1数据选择器的各数据输入 $D_0 \sim D_7$ 分别与函数 F 的输出值一一相对应。

即:$A_2A_1A_0 = CBA$,

$D_0 = D_7 = 0$,

$D_1 = D_2 = D_3 = D_4 = D_5 = D_6 = 1$。

则8选1数据选择器的输出 Q 便实现了函数 $F = A\overline{B} + \overline{A}C + B\overline{C}$。接线图如图8-31所示。

表8-13 74LS151 功能表

输入			输出
C	B	A	F
0	0	0	0
0	0	1	1
0	1	0	1
0	1	1	1
1	0	0	1
1	0	1	1
1	1	0	1
1	1	1	0

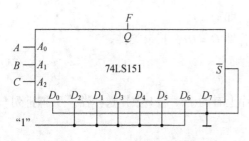

图8-31 用8选1数据选择器实现
$F = A\overline{B} + \overline{A}C + B\overline{C}$

显然,采用具有 n 个地址端的数据选择实现 n 变量的逻辑函数时,应将函数的输入变量加到数据选择器的地址端(A),选择器的数据输入端(D)按次序以函数 F 输出值来赋值。

【例8-2】 用8选1数据选择器74LS151实现函数 $F = A\overline{B} + \overline{A}B$。

(1) 列出函数 F 的功能表如表8-14所示。

(2) 将 A、B 加到地址端 A_1、A_0，而 A_2 接地，由表 8-14 可见，将 D_1，D_2 接 "1" 及 D_0，D_3 接地，其余数据输入端 $D_4 \sim D_7$ 都接地，则 8 选 1 数据选择器的输出 Q，便实现了函数 $F = A\overline{B} + \overline{A}B$，接线图如图 8-32 所示。

表 8-14　74LS151 功能表

B	A	F
0	0	0
0	1	1
1	0	1
1	1	0

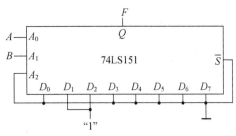

图 8-32　用 8 选 1 数据选择器实现 $F = A\overline{B} + \overline{A}B$

显然，当函数输入变量数小于数据选择器的地址端（A）时，应将不用的地址端及不用的数据输入端（D）都接地。

【例 8-3】　用 4 选 1 数据选择器 74LS153 实现函数
$$F = \overline{A}\overline{B}C + \overline{A}B\overline{C} + AB\overline{C} + ABC$$
函数 F 的功能如表 8-15 所示。

函数 F 有 3 个输入变量 A、B、C，而数据选择器只有两个地址端 A_1、A_0，少于函数输入变量个数，在设计时可任选 A 接 A_1，B 接 A_0。将函数功能表改画成表 8-16 的形式，可见，当将输入变量 A、B、C 中 A、B 接选择器的地址端 A_1、A_0，由表 8-16 不难看出，$D_0 = 0$，$D_1 = D_2 = C$，$D_3 = 1$，则 4 选 1 数据选择器的输出便实现了函数 $F = \overline{A}\overline{B}C + \overline{A}B\overline{C} + AB\overline{C} + ABC$。接线图如图 8-33 所示。

表 8-15　74LS153 功能表

输入			输出
A	B	C	F
0	0	0	0
0	0	1	0
0	1	0	0
0	1	1	1
1	0	0	0
1	0	1	1
1	1	0	1
1	1	1	1

表 8-16　图 8-33 的电路功能表

输入			输出	选中数据端
A	B	C	F	
0	0	0 / 1	0 / 0	$D = 0$
0	1	0 / 1	0 / 1	$D = C$
1	0	0 / 1	0 / 1	$D = C$
1	1	0 / 1	1 / 1	$D = 1$

当函数输入变量大于数据选择器地址端（A）时，可能随着选用函数输入变量作为地址的方案不同，而使其设计结果不同，需对比几种方案，以获得最佳方案。

三、实验设备与器件

（1）+5 V 直流电源　　　　（2）逻辑电平开关

（3）逻辑电平显示器　　　（4）74LS151（或CC4512）　74LS153（或CC4539）

四、实验内容

1. 测试数据选择器 74LS151 的逻辑功能

接图 8-34 接线，地址端 A_2、A_1、A_0，数据端 $D_0 \sim D_7$，使能端 S 接逻辑开关，输出端 Q 接逻辑电平显示器，按 74LS151 功能表逐项进行测试，记录测试结果。

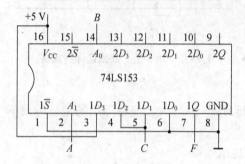

图 8-33　用 4 选 1 数据选择器实现
$F = \bar{A}BC + A\bar{B}C + AB\bar{C} + ABC$

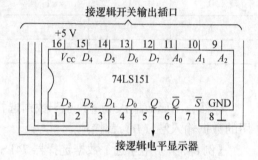

图 8-34　74LS151 逻辑功能测试

2. 测试 74LS153 的逻辑功能

测试方法及步骤同上，记录之。

3. 用 8 选 1 数据选择器 74LS151 设计 3 输入多数表决电路

（1）写出设计过程；
（2）画出接线图；
（3）验证逻辑功能。

4. 用 8 选 1 数据选择器实现逻辑函数

（1）写出设计过程；
（2）画出接线图；
（3）验证逻辑功能。

5. 用双 4 选 1 数据选择器 74LS153 实现全加器

（1）写出设计过程；
（2）画出接线图；
（3）验证逻辑功能。

五、实验预习要求

（1）复习数据选择器的工作原理；

（2）用数据选择器对实验内容中各函数式进行预设计。

六、实验报告

用数据选择器对实验内容进行设计、写出设计全过程、画出接线图、进行逻辑功能测试；总结实验收获、体会。

实验八　触发器及其应用

一、实验目的

（1）掌握基本 RS、JK、D 和 T 触发器的逻辑功能；
（2）掌握集成触发器的逻辑功能及使用方法；
（3）熟悉触发器之间相互转换的方法。

二、实验原理

触发器具有两个稳定状态，用以表示逻辑状态"1"和"0"，在一定的外界信号作用下，可以从一个稳定状态翻转到另一个稳定状态，它是一个具有记忆功能的二进制信息存储器件，是构成各种时序电路的最基本逻辑单元。

1. 基本 RS 触发器

图 8-35 为由两个与非门交叉构成的基本 RS 触发器，它是无时钟控制低电平直接触发的触发器。基本 RS 触发器具有置"0"、置"1"和"保持"3 种功能。通常，$\bar{S}$ 称为置"1"端，因为 $\bar{S}=0$（$\bar{R}=1$）时触发器被置"1"；$\bar{R}$ 称为置"0"端，因为 $\bar{R}=0$（$\bar{S}=1$）时触发器被置"0"。当 $\bar{R}=\bar{S}=1$ 时，状态保持；当 $\bar{R}=\bar{S}=0$ 时，触发器状态不定，应避免此种情况发生，表 8-17 为基本 RS 触发器的功能表。

基本 RS 触发器也可以用两个"或非门"组成，此时为高电平触发有效。

表 8-17　基本 RS 触发器功能表

输　　入		输　　出	
$\bar{S}$	$\bar{R}$	Q^{n+1}	$\bar{Q}^{n+1}$
0	1	1	0
1	0	0	1
1	1	Q^n	$\bar{Q}^n$
0	0	Φ	Φ

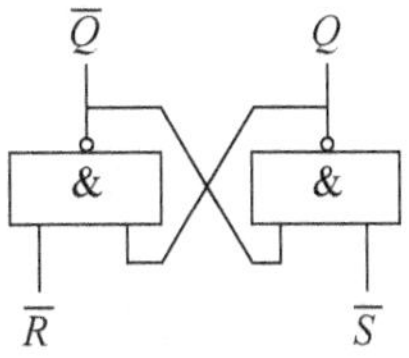

图 8-35　基本 RS 触发器

2. JK 触发器

在输入信号为双端的情况下，JK 触发器是功能完善、使用灵活和通用性较强的一种触发器。本实验采用 74LS112 双 JK 触发器，是下降边沿触发的边沿触发器。引脚功能及逻辑符号如图 8-36 所示。

JK 触发器的状态方程为

$$Q^{n+1} = J\overline{Q}^n + \overline{K}Q^n$$

J 和 K 是数据输入端,是触发器状态更新的依据,若 J、K 有两个或两个以上输入端时,组成"与"的关系。Q 与 $\overline{Q}$ 为两个互补输出端。通常把 $Q=0$、$\overline{Q}=1$ 的状态定为触发器"0"状态;而把 $Q=1$,$\overline{Q}=0$ 定为"1"状态。

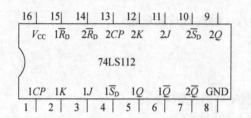 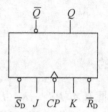

图 8-36　74LS112 双 JK 触发器引脚排列及逻辑符号

下降沿触发 JK 触发器的功能如表 8-18 所示。

表 8-18　下降沿触发 JK 触发器的功能

输入					输出	
$\overline{S}_D$	$\overline{R}_D$	CP	J	K	Q^{n+1}	$\overline{Q}^{n+1}$
0	1	×	×	×	1	0
1	0	×	×	×	0	1
0	0	×	×	×	Φ	Φ
1	1	↓	0	0	Q^n	$\overline{Q}^n$
1	1	↓	1	0	1	0
1	1	↓	0	1	0	1
1	1	↓	1	1	$\overline{Q}^n$	Q^n
1	1	↓	×	×	Q^n	$\overline{Q}^n$

注:×——任意态,↓——高到低电平跳变,↑——低到高电平跳变,
Q^n($\overline{Q}^n$ $\overline{Q}^n$)——现态,Q^{n+1}($\overline{Q}^{n+1}$)——次态,Φ——不定态。

JK 触发器常被用作缓冲存储器,移位寄存器和计数器。

3. D 触发器

在输入信号为单端的情况下,D 触发器用起来最为方便,其状态方程为 $Q^{n+1}=D^n$,其输出状态的更新发生在 CP 脉冲的上升沿,故又称为上升沿触发的边沿触发器,触发器的状态只取决于时钟到来前 D 端的状态。D 触发器的应用很广,可用作数字信号的寄存、移位寄存、分频和波形发生等。有很多种型号可供各种用途的需要而选用。如双 D 74LS74、四 D 74LS175、六 D 74LS174 等。

图 8-37 为双 D 74LS74 的引脚排列及逻辑符号,功能如表 8-19 所示。

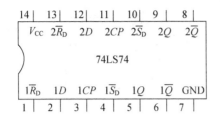 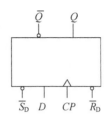

图 8-37　74LS74 引脚排列及逻辑符号

表 8-19　双 D 74LS74 功能表

输入				输出	
$\overline{S}_D$	$\overline{R}_D$	CP	D	Q^{n+1}	$\overline{Q}^{n+1}$
0	1	×	×	1	0
1	0	×	×	0	1
0	0	×	×	Φ	Φ
1	1	↑	1	1	0
1	1	↑	0	0	1
1	1	↓	×	Q^n	$\overline{Q}^n$

4. 触发器之间的相互转换

在集成触发器的产品中，每一种触发器都有自己固定的逻辑功能。但可以利用转换的方法获得具有其他功能的触发器。例如，将 JK 触发器的 J、K 两端连在一起，并认它为 T 端，就得到所需的 T 触发器。如图 8-38(a) 所示，其状态方程为：$Q^{n+1} = T\overline{Q}^n + \overline{T}Q^n$。

T 触发器的功能如表 8-20 所示。

由功能表可见，当 T=0 时，时钟脉冲作用后，其状态保持不变；当 T=1 时，时钟脉冲作用后，触发器状态翻转。因此，若将 T 触发器的 T 端置"1"，如图 8-38(b) 所示，即得 T' 触发器。在 T' 触发器的 CP 端每来一个 CP 脉冲信号，触发器的状态就翻转一次，故称为反转触发器，广泛用于计数电路中。

表 8-20　T 触发器功能表

输入				输出
$\overline{S}_D$	$\overline{R}_D$	CP	T	Q^{n+1}
0	1	×	×	1
1	0	×	×	0
1	1	↓	0	Q^n
1	1	↓	1	$\overline{Q}^n$

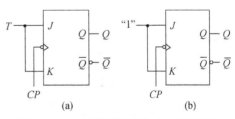

图 8-38　JK 触发器转换为 T，T' 触发器

同样，若将 D 触发器的 $\overline{Q}$ 端与 D 端相连，便转换成 T' 触发器。如图 8-39(a) 所示。JK 触发器也可转换为 D 触发器，如图 8-39(b) 所示。

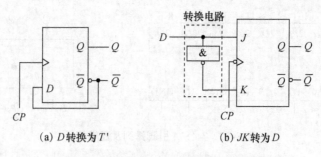

(a) D 转换为 T'　　　　(b) JK 转为 D

图 8-39　D 转换为 T' 和 JK 转为 D 触发器

5. CMOS 触发器

（1）CMOS 边沿型 D 触发器。CC4013 是由 CMOS 传输门构成的边沿型 D 触发器。它是上升沿触发的双 D 触发器，表 8-21 为其功能表，图 8-40 为引脚排列。

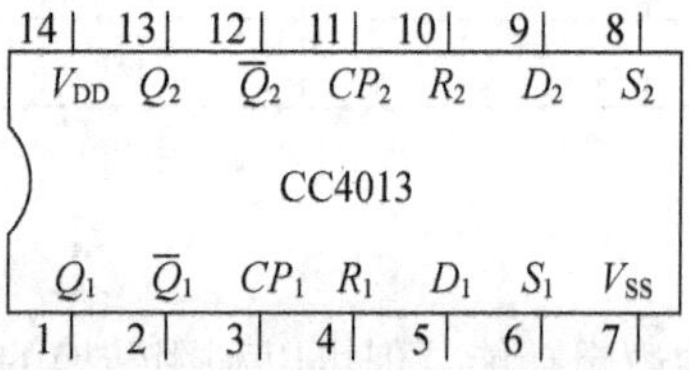

表 8-21　CC4013 功能表

输入				输出
S	R	CP	D	Q^{n+1}
1	0	×	×	1
0	1	×	×	0
1	1	×	×	Φ
0	0	↑	1	1
0	0	↑	0	0
0	0	↓	×	Q^n

图 8-40　双上升沿 D 触发器

（2）CMOS 边沿型 JK 触发器。CC4027 是由 CMOS 传输门构成的边沿型 JK 触发器，它是上升沿触发的双 JK 触发器，表 8-22 为其功能表，图 8-41 为引脚排列。

表 8-22　CC4027 功能表

输入					输出
S	R	CP	J	K	Q^{n+1}
1	0	×	×	×	1
0	1	×	×	×	0
1	1	×	×	×	Φ
0	0	↑	0	0	Q^n
0	0	↑	1	0	1
0	0	↑	0	1	0
0	0	↑	1	1	$\overline{Q^n}$
0	0	↓	×	×	Q^n

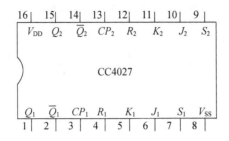

图 8-41 双上升沿 JK 触发器

CMOS 触发器的直接置位、复位输入端 S 和 R 是高电平有效，当 S=1（或 R=1）时，触发器将不受其他输入端所处状态的影响，使触发器直接置 1（或置 0）。但直接置位、复位输入端 S 和 R 必须遵守 RS=0 的约束条件。CMOS 触发器在按逻辑功能工作时，S 和 R 必须均置 0。

三、实验设备与器件

(1) +5 V 直流电源　　　　(2) 双踪示波器
(3) 连续脉冲源　　　　　(4) 单次脉冲源
(5) 逻辑电平开关　　　　(6) 逻辑电平显示器
(7) 74LS112（或 CC4027）　74LS00（或 CC4011）　74 LS 574（或 CC4013）

四、实验内容

1. 测试基本 RS 触发器的逻辑功能

按图 8-35 用两个与非门组成基本 RS 触发器，输入端 $\overline{R}$，$\overline{S}$ 接逻辑开关的输出插口，输出端 Q，$\overline{Q}$ 接逻辑电平显示输入插口，按表 8-17 要求测试，记录之。

2. 测试双 JK 触发器 74LS112 逻辑功能

(1) 测试 $\overline{R}_D$，$\overline{S}_D$ 的复位、置位功能。任取一只 JK 触发器，$\overline{R}_D$、$\overline{S}_D$、J、K 端接逻辑开关输出插口，CP 端接单次脉冲源，Q、$\overline{Q}$ 端接至逻辑电平显示输入插口。要求改变 $\overline{R}_D$、$\overline{S}_D$（J、K、CP 处于任意状态），并在 $\overline{R}_D=0$（$\overline{S}_D=1$）或 $\overline{S}_D=0$（$\overline{R}_D=1$）作用期间任意改变 J、K 及 CP 的状态，观察 Q、$\overline{Q}$ 的状态。自拟表格并记录之。

(2) 测试 JK 触发器的逻辑功能。按表 8-23 的要求改变 J、K、CP 端状态，观察 Q、$\overline{Q}$ 状态变化，观察触发器状态更新是否发生在 CP 脉冲的下降沿（即 CP 由 1→0），记录之。

(3) 将 JK 触发器的 J、K 端连在一起，构成 T 触发器。

在 CP 端输入 1 Hz 连续脉冲，观察 Q 端的变化。

在 CP 端输入 1 kHz 连续脉冲，用双踪示波器观察 CP，Q，$\overline{Q}$ 端波形，注意相位关系，描绘之。

表 8-23 JK 触发器状态表

J	K	CP	Q^{n+1}	
			$Q^n=0$	$Q^n=1$
0	0	0→1		
		1→0		
0	1	0→1		
		1→0		
1	0	0→1		
		1→0		
1	1	0→1		
		1→0		

3. 测试双 D 触发器 74LS74 的逻辑功能

（1）测试 $\overline{R}_D$、$\overline{S}_D$ 的复位、置位功能。测试方法同实验内容 2 中的（1），自拟表格记录。

（2）测试 D 触发器的逻辑功能。按表 8-24 要求进行测试，并观察触发器状态更新是否发生在 CP 脉冲的上升沿（即由 0→1），记录之。

表 8-24 D 触发器状态表

D	CP	Q^{n+1}	
		$Q^n=0$	$Q^n=1$
0	0→1		
	1→0		
1	0→1		
	1→0		

（3）将 D 触发器的 $\overline{Q}$ 端与 D 端相连接，构成 T' 触发器。测试方法同实验内容 2 中的（3），记录之。

4. 双相时钟脉冲电路

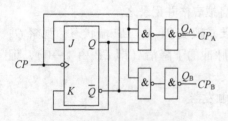

图 8-42 双相时钟脉冲电路

用 JK 触发器及与非门构成的双相时钟脉冲电路如图 8-42 所示，此电路是用来将时钟脉冲 CP 转换成两个相时钟脉冲 CP_A 及 CP_B，其频率相同，但相位不同。

分析电路工作原理，并按图 8-42 接线，用双踪示波器同时观察 CP、CP_A；CP、CP_B 及 CP_A、CP_B 波形，并描绘之。

5. 乒乓球练习电路

电路功能要求：模拟两名动运员在练球时，乒乓球能往返运转。

提示：采用双 D 触发器 74LS74 设计实验线路，两个 CP 端触发脉冲分别由两名运动员操作，两个触发器的输出状态用逻辑电平显示器显示。

五、实验预习要求

（1）复习有关触发器内容；
（2）列出各触发器功能测试表格；
（3）按实验内容 4、5 的要求设计线路，拟定实验方案。

六、实验报告

（1）列表整理各类触发器的逻辑功能；
（2）总结观察到的波形，说明触发器的触发方式；
（3）体会触发器的应用；
（4）利用普通的机械开关组成的数据开关所产生的信号是否可作为触发器的时钟脉冲信号？为什么？是否可以用作触发器的其他输入端的信号？又是为什么？

实验九 计数器及其应用

一、实验目的

（1）学习用集成触发器构成计数器的方法；
（2）掌握中规模集成计数器的使用及功能测试方法；
（3）运用集成计数器构成 1/N 分频器。

二、实验原理

计数器是一个用以实现计数功能的时序部件，它不仅可用来计脉冲数，还常用作数字系统的定时、分频和执行数字运算，以及其他特定的逻辑功能。

计数器种类很多。按构成计数器中的各触发器是否使用一个时钟脉冲源来分，有同步计数器和异步计数器。根据计数制的不同，分为二进制计数器，十进制计数器和任意进制计数器。根据计数的增减趋势，又分为加法、减法和可逆计数器。此外，还有可预置数和可编程序功能计数器等。

目前，无论是 TTL 还是 CMOS 集成电路，都有品种较齐全的中规模集成计数器。使用者只要借助于器件手册提供的功能表和工作波形图，以及引出端的排列，就能正确地运用这些器件。

1. 用 D 触发器构成异步二进制加/减计数器

图 8-43 是用 4 只 D 触发器构成的 4 位二进制异步加法计数器，它的连接特点是将每只 D 触发器接成 T' 触发器，再由低位触发器的 $\overline{Q}$ 端和高一位的 CP 端相连接。

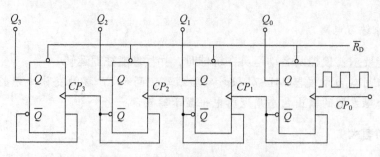

图 8-43　4 位二进制异步加法计数器

若将图 8-43 稍加改动，即将低位触发器的 Q 端与高一位的 CP 端相连接，将构成一个 4 位二进制减法计数器。

2. 中规模十进制计数器

CC40192 是同步十进制可逆计数器，具有双时钟输入，并具有清除和置数等功能，其引脚排列及逻辑符号如图 8-44 所示。

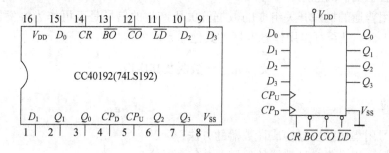

图 8-44　CC40192 引脚排列及逻辑符号

其中，$\overline{LD}$——置数端；CP_U——加计数端；CP_D——减计数端；

$\overline{CO}$——非同步进位输出端；$\overline{BO}$——非同步借位输出端；

D_0、D_1、D_2、D_3——计数器输入端；Q_0、Q_1、Q_2、Q_3——数据输出端；CR——清除端。

CC40192（同 74LS192，二者可互换使用）的功能如表 8-25，说明如下。

表 8-25　CC40192 功能表

输入								输出			
CR	$\overline{LD}$	CP_U	CP_D	D_3	D_2	D_1	D_0	Q_3	Q_2	Q_1	Q_0
1	×	×	×	×	×	×	×	0	0	0	0
0	0	×	×	d	c	b	a	d	c	b	a
0	1	↑	1	×	×	×	×	加计数			
0	1	1	↑	×	×	×	×	减计数			

当清除端 CR 为高电平"1"时，计数器直接清零；当 CR 置低电平时，执行其他功能。

当 CR 为低电平，置数 $\overline{LD}$ 也为低电平时，数据直接从置数端 D_0、D_1、D_2、D_3 置入计数器。

当 CR 为低电平，而 $\overline{LD}$ 为高电平时，当执行计数功能。当执行加计数时，减计数端 CP_D 接高电平，计数脉冲由 CP_U 输入，在计数脉冲上升沿进行 8421 码十进制加法计数。当执行减计数时，加计数端 CP_U 接高电平，计数脉冲由减计数端 CP_D 输入，表 8-26 为 8421 码十进制加、减计数器的状态转换表。

表 8-26　8421 码十进制加、减计数器的状态转换表

	加法计数 →									
输入脉冲数	0	1	2	3	4	5	6	7	8	9
输出 Q_3	0	0	0	0	0	0	0	0	1	1
输出 Q_2	0	0	0	0	1	1	1	1	0	0
输出 Q_1	0	0	1	1	0	0	1	1	0	0
输出 Q_0	0	1	0	1	0	1	0	1	0	1
	← 减法计数									

3. 计数器的级联使用

一个十进制计数器只能表示 0～9 十个数，为了扩大计数器范围，常用多个十进制计数器级联使用。

同步计数器往往设有进位（或借位）输出端，故可选用其进位（或借位）输出信号驱动下一级计数器。

图 8-45 是由 CC40192 利用进位输出而控制高一位的 CP_U 端构成的加计数级联图。

4. 实现任意进制计数

（1）用复位法获得任意进制计数器。假定已有 N 进制计数器，而需要得到一个 M 进制计数器时，只要 M < N，用复位法使计数器计数到 M 时置"0"，即获得 M 进制计数器。如图 8-46 所示为一个由 CC40192 十进制计数器接成的六进制计数器。

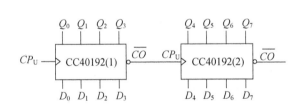

图 8-45　CC40192 级联电路

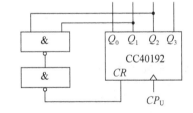

图 8-46　六进制计数器

（2）利用预置功能获 M 进制计数器。图 8-47 所示为用 3 个 CC40192 组成的 421 进制计数器。

外加的由与非门构成的锁存器可以克服器件计数速度的离散性，保证在反馈置"0"信号作用下计数器可靠置"0"。

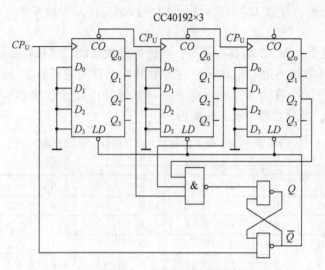

图 8-47　421 进制计数器

图 8-48 是一个特殊 12 进制的计数器电路方案。在数字钟里，对时位的计数序列是 1，2，…，12，它是 12 进制的，且无 0 数。如图 8-48 所示，当计数到 13 时，通过与非门产生一个复位信号，使 CC40192（2）（时十位）直接置成 0000，而 CC40192（1），即时的个位直接置成 0001，从而实现了 1～12 计数。

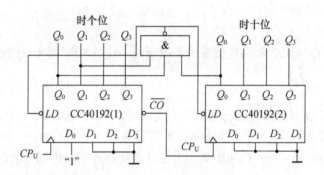

图 8-48　特殊 12 进制计数器

三、实验设备与器件

(1) +5 V 直流电源 (2) 双踪示波器
(3) 连续脉冲源 (4) 单次脉冲源
(5) 逻辑电平开关 (6) 逻辑电平显示器
(7) 译码显示器
(8) CC4013×2（74LS74）　CC40192×3（74LS192）　CC4011（74LS00）
CC4012（74LS20）

四、实验内容

1. 用 CC4013 或 74LS74 D 触发器构成 4 位二进制异步加法计数器

（1）按图 8-43 接线，$\overline{R}_D$ 接至逻辑开关输出插口，将低位 CP_0 端接单次脉冲源，输出端 Q_3、Q_2、Q_1、Q_0 接逻辑电平显示输入插口，各 $\overline{S}_D$ 接高电平"1"。

（2）清零后，逐个送入单次脉冲，观察并列表记录 $Q_3 \sim Q_0$ 的状态。

（3）将单次脉冲改为 1 Hz 的连续脉冲，观察 $Q_3 \sim Q_0$ 的状态。

（4）将 1 Hz 的连续脉冲改为 1 kHz，用双踪示波器观察 CP、Q_3、Q_2、Q_1、Q_0 端波形，描绘之。

（5）将图 8-43 电路中的低位触发器的 $\overline{Q}$ 端与高一位的 CP 端相连接，构成减法计数器，按实验内容（2）、（3）、（4）进行实验，观察并列表记录 $Q_3 \sim Q_0$ 的状态。

2. 测试 CC40192 或 74LS192 同步十进制可逆计数器的逻辑功能

计数脉冲由单次脉冲源提供，清除端 CR，置数 $\overline{LD}$、数据输入端 D_3、D_2、D_1、D_0 分别接逻辑开关，输出端 Q_3、Q_2、Q_1、Q_0 接实验设备的一个译码显示输入相应插口 A、B、C、D；$\overline{CO}$ 和 $\overline{BO}$ 接逻辑电平显示插口。按表 8-26 逐项测试并判断该集成块的功能是否正常。

（1）清除。令 $CR = 1$，其他输入为任意态，这时 $Q_3Q_2Q_1Q_0 = 0000$，译码数字显示为 0。清除功能完成后，置 $CR = 0$。

（2）置数。$CR = 0$，CP_U、CP_D 任意，数据输入端输入任意一组二进制数，令 $\overline{LD} = 0$，观察计数译码显示输出，预置功能是否完成，此后，置 $\overline{LD} = 1$。

（3）加计数。$CR = 0$，$\overline{LD} = CP_D = 1$，CP_U 接单次脉冲源。清零后送入 10 个单次脉冲，观察译码数字显示是否按 8421 码十进制状态转换表进行，输出状态变化是否发生在 CP_U 的上升沿。

（4）减计数。$CR = 0$，$\overline{LD} = CP_U = 1$，CP_D 接单次脉冲源。参照步骤（3）进行实验。

3. 用两片 CC40192 组成两位十进制加法计数器

（1）如图 8-45 所示，用两片 CC40192 组成两位十进制加法计数器，输入 1 Hz 连续计数脉冲，进行由 00～99 累加计数，记录之。

（2）将两位十进制加法计数器改为两位十进制减法计数器，实现由 99～00 递减计数，记录之。

（3）按照图 8-46 电路进行实验，记录之。

（4）按照图 8-47 或图 8-48 进行实验，记录之。

（5）设计一个数字钟移位六十进制计数器并进行实验。

五、实验预习要求

(1) 复习有关计数器部分内容。
(2) 绘出各实验内容的详细线路图。
(3) 拟出各实验内容所需的测试记录表格。
(4) 查手册,绘出并熟悉实验所用各集成块的引脚排列图。

六、实验报告

(1) 画出实验线路图,记录、整理实验现象及实验所得的有关波形,并对实验结果进行分析。
(2) 总结使用集成计数器的体会。

实验十　移位寄存器及其应用

一、实验目的

(1) 掌握中规模4位双向移位寄存器逻辑功能及使用方法;
(2) 熟悉移位寄存器的应用——实现数据的串行、并行转换和构成环形计数器。

二、实验原理

1. 4位双向通用移位寄存器

移位寄存器是一个具有移位功能的寄存器,是指寄存器中所存的代码能够在移位脉冲的作用下依次左移或右移。既能左移又能右移的称为双向移位寄存器,只需要改变左、右移的控制信号便可实现双向移位要求。根据移位寄存器存取信息的方式不同分为串入串出、串入并出、并入串出、并入并出4种形式。

本实验选用的4位双向通用移位寄存器,型号为CC40194或74LS194,两者功能相同,可互换使用,其逻辑符号及引脚排列如图8-49所示。

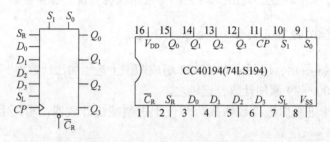

图8-49　CC40194的逻辑符号及引脚功能

其中,D_0、D_1、D_2、D_3为并行输入端;Q_0、Q_1、Q_2、Q_3为并行输出端;S_R为右移串行输入端,S_L为左移串行输入端;S_1、S_0为操作模式控制端;$\overline{C_R}$为直接无条件清零端;CP为时钟脉冲输入端。

CC40194 有 5 种不同操作模式：即并行送数寄存，右移（方向由 $Q_0 \to Q_3$）、左移（方向由 $Q_3 \to Q_0$）、保持及清零。

S_1、S_0 和 $\overline{C}_R$ 端的控制作用如表 8-27 所示。

表 8-27　S_1、S_0 和 $\overline{C}_R$ 端的控制作用

功能	输　　入									输　　出			
	CP	$\overline{C}_R$	S_1	S_0	S_R	S_L	D_0	D_1	D_2	D_3	Q_0	Q_1	Q_2	Q_3
清零	×	0	×	×	×	×	×	×	×	×	0	0	0	0
送数	↑	1	1	1	×	×	a	b	c	d	a	b	c	d
右移	↑	1	0	1	D_{SR}	×	×	×	×	×	D_{SR}	Q_0	Q_1	Q_2
左移	↑	1	1	0	×	D_{SL}	×	×	×	×	Q_1	Q_2	Q_3	D_{SL}
保持	↑	1	0	0	×	×	×	×	×	×	Q_0^n	Q_1^n	Q_2^n	Q_3^n
保持	↓	1	×	×	×	×	×	×	×	×	Q_0^n	Q_1^n	Q_2^n	Q_3^n

2．移位寄存器的应用

移位寄存器应用很广，可构成移位寄存器型计数器、顺序脉冲发生器、串行累加器；也可用作数据转换，即把串行数据转换为并行数据，或把并行数据转换为串行数据等。本实验研究移位寄存器用作环形计数器和数据的串、并行转换。

（1）环形计数器。把移位寄存器的输出反馈到它的串行输入端，就可以进行循环移位，如图 8-50 所示，把输出端 Q_3 和右移串行输入端 S_R 相连接。设初始状态 $Q_0Q_1Q_2Q_3=1000$，则在时钟脉冲作用下 $Q_0Q_1Q_2Q_3$ 将依次变为 0100→0010→0001→1000→…，如表 8-28 所示，可见它是一个具有 4 个有效状态的计数器，这种类型的计数器通常称为环形计数器。图 8-50 所示的电路可以由各个输出端输出在时间上有先后顺序的脉冲上，因此也可作为顺序脉冲发生器。

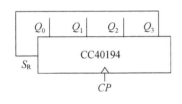

图 8-50　环形计数器

表 8-28　移位寄存器的状态

CP	Q_0	Q_1	Q_2	Q_3
0	1	0	0	0
1	0	1	0	0
2	0	0	1	0
3	0	0	0	1

如果将输出 Q_0 与左移串行输入端 S_L 相连接，则可实现左移循环移位。

（2）实现数据串、并行转换。

① 串行/并行转换器。串行/并行转换是指串行输入的数码，经转换电路之后变换成并行输出。图 8-51 是用两片 CC40194（74LS194）四位双简移位寄存器组成的七位串/并行数据转换器。

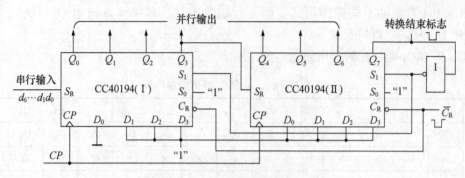

图 8-51 七位串/并行数据转换器

电路中 S_0 端接高电平 1，S_1 受 Q_7 控制，两片寄存器连接成串行输入右移工作模式，Q_7 是转换结束标志。当 $Q_7=1$ 时，S_1 为 0，使之成为 $S_1S_0=01$ 的串入右移工作方式；当 $Q_7=0$ 时，$S_1=1$，有 $S_1S_0=10$，则串行送数结束，标志着串行输入的数据已转换成并行输出。

串行/并行转换的具体过程如下所述。

转换前，$\overline{C}_R$ 端加低电平，使 1、2 两片寄存器的内容清 0，此时 $S_1S_0=11$，寄存器执行并行输入工作方式。当第一个 CP 脉冲到来后，寄存器的输出状态 $Q_0\sim Q_7$ 为 01111111，与此同时，S_1S_0 变为 01，转换电路变为执行串入右移工作方式，串联输入数据由 1 片的 S_R 端加入。随着 CP 脉冲的依次加入，输出状态的变化如表 8-29 所示。

由表 8-29 可见，右移操作 7 次之后，Q_7 为 0，S_1S_0 又变为 11，说明串行输入结束。这时，串行输入的数码已经转换成了并行输出了。

表 8-29 串行/并行数据转换过程

CP	Q_0	Q_1	Q_2	Q_3	Q_4	Q_5	Q_6	Q_7	说 明
0	0	0	0	0	0	0	0	0	清零
1	0	1	1	1	1	1	1	1	送数
2	d_0	0	1	1	1	1	1	1	右移操作 7 次
3	d_1	d_0	0	1	1	1	1	1	
4	d_2	d_1	d_0	0	1	1	1	1	
5	d_3	d_2	d_1	d_0	0	1	1	1	
6	d_4	d_3	d_2	d_1	d_0	0	1	1	
7	d_5	d_4	d_3	d_2	d_1	d_0	0	1	
8	d_6	d_5	d_4	d_3	d_2	d_1	d_0	0	
9	0	1	1	1	1	1	1	1	送数

当再来一个 CP 脉冲时，电路又重新执行一次并行输入，为第二组串行数码转换做好了准备。

② 并行/串行转换器。并行/串行转换器是指并行输入的数码经转换电路之后，转换成串行输出。

图 8-52 是用两片 CC40194（74LS194）组成的七位并行/串行数据转换器，它比图 8-51 多了两只与非门 G_1 和 G_2，电路工作方式同样为右移。

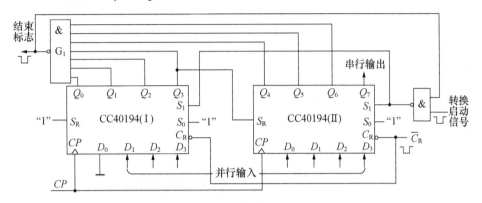

图 8-52 七位并行/串行数据转换器

寄存器清"0"后，加一个转换起动信号（负脉冲或低电平）。此时，由于方式控制 S_1S_0 为 11，转换电路执行并行输入操作。当第一个 CP 脉冲到来后，$Q_0Q_1Q_2Q_3Q_4Q_5Q_6Q_7$ 的状态为 $0D_1D_2D_3D_4D_5D_6D_7$，并行输入数码存入寄存器。从而使得 G_1 输出为 1，G_2 输出为 0，结果 S_1S_2 变为 01，转换电路随着 CP 脉冲的加入，开始执行右移串行输出，随着 CP 脉冲的依次加入，输出状态依次右移，待右移操作 7 次后，$Q_0 \sim Q_6$ 的状态都为高电平 1，与非门 G_1 输出为低电平，G_2 门输出为高电平，S_1S_2 又变为 11，表示并/串转换结束，并且为第二次并行输入创造了条件。并/串行转换过程如表 8-30 所示。

表 8-30 并/串行转换过程

CP	Q_0	Q_1	Q_2	Q_3	Q_4	Q_5	Q_6	Q_7	串行输出						
0	0	0	0	0	0	0	0	0							
1	0	D_1	D_2	D_3	D_4	D_5	D_6	D_7							
2	1	0	D_1	D_2	D_3	D_4	D_5	D_6	D_7						
3	1	1	0	D_1	D_2	D_3	D_4	D_5	D_6	D_7					
4	1	1	1	0	D_1	D_2	D_3	D_4	D_5	D_6	D_7				
5	1	1	1	1	0	D_1	D_2	D_3	D_4	D_5	D_6	D_7			
6	1	1	1	1	1	0	D_1	D_2	D_3	D_4	D_5	D_6	D_7		
7	1	1	1	1	1	1	0	D_1	D_2	D_3	D_4	D_5	D_6	D_7	
8	1	1	1	1	1	1	1	0	D_1	D_2	D_3	D_4	D_5	D_6	D_7
9	0	D_1	D_2	D_3	D_4	D_5	D_6	D_7							

中规模集成移位寄存器，其位数往往以 4 位居多，当需要的位数多于 4 位时，可把几片移位寄存器用级连的方法来扩展位数。

三、实验设备及器件

（1）+5 V 直流电源　　　　　　（2）单次脉冲源

(3) 逻辑电平开关　　　　　　　（4) 逻辑电平显示器

(5) CC40194×2 (74LS194)　　CC4011 (74LS00)　　CC4068 (74LS30)

四、实验内容

1. 测试 CC40194（或 74LS194）的逻辑功能

按图 8-53 接线，$\overline{C_R}$、S_1、S_0、S_L、S_R、D_0、D_1、D_2、D_3 分别接至逻辑开关的输出插口；Q_0、Q_1、Q_2、Q_3 接至逻辑电平显示输入插口。CP 端接单次脉冲源。按表 8-27 所规定的输入状态，逐项进行测试。

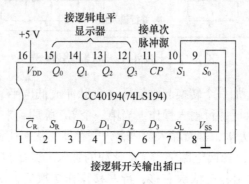

图 8-53　CC40194 逻辑功能测试

（1）清零：令 $\overline{C_R}=0$，其他输入均为任意态，这时寄存器输出 Q_0、Q_1、Q_2、Q_3 应均为 0。清零后，置 $\overline{C_R}=1$。

（2）送数：令 $\overline{C_R}=S_1=S_0=1$，送入任意 4 位二进制数码，如 $D_0D_1D_2D_3=abcd$，加 CP 脉冲，观察 CP=0、CP 由 0→1、CP 由 1→0 这三种情况下寄存器输出状态的变化，观察寄存器输出状态变化是否发生在 CP 脉冲的上升沿。

（3）右移：清零后，$\overline{C_R}=1$，$S_1=0$，$S_0=1$，由右移输入端 S_R 送入二进制数码（如 0100），由 CP 端连续加 4 个脉冲，观察输出情况，记录之。

（4）左移：先清零或预置，再令 $\overline{C_R}=1$，$S_1=1$，$S_0=0$，由左移输入端 S_L 送入二进制数码（如 1111），连续加 4 个 CP 脉冲，观察输出端情况，记录之。

（5）保持：寄存器予置任意 4 位二进制数码 abcd，令 $\overline{C_R}=1$，$S_1=S_0=0$，加 CP 脉冲，观察寄存器输出状态，记录之。

2. 环形计数器

自拟实验线路用并行送数法预置寄存器为某二进制数码（如 0100），然后进行右移循环，观察寄存器输出端状态的变化，记入自拟表格中。

3. 实现数据的串、并行转换

（1）串行输入、并行输出。按图 8-51 接线，进行右移串入、并出实验，串入数码自定；改接线路用左移方式实现并行输出。记录表 8-31 中。

表 8-31　串行输入、并行输出记录表

清零	模式		时钟	串	行	输　　入	输　　出	功能说明
$\overline{C_R}$	S_1	S_0	CP	S_L	S_R	$D_0D_1D_2D_3$	$Q_0Q_1Q_2Q_3$	
0	×	×	×	×	×	× × × ×		
1	1	1	↑	×	0	a b c d		
1	0	1	↑	×	1	× × × ×		
1	0	1	↑	×	0	× × × ×		
1	0	1	↑	×	0	× × × ×		
1	0	1	↑	×	×	× × × ×		
1	1	0	↑	1	×	× × × ×		
1	1	0	↑	1	×	× × × ×		
1	1	0	↑	1	×	× × × ×		
1	1	0	↑	1	×	× × × ×		
1	0	0	↑	×	×	× × × ×		

（2）并行输入、串行输出。按图 8-52 接线，进行右移并入、串出实验，并入数码自定。再改接线路用左移方式实现串行输出。自拟表格，记录之。

五、实验预习要求

（1）复习有关寄存器及串行、并行转换器有关的内容。

（2）查阅 CC40194，CC4011 及 CC4068 逻辑线路，熟悉其逻辑功能及引脚排列。

（3）在对 CC40194 进行送数后，若要使输出端改成另外的数码，是否一定要使寄存器清零？

（4）使寄存器清零，除采用 $\overline{C_R}$ 输入低电平外，可否采用右移或左移的方法？可否使用并行送数法？若可行，如何进行操作？

（5）若进行循环左移，图 8-52 接线应如何改接？

（6）画出用两片 CC40194 构成的七位左移串/并行转换器线路。

（7）画出用两片 CC40194 构成的七位左移并/串行转换器线路。

六、实验报告

（1）分析表 8-31 的实验结果，总结移位寄存器 CC40194 的逻辑功能并写入表格功能总结一栏中。

（2）根据实验内容 2 的结果，画出 4 位环形计数器的状态转换图及波形图。

（3）分析串/并、并/串转换器所得结果的正确性。

实验十一　脉冲分配器及其应用

一、实验目的

（1）熟悉集成时序脉冲分配器的使用方法及其应用；

（2）学习环形脉冲分配器的组成方法。

二、实验原理

1. 脉冲分配器的组成

脉冲分配器的作用是产生多路顺序脉冲信号,它可以由计数器和译码器组成,也可以由环形计数器构成,图 8-54 中 CP 端上的系列脉冲经 N 位二进制计数器和相应的译码器,可以转变为 2^N 路顺序输出脉冲。

2. 集成时序脉冲分配器 CC4017

CC4017 是按 BCD 计数/时序译码器组成的分配器,其逻辑符号及引脚功能如图 8-55 所示。功能如表 8-32 所示。

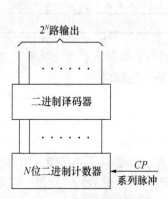

图 8-54 脉冲分配器的组成

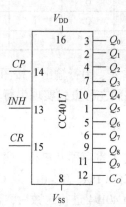

图 8-55 CC4017 的逻辑符号

表 8-32 CC4017 的功能表

输入			输出	
CP	INH	CR	$Q_0 \sim Q_9$	C_O
×	×	1	Q_0	当计数脉冲为 $Q_0 \sim Q_1$ 时,$C_O = 1$
↑	0	0	计数	
1	↓	0		
0	×	0		
×	1	0	保持	当计数脉冲为 $Q_5 \sim Q_9$ 时,$C_O = 0$
↓	×	0		
×	↑	0		

注:C_O——进位脉冲输出端,CP——时钟输入端,CR——清零端,INH——禁止端,$Q_0 \sim Q_9$——计数脉冲输出端。

CC4017 的输出波形如图 8-56 所示。

CC4017 应用十分广泛,可用于十进制计数、分频、1/N 计数(当 N 在 2~10 之内取值时,只需用一块;当 N > 10 时,可多块器件级连)。图 8-57 所示为由两片 CC4017 组成的 60 分频的电路。

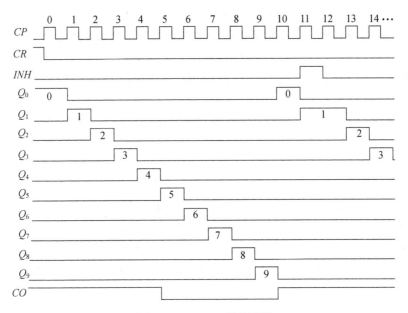

图 8-56　CC4017 的波形图

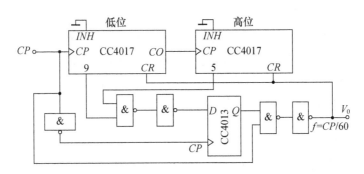

图 8-57　60 分频电路

图 8-58 所示为由 3 个 JK 触发器构成的按六拍通电方式的脉冲环形分配器，仅供读者参考。

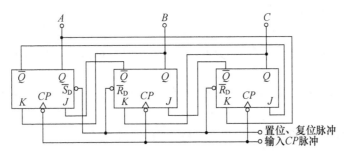

图 8-58　六拍通电方式的脉冲环行分配器逻辑图

设 A、B、C 分别表示步进电机的三相绕组。步进电机按三相六拍方式运行，即要求步进电机正转时，控制端 $X=1$，使电机三相绕组的通电顺序为：

$$A \to AB \to B \to BC \to C \to CA$$

要求步进电机反转时，令控制端 $X=0$，三相绕组的通电顺序改为：

$$A \to AC \to C \to BC \to B \to AB$$

要使步进电机反转，通常应加有正转脉冲输入控制端和反转脉冲输入控制端。

此外，由于步进电机三相绕组任何时刻都不得出现 A、B、C 三相同时通电或同时断电的情况，因此，脉冲分配器的三路输出不允许出现 111 和 000 两种状态，为此，可以给电路加初态予置环节。

三、实验设备与器件

(1) +5 V 直流电源　　　　　　(2) 双踪示波器
(3) 连续脉冲源　　　　　　　(4) 单次脉冲源
(5) 逻辑电平开关　　　　　　(6) 逻辑电平显示器
(7) CC4017×2　　CC4013×2　　CC4027×2　　CC4011×2　　CC4085×2

四、实验内容

1. CC4017 逻辑功能测试

(1) 参照图 8-55，INH、CR 接逻辑开关的输出插口。CP 接单次脉冲源，0~9 十个输出端接至逻辑电平显示输入插口，按功能表要求操作各逻辑开关。清零后，连续送出 10 个脉冲信号，观察十个发光二极管的显示状态，并列表记录。

(2) CP 改接为 1 Hz 连续脉冲，观察记录输出状态。

2. 60 分频电路的验证

按图 8-57 线路接线，自拟实验方案验证 60 分频电路的正确性。

3. 设计三相六拍环形分配器

参照图 8-58 的线路，设计一个用环形分配器构成的驱动三相步进电动机可逆运行的三相六拍环形分配器线路。要求：

(1) 环形分配器用 CC4013 双 D 触发器、CC4085 与或非门组成；

(2) 由于电动机三相绕组在任何时刻都不应出现同时通电、同时断电情况，在设计中要做到这一点；

(3) 电路安装好后，先用手控送入 CP 脉冲进行调试，然后加入系列脉冲进行动态实验；

(4) 整理数据、分析实验中出现的问题，做出实验报告。

五、实验预习要求

(1) 复习有关脉冲分配器的原理。

(2) 按实验任务要求，设计实验线路，并拟定实验方案及步骤。

六、实验报告

（1）画出完整的实验线路。

（2）总结分析实验结果。

实验十二　使用门电路产生脉冲信号——自激多谐振荡器

一、实验目的

（1）掌握使用门电路构成脉冲信号产生电路的基本方法；

（2）掌握影响输出脉冲波形参数的定时元件数值的计算方法；

（3）学习石英晶体稳频原理和使用石英晶体构成振荡器的方法。

二、实验原理

与非门作为一个开关倒相器件，可用以构成各种脉冲波形的产生电路。电路的基本工作原理是，利用电容器的充放电，当输入电压达到与非门的阈值电压 V_T 时，门的输出状态即发生变化。因此，电路输出的脉冲波形参数直接取决于电路中阻容元件的数值。

1. 非对称型多谐振荡器

如图 8-59 所示，非门 3 用于输出波形整形。

非对称型多谐振荡器的输出波形是不对称的，当用 TTL 与非门组成时，输出脉冲宽度

$$t_{w1} = RC \quad t_{w2} = 1.2RC \quad T = 2.2RC$$

调节 R 和 C 值，可改变输出信号的振荡频率，通常用改变 C 实现输出频率的粗调，改变 R 实现输出频率的细调。

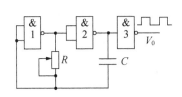

图 8-59　非对称型振荡器

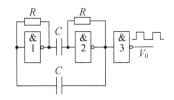

图 8-60　对称型振荡器

2. 对称型多谐振荡器

如图 8-60 所示，由于电路完全对称，电容器的充放电时间常数相同，故输出为对称的方波。当改变 R 和 C 的值时，可以改变输出振荡频率。

一般取 $R \leqslant 1\ \text{k}\Omega$，当 $R = 1\ \text{k}\Omega$，$C = 100\ \text{pf} \sim 100\ \mu\text{F}$ 时，$f = n\ \text{Hz} \sim n\ \text{MHz}$，脉冲宽度 $t_{w1} = t_{w2} = 0.7RC$，$T = 1.4RC$。

3. 带 RC 电路的环形振荡器

电路如图 8-61 所示，非门 4 用于输出波形整形。R 为限流电阻，一般取 100 Ω，电位

器 R_W 要求 $\leq 1\,\text{k}\Omega$。电路利用电容 C 的充放电过程，控制 D 点电压 V_D，从而控制与非门的自动启闭，形成多谐振荡，电容 C 的充电时间 t_{W1}、放电时间 t_{W2} 和总的振荡周期 T 分别为：

$$t_{W1} \approx 0.94RC,\ t_{W2} \approx 1.26RC,\ T \approx 2.2RC$$

调节 R 和 C 的大小可以改变电路输出的振荡频率。

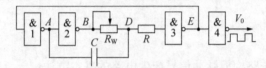

图 8-61　带有 RC 电路的环形振荡器

以上这些电路的状态转换都发生在与非门输入电平达到门的阈值电平 V_T 的时刻。在 V_T 附近电容器的充放电速度已经变得缓慢，而且 V_T 下本身也不够稳定，易受温度、电源电压变化等因素，以及干扰的影响。因此，电路输出频率的稳定性较差。

4. 石英晶体稳频的多谐振荡器

当要求多谐振荡器的工作频率稳定性很高时，上述几种多谐振荡器的精度已不能满足要求。为此，常用石英晶体作为信号频率的基准，用石英晶体与门电路构成的多谐振荡器来为微型计算机等提供时钟信号。

在图 8-62 所示为常用的晶体稳频多谐振荡器，其中，分图（a）、（b）为 TTL 器件组成的晶体振荡电路；分图（c）、（d）为 CMOS 器件组成的晶体振荡电路，一般用于电子表中，其中晶体的 $f_o = 32\,768\,\text{Hz}$。

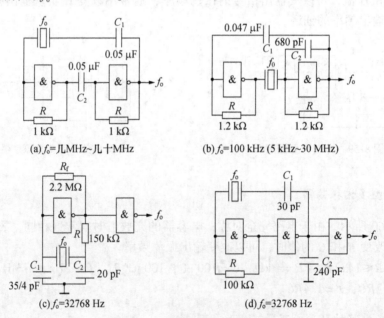

图 8-62　常用的晶体振荡电路

在图 8-62(c) 中，门 1 用于振荡，门 2 用于缓冲整形。R_f 是反馈电阻，通常在几十兆欧之间选取，一般选 22 MΩ。R 起稳定振荡作用，通常取一千欧至几百千欧。C_1 是频率微调电容器，C_2 用于温度特性校正。

三、实验设备与器件

(1) +5 V 直流电源　　　　　　(2) 双踪示波器
(3) 数字频率计
(4) 74LS00（或 CC4011）　　晶振 32768 Hz　　电位器、电阻、电容若干。

四、实验内容

1. 非对称型多谐振荡器实验

用与非门 74LS00 按照图 8-59 构成多谐振荡器，其中 R 为 10 kΩ 电位器，C 为 0.01 μF。

(1) 用示波器观察输出波形及电容 C 两端的电压波形，列表记录之；
(2) 调节电位器观察输出波形的变化测出上、下限频率；
(3) 用一只 100 μF 电容器跨接在 74LS00 14 脚与 7 脚的最近处，观察输出波形的变化及电源上纹波信号的变化，记录之。

2. 对称型多谐振荡器实验

用 74LS00 按照图 8-60 接线，取 $R=1\,\mathrm{k}\Omega$，$C=0.047\,\mathrm{pF}$，用示波器观察输出波形，记录之。

3. RC 环形振荡器实验

用 74LS00 按图 8-61 接线，其中，定时电阻 R_w 用一个 510 Ω 与一个 1 kΩ 的电位器串联，取 $R=100\,\Omega$，$C=0.1\,\mu\mathrm{F}$。

(1) 当 R_w 调到最大时，观察并记录 A、B、D、E 及 V_o 各点电压的波形，测出 V_o 的周期 T 和负脉冲宽度（电容 C 的充电时间）并与理论计算值比较。
(2) 改变 R_w 值，观察输出信号 V_o 波形的变化情况。

4. 石英晶体振荡器实验

按照图 8-62(c) 接线，晶振选用电子表晶振 32 768 Hz，与非门选用 CC4011，用示波器观测输出波形，用频率计测量输出信号频率，记录之。

五、实验预习要求

(1) 复习自激多谐振荡器的工作原理。
(2) 画出实验用的详细实验线路图。
(3) 拟好记录实验数据表格等。

六、实验报告

(1) 画出实验电路，整理实验数据与理论值进行比较。
(2) 用方格纸画出实验观测到的工作波形图，对实验结果进行分析。

实验十三　单稳态触发器与施密特触发器——脉冲延时与波形整形电路

一、实验目的

(1) 掌握使用集成门电路构成单稳态触发器的基本方法；
(2) 熟悉集成单稳态触发器的逻辑功能及其使用方法；
(3) 熟悉集成施密特触发器的性能及其应用。

二、实验原理

在数字电路中常使用矩形脉冲作为信号，进行信息传递，或作为时钟信号用来控制和驱动电路，使各部分协调动作。本实验是自激多谐振荡器，它是不需要外加信号触发的矩形波发生器。另一类是他激多谐振荡器，有单稳态触发器，它需要在外加触发信号的作用下输出具有一定宽度的矩形脉冲波，如施密特触发器（整形电路），它对外加输入的正弦波等波形进行整形，使电路输出矩形脉冲波。

1. 用与非门组成单稳态触发器

利用与非门作开关，依靠定时元件 RC 电路的充放电来控制与非门的启闭。单稳态电路有微分型与积分型两大类，这两类触发器对触发脉冲的极性与宽度有不同的要求。

(1) 微分型单稳态触发器。如图 8-63 所示。该电路为负脉冲触发。其中 R_P、C_P 构成输入端微分隔直电路。R、C 构成微分型定时电路，定时元件 R、C 的取值不同，输出脉宽 t_W 也不同，$t_W \approx (0.7 \sim 1.3)RC$。与非门 G_3 起整形、倒相作用。

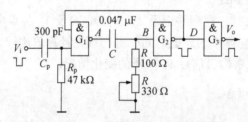

图 8-63　微分型单稳态触发器

图 8-64 为微分型单稳态触发器各点波形图，下面结合波形说明其工作原理。

① 无外触发脉冲时电路初始稳态（$t < t_1$ 前状态）。稳态时 V_i 为高电平。适当选择电阻 R 阻值，使与非门 G_2 输入电压 V_B 小于门的关门电平（$V_B < V_{off}$），则门 G_2 关闭，输出 V_D 为高电平。适当选择电阻 R_P 阻值，使与非门 G_1 的输入电压 V_P 大于门的开门电平（$V_P > V_{on}$），于是 G_1 的两个输入端全为高电平，则 G_1 开启，输出 V_A 为低电平（为方便

计算，取 $V_{off} = V_{on} = V_T$）。

② 触发翻转（$t = t_1$ 时刻）。V_i 负跳变，V_P 也负跳变，门 G_1 的输出 V_A 升高，经电容 C 耦合，V_B 也升高，门 G_2 的输出 V_D 降低，正反馈到 G_1 的输入端，结果使 G_1 的输出 V_A 由低电平迅速上跳至高电平，G_1 迅速关闭，V_B 也上跳至高电平，G_2 的输出 V_D 则迅速下跳至低电平，G_2 迅速开通。

③ 暂稳状态 $t_1 < t < t_2$。当 $t \geq t_1$ 以后，G_1 输出高电平，对电容 C 充电，V_B 随之按指数规律下降，但只要 $V_B > V_T$，G_1 关、G_2 开的状态将维持不变，V_A、V_D 也维持不变。

④ 自动翻转节（$t = t_2$）。当 $t = t_2$ 时刻，V_B 下降至门的关门电平 V_T，G_2 的输出 V_D 升高，G_1 的输出 V_A 降低，正反馈作用使电路迅速翻转至 G_1 开启，G_2 关闭的初始稳态。

暂稳态时间的长短，决定于电容 C 充电时间常数 $\tau = RC$。

⑤ 恢复过程 $t_2 < t < t_1'$。电路自动翻转到 G_1 开启，G_2 关闭后，V_B 不是立即回到初始稳态值，这是因为电容 C 要有一个放电过程。

当 $t > t_3$ 以后，如果 V_i 再出现负跳变，则电路将重复上述过程；如果输入脉冲宽度较小时，则输入端可省去 $R_p C_p$ 微分电路。

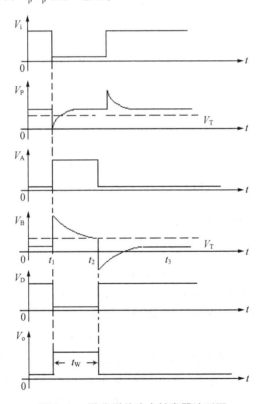

图 8-64 微分型单稳态触发器波形图

（2）积分型单稳态触发器。电路采用正脉冲触发如图 8-65 所示，工作波形如图 8-66 所示。电路的稳定条件是 $R \leq 1\,\text{k}\Omega$，输出脉冲宽度 $t_W \approx 1.1RC$。

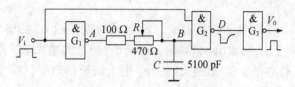

图 8-65 积分型单稳态触发器

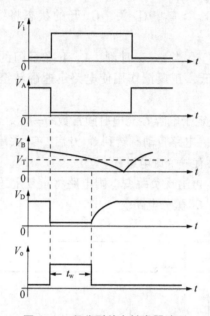

图 8-66 积分型单态触发器波形

单稳态触发器共同特点是：触发脉冲未加入前，电路处于稳态。此时，可以测得各门的输入和输出电位。当触发脉冲加入后，电路立刻进入暂稳态，暂稳态的时间，即输出脉冲的宽度 t_W 只取决于 RC 数值的大小，与触发脉冲无关。

2. 用与非门组成施密特触发器

施密特触发器能对正弦波、三角波等信号进行整形，并输出矩形波，图 8-67(a)、(b) 所示的是两种典型的电路。在图 8-67(a) 中，门 G_1、G_2 是基本 RS 触发器，门 G_3 是反相器，二极管 VD 起电平偏移作用，以产生回差电压，其工作情况如下：设 $V_i = 0$，G_3 截止，$R = 1$，$S = 0$，$Q = 1$、$\overline{Q} = 0$，电路处于原态。当 V_i 由 0 V 上升到电路的接通电位 V_T 时，G_3 导通，$R = 0$，$S = 1$，触发器翻转为 $Q = 0$，$\overline{Q} = 1$ 的新状态。此后，V_i 继续上升，电路状态不变。当 V_i 由最大值下降到 V_T 的时间内，R 仍等于 0，$S = 1$，电路状态也不变。当 $V_i \leq V_T$ 时，G_3 由导通变为截止，而 $V_S = V_T + V_D$ 为高电平，因而 $R = 1$，$S = 1$，触发器状态仍保持不变。只有 V_i 下降至使 $V_S = V_T$ 时，电路才翻回到 $Q = 1$，$\overline{Q} = 0$ 的原态。此时，电路的回差 $\Delta V = V_D$。

图 8-67(b) 是由电阻 R_1、R_2 产生回差的电路。

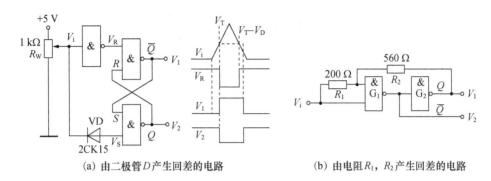

(a) 由二极管 D 产生回差的电路　　　　(b) 由电阻 R_1，R_2 产生回差的电路

图 8-67　与非门组成施密特触发器

3. 集成双单稳态触发器 CC14528（CC4098）

（1）CC141528（CC4098）的逻辑符号及功能表。CC141528（CC4098）的逻辑符号及功能表如图 8-68 所示。

该器件能提供稳定的单脉冲，脉宽由外部电阻 R_X 和外部电容 C_X 决定，调整 R_X 和 C_X 可使 Q 端和 $\overline{Q}$ 端输出脉冲宽度有一个较宽的范围。本器件可采用上升沿触发（+TR），也可用下降沿触发（−TR），为使用带来很大的方便。在正常工作时，电路应由每一个新脉冲去触发。当采用上升沿触发时，为防止重复触发，$\overline{Q}$ 必须连到 −TR 端。同样，在使用下降沿触发时，Q 端必须连到 +TR 端。时间周期约为 $T_X = R_X C_X$。

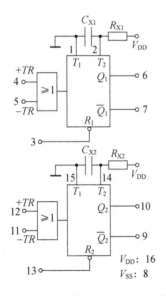

输入			输出	
+TR	−TR	$\overline{R}$	Q	$\overline{Q}$
⎓	1	1	⊓	⊔
⎓	0	1	Q	$\overline{Q}$
1	⎔	1	Q	$\overline{Q}$
0	⎔	1	⊓	⊔
×	×	0	0	1

图 8-68　CC14528 的逻辑符号及功能表

所有的输出级都有缓冲级，以提供较大的驱动电流。

（2）应用举例。实现脉冲延迟，如图 8-69 所示。

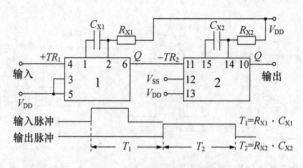

图 8-69 实现脉冲延迟

实现多谐振荡器，如图 8-70 所示。

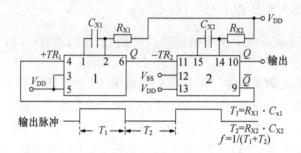

图 8-70 实现多谐振荡

4. 集成六施密特触发器 CC40106

如图 8-71 所示为其逻辑符号及引脚功能，它可用于波形的整形，也可作为反相器或构成单稳态触发器和多谐振荡器。

将正弦波转换成方波，如图 8-72 所示。

构成多谐振荡器，如图 8-73 所示。

构成单稳态触发器，图 8-74(a) 为下降沿触发；8-74(b) 为上升沿触发。

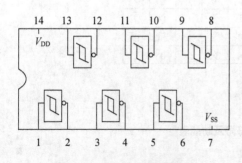

图 8-71 CC40106 引脚排列

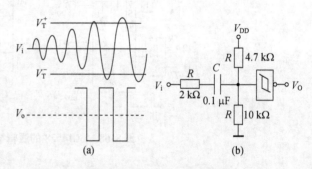

图 8-72 正弦波转换为方波

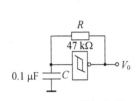

图 8-73　多谐振荡器

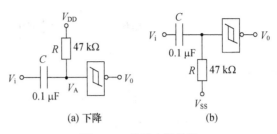

(a) 下降　　　　　　　　　(b)

图 8-74　单稳态触发器

三、实验设备与器件

（1）+5 V 直流电源　　　　　（2）双踪示波器
（3）连续脉冲源　　　　　　　（4）数字频率计
（5）CC4011　　CC14528　　CC4010b　　2CK15　　电位器、电阻、电容若干

四、实验内容

（1）按图 8-63 接线，输入 1 kHz 连续脉冲，用双踪示波器观测 V_i、V_P、V_A、V_B、V_D 及 V_o 的波形，记录之。

（2）改变 C 或 R 之值，重复实验内容（1）。

（3）按照图 8-65 接线，重复实验内容（1）。

（4）按照图 8-67(a) 接线，令 V_i 由 0→5 V 变化，测量 V_1、V_2 的值。

（5）按照图 8-69 接线，输入 1 kHz 连续脉冲，用双踪示波器观测输入、输出波形，测定 T_1 与 T_2。

（6）按照图 8-70 接线，用示波器观测输出波形，测定振荡频率。

（7）按照图 8-73 接线，用示波器观测输出波形，测定振荡频率。

（8）按照图 8-72 接线，构成整形电路，被整形信号可由音频信号源提供。图中串联的 2 kΩ 电阻起限流保护作用。将正弦信号频率置 1 kHz，调节信号电压由低到高观测输出波形的变化。记录输入信号为 0 V, 0.25 V, 0.5 V, 1.0 V, 1.5 V, 2.0 V 时的输出波形。

（9）分别按图 8-74(a)、(b) 接线，进行实验。

五、实验预习要求

（1）复习有关单稳态触发器和施密特触发器的内容。
（2）画出实验用的详细线路图。
（3）拟定本次实验的方法、步骤。
（4）拟好记录实验结果所需的数据表格等。

六、实验报告

（1）绘出实验线路图，用方格纸记录波形。
（2）分析本次实验结果的波形，验证有关的理论。
（3）总结单稳态触发器及施密特触发器的特点及其应用。

实验十四　555 时基电路及其应用

一、实验目的

(1) 熟悉 555 型集成时基电路结构、工作原理及其特点；
(2) 掌握 555 型集成时基电路的基本应用。

二、实验原理

集成时基电路又称为集成定时器或 555 电路，是一种数字、模拟混合型的中规模集成电路，应用十分广泛。它是一种产生时间延迟和多种脉冲信号的电路，由于内部电压标准使用了 3 个 5 kΩ 电阻，故取名 555 电路。555 电路的类型有双极型和 CMOS 型两大类，二者的结构与工作原理类似。几乎所有的双极型产品型号最后的 3 位数码都是 555 或 556；所有的 CMOS 产品型号最后 4 位数码都是 7555 或 7556，二者的逻辑功能和引脚排列完全相同，易于互换。555 和 7555 是单定时器，556 和 7556 是双定时器。双极型的电源电压 V_{CC} = 5 V～15 V，输出的最大电流可达 200 mA，CMOS 型的电源电压为 3～18 V。

1. 555 电路的工作原理

555 电路的内部电路方框图及引脚排列如图 8-75(a)、(b) 所示。它含有两个电压比较器，一个基本 RS 触发器，一个放电开关管 VT，比较器的参考电压由 3 只 5 kΩ 的电阻器构成的分压器提供，它们分别使高电平比较器 A_1 的同相输入端和低电平比较器 A_2 的反相输入端的参考电平为 2/3 V_{CC} 和 1/3 V_{CC}。A_1 与 A_2 的输出端控制 RS 触发器状态和放电管开关状态。当输入信号由 6 脚输入，即高电平触发输入并超过参考电平 2/3 V_{CC} 时，触发器复位，555 的输出端 3 脚输出低电平，同时放电开关管导通；当输入信号自 2 脚输入并低于 1/3 V_{CC} 时，触发器置位，555 的 3 脚输出高电平，同时放电开关管截止。

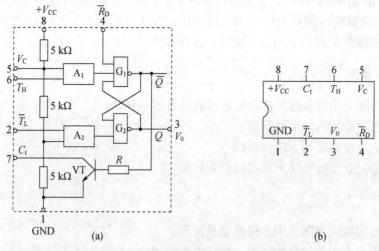

图 8-75　555 定时器内部框图及引脚排列

其中，$\overline{R}_D$ 是复位端（4 脚），当 $\overline{R}_D = 0$，555 输出低电平。平时 $\overline{R}_D$ 端开路或接 V_{CC}。

V_C 是控制电压端（5 脚），平时输出 $2/3\ V_{CC}$ 作为比较器 A_1 的参考电平，当 5 脚外接一个输入电压，即改变了比较器的参考电平，从而实现对输出的另一种控制，在不接外加电压时，通常将一个 $0.01\ \mu F$ 的电容器接地，起滤波作用，以消除外来的干扰，确保参考电平的稳定。

VT 为放电管，当 VT 导通时，将给接于脚 7 的电容器提供低阻放电通路。

555 定时器主要是与电阻、电容构成充放电电路，并由两个比较器来检测电容器上的电压，以确定输出电平的高低和放电开关管的通断。这就很方便地构成从微秒到数十分钟的延时电路，可方便地构成单稳态触发器、多谐振荡器、施密特触发器等脉冲产生或波形变换电路。

2. 555 定时器的典型应用

（1）构成单稳态触发器。图 8-76(a) 所示为由 555 定时器和外接定时元件 R、C 构成的单稳态触发器。

触发电路由 C_1、R_1、VD 构成，其中，VD 为钳位二极管，稳态时 555 电路输入端处于电源电平，内部放电开关管 T 导通，输出端 V_o 输出低电平，当有一个外部负脉冲触发信号经 C_1 加到 2 端，并使 2 端电位瞬时低于 $1/3\ V_{CC}$，低电平比较器动作，单稳态电路即开始一个暂态过程，电容 C 开始充电，V_C 按指数规律增长。当 V_C 充电到 $2/3\ V_{CC}$ 时，高电平比较器动作，比较器 A_1 翻转，输出 V_o 从高电平返回低电平，放电开关管 VT 重新导通，电容 C 上的电荷很快经放电开关管放电，暂态结束，恢复稳态，为下个触发脉冲的来到作好准备。波形图如图 8-76(b) 所示。

暂稳态的持续时间 T_W（即为延时时间）决定于外接元件 R、C 值的大小。

$$T_W = 1.1RC$$

通过改变 R、C 的大小，可使延时时间在几个微秒到几十分钟之间变化。当这种单稳态电路作为计时器时，可直接驱动小型继电器，并可以使用复位端（4 脚）接地的方法来中止暂态，重新计时。此外尚须用一个续流二极管与继电器线圈并接，以防继电器线圈反电势损坏内部功率管。

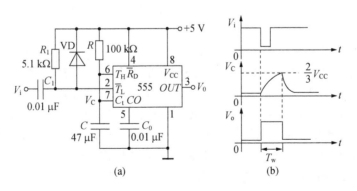

图 8-76 单稳态触发器

(2) 构成多谐振荡器。如图 8-77(a) 所示，由 555 定时器和外接元件 R_1、R_2、C 构成多谐振荡器，脚 2 与脚 6 直接相连。电路没有稳态，仅存在两个暂稳态，电路亦不需要外加触发信号，利用电源通过 R_1、R_2 向 C 充电，以及 C 通过 R_2 向放电端 C_t 放电，使电路产生振荡。电容 C 在 $1/3\ V_{CC}$ 和 $2/3\ V_{CC}$ 之间充电和放电，其波形如图 8-77(b) 所示。输出信号的时间参数是

$$T = t_{w1} + t_{w2}, \quad t_{w1} = 0.7\ (R_1 + R_2)\ C, \quad t_{w2} = 0.7 R_2 C$$

555 电路要求 R_1 与 R_2 均应大于或等于 $1\ \text{k}\Omega$，但 $R_1 + R_2$ 应小于或等于 $3.3\ \text{M}\Omega$。

外部元件的稳定性决定了多谐振荡器的稳定性，555 定时器配以少量的元件即可获得较高精度的振荡频率和具有较强的功率输出能力。因此，这种形式的多谐振荡器应用很广。

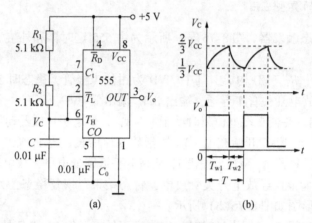

图 8-77 多谐振荡器

(3) 组成占空比可调的多谐振荡器。电路如图 8-78 所示，它比图 8-77 所示的电路增加了 1 个电位器和 2 个导引二极管。D_1、D_2 用来决定电容充、放电电流流经电阻的途径（充电时 D_1 导通，D_2 截止；放电时 D_2 导通，D_1 截止）。占空比

$$q = \frac{t_{w1}}{t_{w1} + t_{w2}} \approx \frac{0.7 R_A C}{0.7 C\ (R_A + R_B)} = \frac{R_A}{R_A + R_B}$$

可见，若取 $R_A = R_B$，则电路即可输出占空比为 50% 的方波信号。

(4) 组成占空比连续可调并能调节振荡频率的多谐振荡器。电路如图 8-79 所示。对 C_1 充电时，充电电流通过 R_1、VD_1 及 R_{W2} 和 R_{W1} 的左侧部分；放电时通过 R_{W1} 左侧部分、R_{W2} 右侧部分、VD_2、R_2。当 $R_1 = R_2$、R_{W2} 调至中心点时，因充放电时间基本相等，其占空比约为 50%，此时，调节 R_{W1} 仅改变频率，占空比不变，如 R_{W2} 调至偏离中心点，再调节 R_{W1}，不仅振荡频率改变，而且对占空比也有影响。若 R_{W1} 不变，调节 R_{W2}，则仅改变占空比，对频率无影响。因此，当接通电源后，应首先调节 R_{W1}；使频率至规定值，再调节 R_{W2}，以获得需要的占空比。若频率调节的范围比较大，则可以用波段开关改变 C_1 的值。

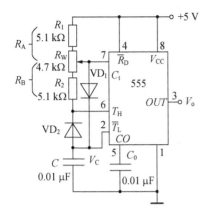

图 8-78 占空比可调的多谐振荡器

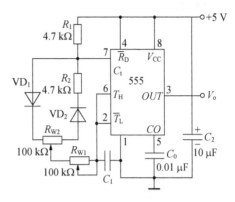

图 8-79 占空比与频率均可调的多谐振荡器

（5）组成施密特触发器。电路如图 8-80 所示。只要将脚 2、6 连在一起作为信号输入端，即得到施密特触发器。图 8-81 所示为 V_S、V_i 和 V_o 的波形图。

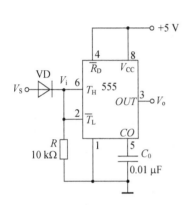

图 8-80 施密特触发器

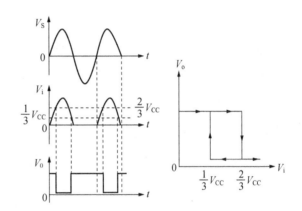

图 8-81 波形变换图和电压传输特性

设被整形变换的电压为正弦波 V_S，其正半波通过二极管 VD 同时加到 555 定时器的 2 脚和 6 脚，得到 V_i 的半波整流波形。当 V_i 上升至 $2/3\ V_{CC}$ 时，V_o 从高电平翻转为低电平；当 V_i 下降至 $1/3\ V_{CC}$ 时，V_o 又从低电平翻转为高电平。回差电压为：

$$\Delta V = \frac{2}{3}V_{CC} - \frac{1}{3}V_{CC} = \frac{1}{3}V_{CC}$$

三、实验设备与器件

（1）+5 V 直流电源　　　　　（2）双踪示波器
（3）连续脉冲源　　　　　　　（4）单次脉冲源
（5）音频信号源　　　　　　　（6）数字频率计
（7）逻辑电平显示器
（8）555 × 2　　2CK13 × 2　　电位器、电阻、电容若干

四、实验内容

1. 单稳态触发器

（1）按图 8-76 连线，取 $R=100\text{k}$，$C=47\text{μF}$，输入信号 V_i 由单次脉冲源提供，用双踪示波器观测 V_i、V_C、V_o 的波形。测定幅度与暂稳时间。

（2）将 R 改为 1k，C 改为 0.1μF，输入端加 1kHz 的连续脉冲，观测波形 V_i、V_C、V_o，测定幅度及暂稳时间。

2. 多谐振荡器

（1）按图 8-77 接线，用双踪示波器观测 V_C 与 V_o 的波形，测定频率。

（2）按图 8-78 接线，组成占空比为 50% 的方波信号发生器。观测 V_C、V_o 的波形，测定波形参数。

（3）按图 8-79 接线，通过调节 R_{W1} 和 R_{W2} 来观测输出波形。

3. 施密特触发器

按图 8-80 接线，输入信号由音频信号源提供，预先调好 V_S 的频率为 1kHz，接通电源，逐渐加大 V_S 的幅度，观测输出波形，测绘电压传输特性，算出回差电压 ΔU。

4. 模拟声响电路

按图 8-82 接线，组成两个多谐振荡器，调节定时元件，使 I 输出较低频率，II 输出较高频率，然后连好线，接通电源，试听音响效果。调换外接阻容元件，再试听音响效果。

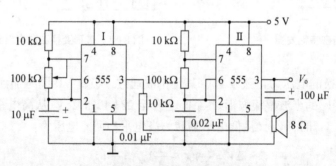

图 8-82 模拟声响电路

五、实验预习要求

（1）复习有关 555 定时器的工作原理及其应用。

（2）拟定实验中所需的数据、表格等。

（3）如何用示波器测定施密特触发器的电压传输特性曲线？

（4）拟定本次实验的步骤和方法。

六、实验报告

(1) 绘出详细的实验线路图,定量绘出观测到的波形。
(2) 分析、总结实验结果。

实验十五　D/A、A/D 转换器

一、实验目的

(1) 了解 D/A 和 A/D 转换器的基本工作原理和基本结构;
(2) 掌握大规模集成 D/A 和 A/D 转换器的功能及其典型应用。

二、实验原理

在数字电子技术的很多应用场合往往需要把模拟量转换为数字量,称为模/数转换器(A/D 转换器,简称 ADC);或把数字量转换成模拟量,称为数/模转换器(D/A 转换器,简称 DAC)。完成这种转换的线路有多种,特别是单片大规模集成 A/D、D/A 转换器的问世,为实现上述的转换提供了极大的方便。使用者借助于器件性能指标及典型应用电路,即可正确使用这些器件。本实验将采用大规模集成电路 DAC0832 实现 D/A 转换,ADC0809 实现 A/D 转换。

1. D/A 转换器 DAC0832

DAC0832 是采用 CMOS 工艺制成的单片电流输出型 8 位数/模转换器。图 8-83 是 DAC0832 的逻辑框图及引脚排列。

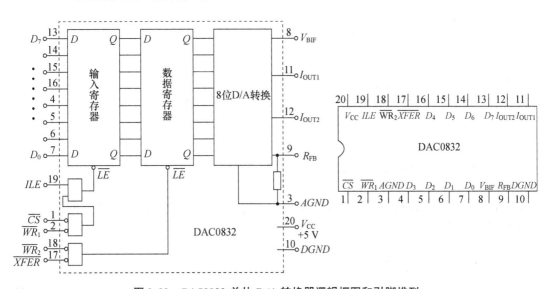

图 8-83　DAC0832 单片 D/A 转换器逻辑框图和引脚排列

器件的核心部分采用倒 T 型电阻网络的 8 位 D/A 转换器，如图 8-84 所示。它是由倒 T 型 R-$2R$ 电阻网络、模拟开关、运算放大器和参考电压 V_{REF} 4 部分组成。

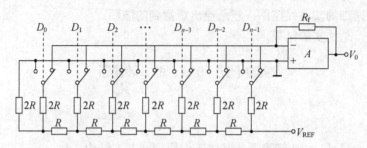

图 8-84　倒 T 型电阻网络 D/A 转换电路

运放的输出电压为

$$V_o = \frac{V_{REF} \cdot R_f}{2^n R}(D_{n-1} \cdot 2^{n-1} + D_{n-2} \cdot 2^{n-2} + \cdots + D_0 \cdot 2^0)$$

由上式可见，输出电压 V_o 与输入的数字量成正比，这就实现了从数字量到模拟量的转换。

一个 8 位的 D/A 转换器，它有 8 个输入端，每个输入端是 8 位二进制数的一位，有一个模拟输出端，输入可有 $2^8 = 256$ 个不同的二进制组态，输出为 256 个电压之一，即输出电压不是整个电压范围内任意值，而只能是 256 个可能值。

DAC0832 的引脚功能说明如下。

$D_0 \sim D_7$——数字信号输入端。

ILE——输入寄存器允许，高电平有效。

$\overline{CS}$——片选信号，低电平有效。

$\overline{WR_1}$——写信号 1，低电平有效。

$\overline{XFER}$——传送控制信号，低电平有效。

$\overline{WR_2}$——写信号 2，低电平有效。

I_{OUT1}，I_{OUT2}——DAC 电流输出端。

R_{FB}——反馈电阻，是集成在片内的外接运放的反馈电阻。

V_{REF}——基准电压，$(-10 \sim +10)$ V。

V_{CC}——电源电压，$(+5 \sim +15)$ V。

AGND——模拟地

NGND——数字地 }可接在一起使用。

DAC0832 输出的是电流，要转换为电压，还必须经过一个外接的运算放大器，实验线路如图 8-85 所示。

2. A/D 转换器 ADC0809

ADC0809 是采用 CMOS 工艺制成的单片 8 位 8 通道逐次逼近型模/数转换器，其逻辑框图及引脚排列如图 8-86 所示。

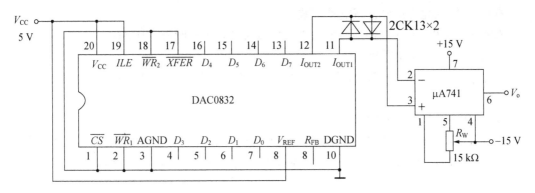

图 8-85　D/A 转换器实验电路

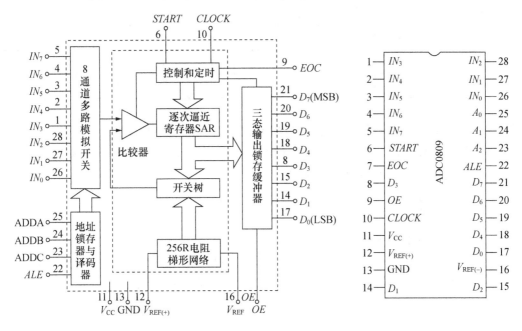

图 8-86　ADC0809 单片 A/D 转换器逻辑框图及引脚排列

器件的核心部分是 8 位 A/D 转换器，它由比较器、逐次逼近寄存器、A/D 转换器及控制和定时 5 部分组成。

ADC0809 的引脚 P 功能说明如下。

IN_0-IN_7——8 路模拟信号输入端。

A_2、A_1、A_0——地址输入端。

ALE——地址锁存允许输入信号，在此脚施加正脉冲，上升沿有效，此时锁存地址码，从而选通相应的模拟信号通道，以便进行 A/D 转换。

START——启动信号输入端，应在此脚施加正脉冲，当上升沿到达时，内部逐次逼近寄存器复位，在下降沿到达后，开始 A/D 转换过程。

EOC——转换结束输出信号（转换结束标志），高电平有效。

OE——输入允许信号,高电平有效。

$CLOCK$(CP)——时钟信号输入端,外接时钟频率一般为 640 kHz。

V_{CC}——+5 V 单电源供电。

$V_{RFE(+)}$、$V_{REF(-)}$——基准电压的正极、负极。一般 $V_{REF(+)}$ 接 +5 V 电源,$V_{REF(-)}$ 接地。

$D_7 \sim D_0$——数字信号输出端。

(1) 模拟量输入通道选择。8 路模拟开关由 A_2、A_1、A_0 三地址输入端选通 8 路模拟信号中的任何一路进行 A/D 转换,地址译码与模拟输入通道的选通关系如表 8-33 所示。

表 8-33 地址译码与模拟输入通道的选通关系

被选模拟通道		IN_0	IN_1	IN_2	IN_3	IN_4	IN_5	IN_6	IN_7
地址	A_2	0	0	0	0	1	1	1	1
	A_1	0	0	1	1	0	0	1	1
	A_0	0	1	0	1	0	1	0	1

(2) A/D 转换过程。在启动端($START$)加启动脉冲(正脉冲),A/D 转换即开始。如果将启动端($START$)与转换结束端(EOC)直接相连,则转换将是连续的,在用这种转换方式时,开始应在外部加启动脉冲。

三、实验设备与器件

(1) +5 V、±15 V 直流电源　　　　(2) 双踪示波器
(3) 计数脉冲源　　　　　　　　　(4) 逻辑电平开关
(5) 逻辑电平显示器　　　　　　　(6) 直流数字电压表
(7) DAC0832　　ADC0809　　μA741、电位器、电阻、电容若干

四、实验内容

1. D/A 转换器——DAC0832

(1) 按照图 8-85 接线,电路接成直通方式,即 $\overline{CS}$、$\overline{WR_1}$、$\overline{WR_2}$、$\overline{XFER}$ 接地;ALE、V_{CC}、V_{REF} 接 +5 V 电源;运放电源接 ±15 V;$D_0 \sim D_7$ 接逻辑开关的输出插口,输出端 V_o 接直流数字电压表。

(2) 调零,令 $D_0 \sim D_7$ 全置零,调节运放的电位器使 μA741 输出为零。

(3) 按表 8-34 所列的输入数字信号,用数字电压表测量运放的输出电压 V_o,将测量结果填入表中,并与理论值进行比较。

表 8-34 记录表

输入数字量								输出模拟量（V_o）
D_7	D_6	D_5	D_4	D_3	D_2	D_1	D_0	$V_{CC}=+5\,V$
0	0	0	0	0	0	0	0	
0	0	0	0	0	0	0	1	
0	0	0	0	0	0	1	0	
0	0	0	0	0	1	0	0	
0	0	0	0	1	0	0	0	
0	0	0	1	0	0	0	0	
0	0	1	0	0	0	0	0	
0	1	0	0	0	0	0	0	
1	0	0	0	0	0	0	0	
1	1	1	1	1	1	1	1	

2. A/D 转换器——ADC0809

（1）按照图 8-87 接线。8 路输入模拟信号 $1\,V\sim4.5\,V$，由 $+5\,V$ 电源经电阻 R 分压组成；变换结果 $D_0\sim D_7$ 接逻辑电平显示器输入插口，CP 时钟脉冲由计数脉冲源提供；取 $f=100\,kHz$；$A_0\sim A_2$ 地址端接逻辑电平输出插口。

（2）接通电源后，在启动端（START）加一个正单次脉冲，下降沿一到即开始 A/D 转换。

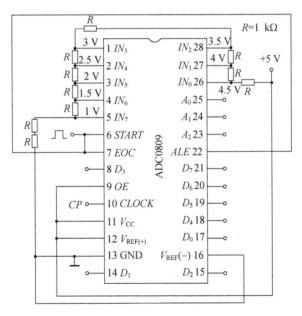

图 8-87　ADC0809 实验电路

(3) 按照表 8-35 的要求观察，记录 $IN_0 \sim IN_7$ 这 8 路模拟信号的转换结果，并将转换结果换算成十进制数表示的电压值，并与数字电压表实测的各路输入电压值进行比较，分析误差原因。

表 8-35 记录表

备选模拟通道	输入模拟量	地址	输出数字量								十进制
IN	V_i (V)	$A_2A_1A_0$	D_7	D_6	D_5	D_4	D_3	D_2	D_1	D_0	
IN_0	4.5	000									
IN_1	4.0	001									
IN_2	3.5	010									
IN_3	3.0	011									
IN_4	2.5	100									
IN_5	2.0	101									
IN_6	1.5	110									
IN_7	1.0	111									

五、实验预习要求

(1) 复习 A/D，D/A 转换的工作原理。
(2) 熟悉 ADC0809，DAC0832 各引脚功能，使用方法。
(3) 绘好完整的实验线路和所需的实验记录表格。
(4) 拟定各个实验内容的具体实验方案。

六、实验报告

整理实验数据，分析实验结果。

第二部分 实训部分

实训一 智力竞赛抢答装置

一、实训目的

(1) 学习数字电路中 D 触发器、分频电路、多谐振荡器、CP 时钟脉冲源等单元电路的综合运用。
(2) 熟悉智力竞赛抢赛器的工作原理。
(3) 了解简单数字系统实训、调试及故障排除方法。

二、实训原理

图 8-88 为供 4 人用的智力竞赛抢答装置原理图，用以判断抢答优先权。

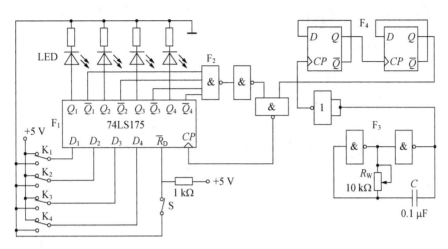

图 8-88 智力竞赛抢答装置原理图

图中 F_1 为 4D 触发器 74LS175，它具有公共置 0 端和公共 CP 端；F_2 为双 4 输入与非门 74LS20；F_3 是由 74LS00 组成的多谐振荡器；F_4 是由 74LS74 组成的 4 分频电路，F_3、F_4 组成抢答电路中的 CP 时钟脉冲源。抢答开始时，由主持人清除信号，按下复位开关 S，74LS175 的输出 $Q_1 \sim Q_4$ 全为 0，所有发光二极管 LED 均熄灭，当主持人宣布"抢答开始"后，首先做出判断的参赛者立即按下开关，对应的发光二极管点亮，同时，通过与非门 F_2 送出信号锁住其余 3 个抢答者的电路，不再接受其他信号，直到主持人再次清除信号为止。

三、实训设备与器件

（1）+5 V 直流电源　　　　　　　（2）逻辑电平开关

（3）逻辑电平显示器　　　　　　　（4）双踪示波器

（5）数字频率计　　　　　　　　　（6）直流数字电压表

（7）74LS175　　74LS20　　74LS74　　74LS00

四、实训内容

1. 测试各触发器及各逻辑门的逻辑功能

测试方法参照实验二及实验九有关内容，判断器件的好坏。

2. 按图 8-88 接线

抢答器 5 个开关接实训装置上的逻辑开关，发光二极管接逻辑电平显示器。

3. 调试电路

断开抢答器电路中 CP 脉冲源电路，单独对多谐振荡器 F_3 及分频器 F_4 进行调试，调整多谐振荡器 10 kΩ 电位器，使其输出脉冲频率约 4 kHz，观察 F_3 及 F_4 输出波形并测试其频率（参照实验十三有关内容）。

4. 测试抢答器电路功能

接通 +5 电源，CP 端接实训装置上连续脉冲源，取重复频率约 1 kHz。

（1）抢答开始前，开关 K_1、K_2、K_3、K_4 均置"0"准备抢答，将开关 S 置"0"，发光二极管全熄灭，再将 S 置"1"，抢答开始。当 K_1、K_2、K_3、K_4 某一开关置"1"时，观察发光二极管的亮、灭情况，然后再将其他 3 个开关中的任一个置"1"，观察发光二极的亮、灭有否改变。

（2）重复步骤（1）的内容，改变 K_1、K_2、K_3、K_4 任一个开关状态，观察抢答器的工作情况。

（3）整体测试。断开实训装置上的连续脉冲源，接入 F_3 及 F_4，再进行实训。

五、实训预习要求

若在图 8-88 电路中加一个计时功能，要求计时电路显示时间精确到秒，最多限制为 2 分钟，一旦超出限时，则取消抢答权，电路应如何改进？

六、实训报告

（1）分析智力竞赛抢答装置各部分功能及工作原理。
（2）总结数字系统的设计、调试方法。
（3）分析实验中出现的故障及解决办法。

实训二　电子秒表

一、实训目的

（1）学习数字电路中基本 RS 触发器、单稳态触发器、时钟发生器及计数、译码显示等单元电路的综合应用。
（2）学习电子秒表的调试方法。

二、实训原理

图 8-89 为电子秒表的电路原理图，按功能分成 4 个单元电路进行分析。

1. 基本 RS 触发器

图 8-89 中单元 I 为用集成与非门构成的基本 RS 触发器，属低电平直接触发的触发器，有直接置位、复位的功能。它的一路输出 $\overline{Q}$ 作为单稳态触发器的输入，另一路输出 Q 作为与非门 5 的输入控制信号。

按动按钮开关 K_2（接地），则门 1 输出 $\overline{Q}=1$；门 2 输出 $Q=0$，K_2 复位后 Q、$\overline{Q}$ 状态保持不变。再按动按钮开关 K_1，则 Q 由 0 变为 1，门 5 开启，为计数器启动做好准备。$\overline{Q}$ 由 1 变 0，送出负脉冲，启动单稳态触发器工作。

基本 RS 触发器在电子秒表中的职能是启动和停止秒表的工作。

2. 单稳态触发器

图 8-89 中单元 Ⅱ 为用集成与非门构成的微分型单稳态触发器，图 8-90 为各点波形图。

单稳态触发器的输入触发负脉冲信号 V_i 由基本 RS 触发器 $\overline{Q}$ 端提供，输出负脉冲 V_o 通过非门加到计数器的清除端 R_0。

静态时，门 4 应处于截止状态，故电阻 R 必须小于门的关门电阻 R_{off}。定时元件 RC 的取值不同，输出的脉冲宽度也不同。当触发脉冲宽度小于输出脉冲宽度时，可以省去输入微分电路的 R_p 和 C_p。

单稳态触发器在电子秒表中的职能是为计数器提供清零信号。

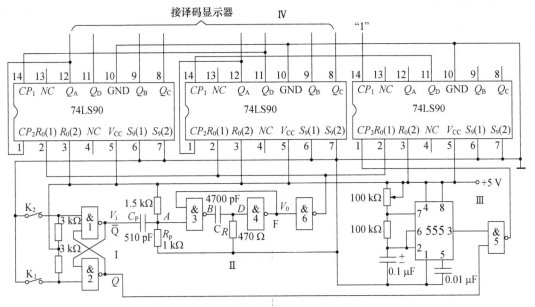

图 8-89　电子秒表原理图

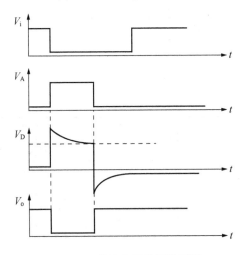

图 8-90　单稳态触发器波霰图

3. 时钟发生器

在图 8-89 中单元 Ⅲ 为用 555 定时器构成的多谐振荡器，是一种性能较好的时钟源。调节电位器 R_w，使在输出端 3 获得频率为 50 Hz 的矩形波信号，当基本 RS 触发器 $Q=1$ 时，门 5 开启，此时 50 Hz 脉冲信号通过门 5 作为计数脉冲加于计数器 1 的计数输入端 CP_2。

4. 计数及译码显示

二—五—十进制加法计数器 74LS90 构成电子秒表的计数单元，如图 8-89 中单元 Ⅳ 所示。其中，计数器 1 接成五进制形式，对频率为 50 Hz 的时钟脉冲进行五分频，在输出端 Q_D 取得周期为 0.1 s 的矩形脉冲，作为计数器 2 的时钟输入。计数器 2 及计数器 3 接成 8421 码十进制形式，其输出端与实训装置上译码显示单元的相应输入端连接，可显示 0.1～0.9 秒；1～9.9 秒计时。

集成异步计数器 74LS90 是异步二—五—十进制加法计数器，它既可以作为二进制加法计数器，又可以作为五进制和十进制加法计数器。

图 8-91 为 74LS90 引脚排列，表 8-36 为功能表。

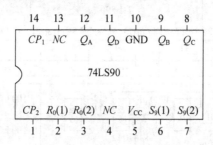

图 8-91 74LS90 引脚排列

表 8-36 74LS90 功能表

输入			输出	功能
清 0 $R_0(1)$ $R_0(2)$	置 9 $S_9(1)$ $S_9(2)$	时钟	$Q_D Q_C Q_B Q_A$	
1 1	0 × × 0	× ×	0000	清 0
0 × × 0	1 1	× ×	1001	置 9
0 × × 0	0 × × 0	↓ 1	Q_A 输出	二进制计数
		1 ↓	$Q_D Q_C Q_B$ 输出	五进制计数
		↓ Q_A	$Q_D Q_C Q_B Q_A$ 输出 8424BCD 码	十进制计数
		Q_D ↓	$Q_A Q_D Q_C Q_B$ 输出 5421BCD 码	十进制计数
		1 1	不变	保持

通过不同的连接方式,74LS90 可以实现 4 种不同的逻辑功能;而且还可借助 $R_0(1)$、$R_0(2)$ 对计数器清零,借助 $S_9(1)$、$S_9(2)$ 将计数器置 9,其具体功能详述如下。

(1) 计数脉冲从 CP_1 输入,Q_A 作为输出端,为二进制计数器。

(2) 计数脉冲从 CP_2 输入,Q_D、Q_C、Q_B 作为输出端,为异步五进制加法计数器。

(3) 若将 CP_2 和 Q_A 相连,计数脉冲由 CP_1 输入,Q_D、Q_C、Q_B、Q_A 作为输出端,则构成异步 8421 码十进制加法计数器。

(4) 若将 CP_1 与 Q_D 相连,计数脉冲由 CP_2 输入,Q_A、Q_D、Q_C、Q_B 作为输出端,则构成异步 5421 码十进制加法计数器。

(5) 清零、置 9 功能。

① 异步清零。当 $R_0(1)$、$R_0(2)$ 均为 "1";$S_9(1)$、$S_9(2)$ 中有 "0" 时,实现异步清零功能,即 $Q_DQ_CQ_BQ_A=0000$。

② 置 9 功能。当 $S_9(1)$、$S_9(2)$ 均为 "1";$R_0(1)$、$R_0(2)$ 中有 "0" 时,实现置 9 功能,即 $Q_DQ_CQ_BQ_A=1001$。

三、实训设备与器件

(1) 5 V 直流电源　　　　　　　(2) 双踪示波器
(3) 直流数字电压表　　　　　　(4) 数字频率计
(5) 单次脉冲源　　　　　　　　(6) 连续脉冲源
(7) 逻辑电平开关　　　　　　　(8) 逻辑电平显示器
(9) 译码显示器
(10) 74LS00 × 2　　555 × 1　　74LS90 × 3　电位器、电阻、电容若干

四、实训内容

由于实训电路中使用器件较多,实训前必须合理安排各器件在实训装置上的位置,使电路逻辑清楚,接线较短。

实训时,应按照实训任务的次序,将各单元电路逐个进行接线和调试,即分别测试基本 RS 触发器、单稳态触发器、时钟发生器及计数器的逻辑功能,待各单元电路工作正常后,再将有关电路逐级连接起来进行测试……直到测试电子秒表整个电路的功能。这样的测试方法有利于检查和排除故障,保证实训顺利进行。

1. 基本 RS 触发器的测试

测试方法参考实验八。

2. 单稳态触发器的测试

(1) 静态测试。用直流数字电压表测量 A、B、D、F 各点电位值,记录之。

(2) 动态测试。输入端接 1 kHz 连续脉冲源,用示波器观察并描绘 D 点 (V_D) F 点 (V_o) 波形,如果单稳输出脉冲持续时间太短,难以观察,则可适当加大微分电容 C (如改为 0.1 μF),待测试完毕,再恢复 4700 P。

3. 时钟发生器的测试

测试方法参考实验十五，用示波器观察输出电压波形并测量其频率，调节 R_W，使输出矩形波频率为 50 Hz。

4. 计数器的测试

（1）计数器 1 接成五进制形式，$R_0(1)$、$R_0(2)$、$S_9(1)$、$S_9(2)$ 接逻辑开关输出插口，CP_2 接单次脉冲源，CP_1 接高电平"1"，$Q_D \sim Q_A$ 接实训设备上译码显示输入端 D、C、B、A，按表 8-36 测试其逻辑功能，记录之。

（2）计数器 2 及计数器 3 接成 8421 码十进制形式，同内容（1）进行逻辑功能测试，记录之。

（3）将计数器 1、2、3 级连，进行逻辑功能测试，记录之。

5. 电子秒表的整体测试

各单元电路测试正常后，按图 8-89 把几个单元电路连接起来，进行电子秒表的总体测试。

先按一下按钮开关 K_2，此时电子秒表不工作，再按一下按钮开关 K_1，则计数器清零后便开始计时，观察数码管显示计数情况是否正常。如果不需要计时或暂停计时，则按一下开关 K_2 计时立即停止，但数码管保留所计时之值。

6. 电子秒表准确度的测试

利用电子钟或手表的秒计时对电子秒表进行校准。

五、实训预习要求

（1）复习数字电路中 RS 触发器，单稳态触发器、时钟发生器及计数器等部分内容。

（2）本实训中除了所采用的时钟源外，选用另外两种不同类型的时钟源供本实训用。画出电路图，选取元器件。

（3）列出电子秒表单元电路的测试表格。

（4）列出调试电子秒表的步骤。

六、实训报告

（1）总结电子秒表整个调试过程。

（2）分析调试中发现的问题及故障排除方法。

实训三　三位半直流数字电压表

一、实训目的

（1）了解双积分式 A/D 转换器的工作原理。

(2) 熟悉三位半 $\left(3\dfrac{1}{2}\text{位}\right)$ A/D 转换器 CC14433 的性能及其引脚功能。

(3) 掌握用 CC14433 构成直流数字电压表的方法。

二、实训原理

直流数字电压表的核心器件是一个间接型 A/D 转换器，它首先将输入的模拟电压信号变换成易于准确测量的时间量，然后在这个时间宽度里用计数器计时，计数结果就是正比于输入模拟电压信号的数字量。

1. V—T 变换型双积分 A/D 转换器

图 8-92 所示是双积分 ADC 的控制逻辑框图。它由积分器（包括运算放大器 A_1 和 RC 积分网络）、过零比较器 A_2、N 位二进制计数器、开关控制电路、门控电路、参考电压 V_R 与时钟脉冲源 CP 组成。

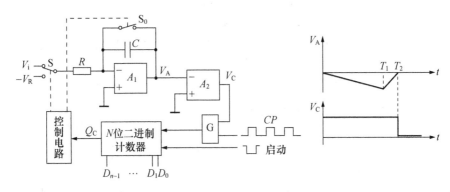

图 8-92 双积分 ADC 原理图

转换开始前，先将计数器清零，并通过控制电路使开关 S_0 接通，将电容 C 充分放电。由于计数器进位输出 $Q_C=0$，控制电路使开关 S 接通 V_i，模拟电压与积分器接通，同时，门 G 被封锁，计数器不工作。积分器输出 V_A 线性下降，经零值比较器 A_2 获得一方波 V_C，打开门 G，计数器开始计数，当输入 2^n 个时钟脉冲后，$t=T_1$。各触发器输出端 $D_{n-1}\sim D_0$ 由 111…1 回到 000…0，其进位输出 $Q_C=1$，作为定时控制信号，通过控制电路将开关 S 转换至基准电压源 $-V_R$。此时，积分器向相反方向积分，V_A 开始线性上升，计数器重新从 0 开始计数，直到 $t=T_2$，V_A 下降到 0，比较器输出的正方波结束。此时，计数器中暂存二进制数字就是 V_i 对应的二进制数码。

2. 三位半双积分 A/D 转换器 CC14433 的性能特点

CC14433 是 CMOS 双积分式三位半 A/D 转换器，它是将构成数字和模拟电路的约 7700 多个 MOS 晶体管集成在一个硅芯片上，芯片有 24 只引脚，采用双列直插式，其引脚排列与功能如图 8-93 所示。

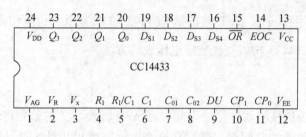

图 8-93　CC14433 引脚排列

引脚功能说明如下。

V_{AG}（1 脚）——被测电压 V_x 和基准电压 V_R 的参考地。

V_R（2 脚）——外接基准电压（2 V 或 200 mV）输入端。

V_x（3 脚）——被测电压输入端。

R_1（4 脚）、R_1/C_1（5 脚）、C_1（6 脚）——外接积分阻容元件端 $C_1 = 0.1\ \mu F$（聚酯薄膜电容器），$R_1 = 470\ k\Omega$（2 V 量程）；$R_1 = 27\ k\Omega$（200 mV 量程）。

C_{01}（7 脚）、C_{02}（8 脚）——外接失调补偿电容端，典型值为 $0.1\ \mu F$。

DU（9 脚）——实时显示控制输入端。若与 EOC（14 脚）端连接，则每次 A/D 转换均显示。

CP_1（10 脚）、CP_0（11 脚）——时钟振荡外接电阻端，典型值为 470 kΩ。

V_{EE}（12 脚）——电路的电源最负端，接 −5 V。

V_{CC}（13 脚）——除 CP 外所有输入端的低电平基准（通常与 1 脚连接）。

EOC（14 脚）——转换周期结束标记输出端，每一次 A/D 转换周期结束，EOC 输出一个正脉冲，宽度为时钟周期的二分之一。

$\overline{OR}$（15 脚）——过量程标志输出端，当 $|V_x| > V_R$ 时，$\overline{OR}$ 输出为低电平。

$D_{S1} \sim D_{S4}$（16～19 脚）——多路选通脉冲输入端，D_{S1} 对应于千位，D_{S2} 对应于百位，D_{S3} 对应于十位，D_{S4} 对应于个位。

$Q_0 \sim Q_3$（20～23 脚）——BCD 码数据输出端，D_{S2}、D_{S3}、D_{S1} 选通脉冲期间，输出 3 位完整的十进制数，在 D_{S4} 选通脉冲期间，输出千位 0 或 1 及过量程、欠量程和被测电压极性标志信号。

CC14433 具有自动调零、自动极性转换等功能。可测量正或负的电压值。当 CP_1、CP_0 端接入 470 kΩ 电阻时，时钟频率 ≈ 66 kHz，每秒钟可进行 4 次 A/D 转换。它的使用调试简便，能与微处理机或其他数字系统兼容，广泛用于数字面板表，数字万用表，数字温度计，数字量具及遥测、遥控系统等。

3. 三位半直流数字电压表的组成（实训线路）

线路结构如图 8-94 所示。

（1）被测直流电压 V_x 经 A/D 转换后以动态扫描形式输出，数字量输出端 $Q_0 Q_1 Q_2 Q_3$ 上的数字信号（8421 码）按照时间先后顺序输出。位选信号 D_{S1}、D_{S2}、D_{S3}、D_{S4} 通过位选开关 MC1413 分别控制着千位、百位、十位和个位上的 4 只 LED 数码管的公共阴极。

数字信号经七段译码器 CC4511 译码后,驱动 4 只 LED 数码管的各段阳极。这样就把 A/D 转换器按时间顺序输出的数据以扫描形式在 4 只数码管上依次显示出来,由于选通重复频率较高,工作时从高位到低位以每位每次约 300 μS 的速率循环显示。即一个 4 位数的显示周期是 1.2 ms,所以人的肉眼能清晰地看到 4 位数码管同时显示三位半十进制数字量。

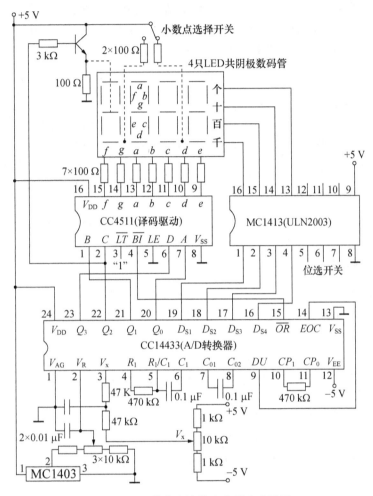

图 8-94　三位半直流数字电压表电路图

(2) 当参考电压 $V_R = 2$ V 时,满量程显示 1.999 V;当 $V_R = 200$ mV 时,满量程为 199.9 mV。可以通过选择开关来控制千位和十位数码管的 h 段,经限流电阻实现对相应的小数点显示的控制。

(3) 最高位(千位)显示时只有 b、c 两根线与 LED 数码管的 b、c 脚相接,所以千位只显示 1 或不显示,用千位的 g 段来显示模拟量的负值(正值不显示),即由 CC14433 的 Q_2 端通过 NPN 晶体管 9013 来控制 g 段。

(4) 精密基准电源 MC1403。A/D 转换需要外接标准电压源作参考电压。标准电压源的精度应当高于 A/D 转换器的精度。本实训采用 MC1403 集成精密稳压源作为参考电压,MC1403 的输出电压为 2.5 V,当输入电压在 4.5~15 V 范围内变化时,输出电压的变化不超过 3 mV，一般只有 0.6 mV 左右，输出最大电流为 10 mA。MC1403 引脚排列见图 8-95。

（5）实训中使用 CMOS BCD 七段译码/驱动器 CC4511，参考实训六有关部分。

（6）七路达林顿晶体管列阵 MC1413 采用 NPN 达林顿复合晶体管的结构，因此有很高的电流增益和很高的输入阻抗，可直接接受 MOS 或 CMOS 集成电路的输出信号，并把电压信号转换成足够大的电流信号驱动各种负荷。该电路内含有 7 个集电极开路反相器（也称 OC 门）。MC1413 电路结构和引脚排列如图 8-96 所示，它采用 16 引脚的双列直插式封装。每一驱动器输出端均接有一释放电感负荷能量的抑制二极管。

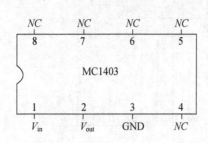

图 8-95 MC1403 引脚排列

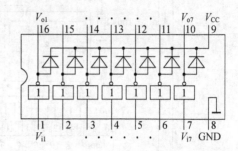

图 8-96 MC1413 引脚排列和电路结构图

三、实训设备与器件

（1）±5 V 直流电源　　　　　（2）双踪示波器
（3）直流数字电压表　　　　　（4）按线路图 8-94 要求自拟元、器件清单

四、实训内容

本实训要求按图 8-94 组装并调试好一台三位半直流数字电压表，实训时应一步步地进行。

1. 数码显示部分的组装与调试

（1）建议将 4 只数码管插入 40P 集成电路插座上，将 4 个数码管同名段与显示译码的相应输出端连在一起，其中最高位只要将 b、c、g 三笔划段接入电路，按图 8-94 接好连线，但暂不插所有的芯片，待用。

（2）插好芯片 CC4511 与 MC1413，并将 CC4511 的输入端 A、B、C、D 接至拨码开关对应的 A、B、C、D 4 个插口处；将 MC1413 的 1、2、3、4 脚接至逻辑开关输出插口上。

（3）将 MC1413 的 2 脚置 "1"，1、3、4 脚置 "0"，接通电源，拨动码盘（按 " + " 或 " - " 键）自 0~9 变化，检查数码管是否按码盘的指示值变化。

（4）按实训原理说明的要求，检查译码显示是否正常。

（5）分别将 MC1413 的 3、4、1 脚单独置 "1"，重复步骤（3）的内容。

如果所有 4 位数码管显示正常，则去掉数字译码显示部分的电源，备用。

2. 标准电压源的连接和调整

插上 MC1403 基准电源，用标准数字电压表检查输出是否为 2.5 V，然后调整 10 kΩ 电位器，使其输出电压为 2.00 V，调整结束后去掉电源线，供总装时备用。

3. 总装总调

（1）插好芯片 MC14433，按图 8-94 接好全部线路。

（2）将输入端接地，接通 +5 V，-5 V 电源（先接好地线），此时显示器将显示 "000" 值，如果不是，则应检测电源正负电压。用示波器测量、观察 $D_{S1} \sim D_{S4}$ 及 $Q_0 \sim Q_3$ 波形，判断故障所在。

（3）用电阻、电位器构成一个简单的输入电压 V_x 调节电路，调节电位器，4位数码将相应变化，然后进入下一步精调。

（4）用标准数字电压表（或用数字万用表）测量输入电压，调节电位器，使 V_x = 1.000 V，这时被调电路的电压指示值不一定显示 "1.000"，应调整基准电压源，使指示值与标准电压表误差个位数在 5 之内。

（5）改变输入电压 V_x 极性，使 V_i = -1.000 V，检查 "-" 是否显示，并按步骤（4）方法校准显示值。

（6）在 -1.999 V ~ +1.999 V 量程内再一次仔细调整（调基准电源电压）使全部量程内的误差均不超过个位数在 5 之内。

至此一个测量范围在 ±1.999 的三位半数字直流电压表调试成功。

4. 记录测量值

记录输入电压为 ±1.999、±1.500、±1.000、±0.500、0.000 时（标准数字电压表的读数）被调数字电压表的显示值，列表记录之。

5. 测量与扩大量程

用自制数字电压表测量正、负电源电压。如何测量，试设计扩程测量电路。

*6. 选做内容

若积分电容 C_1、C_{02}（0.1 μF）换用普通金属化纸介电容时，观察测量精度的变化。

五、实训预习要求

（1）本实训是一个综合性实训，应做好充分准备。

（2）仔细分析图 8-94 各部分电路的连接及其工作原理。

（3）电压 V_R 上升，显示值增大还是减少？

（4）要使显示值保持某一时刻的读数，电路应如何改动？

六、实训报告

（1）绘出三位半直流数字电压表的电路接线图。

（2）阐明组装、调试步骤。

（3）说明调试过程中遇到的问题和解决的方法。

（4）组装、调试数字电压表的心得体会。

实训四 数字频率计

数字频率计是用于测量信号（方波、正弦波或其他脉冲信号）的频率，并用十进制数字显示，它具有精度高、测量迅速、读数方便等优点。

一、工作原理

脉冲信号的频率就是在单位时间内所产生的脉冲个数，其表达式为 $f=N/T$，其中，f 为被测信号的频率，N 为计数器所累计的脉冲个数，T 为产生 N 个脉冲所需的时间。计数器所记录的结果，就是被测信号的频率。如在 1 s 内记录 1000 个脉冲，则被测信号的频率为 1000 Hz。

本实训课题仅讨论一种简单易制的数字频率计，其原理方框图如图 8-97 所示。

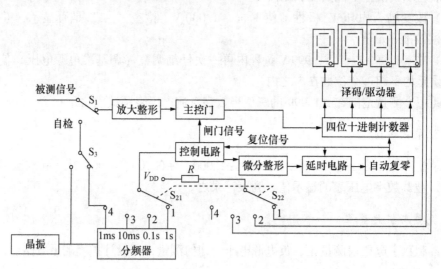

图 8-97 数字频率计原理框图

晶振产生较高的标准频率，经分频器后可获得各种时基脉冲（1 ms，10 ms，0.1 s，1 s 等），时基信号的选择由开关 S_2 控制。被测频率的输入信号经放大整形后变成矩形脉冲加到主控门的输入端，如果被测信号为方波，则放大整形可以不要，将被测信号直接加到主控门的输入端。时基信号经控制电路产生闸门信号至主控门，只有在闸门信号采样期间内（时基信号的一个周期），输入信号才通过主控门。若时基信号的周期为 T，进入计数器的输入脉冲数为 N，则被测信号的频率 $f=N/T$，改变时基信号的周期 T，即可得到不同的测频范围。当主控门关闭时，计数器停止计数，显示器显示记录结果。此时控制电路输出一个置零信号，经延时、整形电路的延时，当达到所调节的延时时间时，延时电路输出一个复位信号，使计数器和所有的触发器置 0，为后续新的一次取样做好准备，即能锁住一次显示的时间，保留到接收新的一次取样为止。

当开关 S_2 改变量程时，小数点能自动移位。

若开关 S_1、S_3 配合使用，可将测试状态转为"自检"工作状态（即用时基信号本身作为被测信号输入）。

二、实训原理

1. 控制电路

控制电路及主控门电路如图 8-98 所示。

主控电路由双 D 触发器 CC4013 及与非门 CC4011 构成。CC4013(a) 的任务是输出闸门控制信号,以控制主控门 2 的开启与关闭。如果通过开关 S_2 选择一个时基信号,当给与非门 1 输入一个时基信号的下降沿时,门 1 就输出一个上升沿,则 CC4013(a) 的 Q_1 端就由低电平变为高电平,将主控门 2 开启。允许被测信号通过该主控门并送至计数器输入端进行计数。相隔 1 s(或 0.1 s,10 ms,1 ms)后,又给与非门 1 输入一个时基信号的下降沿,与非门 1 输出端又产生一个上升沿,使 CC4013(a) 的 Q_1 端变为低电平,将主控门关闭,使计数器停止计数,同时输出端产生一个上升沿,使 CC4013(b) 翻转成 $Q_2 = 1$,$\overline{Q}_2 = 0$。由于 $\overline{Q}_2 = 0$,它立即封锁与非门 1,不再让时基信号进入 CC4013(a),保证在显示读数的时间内 Q_1 端始终保持低电平,使计数器停止计数。

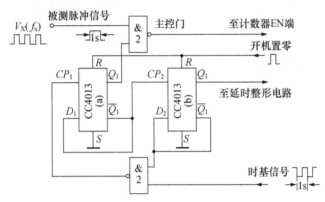

图 8-98 控制电路及主控门电路

利用 Q_2 端的上升沿送到下一级的延时、整形单元电路。当到达所调节的延时时间时,延时电路输出端立即输出一个正脉冲,将计数器和所有 D 触发器全部置 0。复位后,$Q_1 = 0$,$\overline{Q}_1 = 1$,为下一次测量做好准备。当时基信号又产生下降沿时,则上述过程重复。

2. 微分、整形电路

电路如图 8-99 所示。CC4013(b) 的 Q_2 端所产生的上升沿经微分电路后,送到由与非门 CC4011 组成的施密特整形电路的输入端,在其输出端可得到一个边沿十分陡峭且具有一定脉冲宽度的负脉冲,然后再送到下一级延时电路。

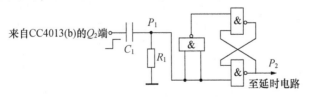

图 8-99 微分、整形电路

3. 延时电路

延时电路由 D 触发器 CC4013(c)，积分电路（由电位器 R_{W1} 和电容器 C_2 组成）、非门 3 以及单稳态电路所组成，如图 8-100 所示。由于 CC4013(c) 的 D_3 端接 V_{DD}，因此在 P_2 点所产生的上升沿作用下，CC4013(c) 翻转，翻转后 $\overline{Q}_3=0$，由于开机置"0"时或门 1（见图 8-101）输出的正脉冲将 CC4013(c) 的 Q_3 端置"0"，因此 $\overline{Q}_3=1$，经二极管 2AP9 迅速给电容 C_2 充电，使 C_2 两端的电压达"1"电平，而此时 $\overline{Q}_3=0$，电容器 C_2 经电位器 R_{W1} 缓慢放电。当电容器 C_2 上的电压放电降至非门 3 的阈值电平 V_T 时，非门 3 的输出端立即产生一个上升沿，触发下一级单稳态电路。此时，P_3 点输出一个正脉冲，该脉冲宽度主要取决于时间常数 R_tC_t 的值，延时时间为上一级电路的延时时间及这一级延时时间之和。

由实训结果可得出，如果电位器 R_{W1} 用 510 Ω 的电阻代替，C_2 取 3 μF，则总的延迟时间也就是显示器所显示的时间为 3 s 左右。如果电位器 R_{W1} 用 2 MΩ 的电阻取代，C_2 取 22 μF，则显示时间可达 10 s 左右。可见，调节电位器 R_{W1} 可以改变显示时间。

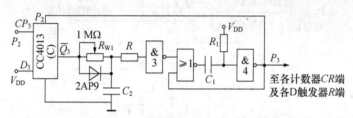

图 8-100 延时电路

4. 自动清零电路

P_3 点产生的正脉冲送到如图 8-101 所示的或门组成的自动清零电路，将各计数器及所有的触发器置零。在复位脉冲的作用下，$Q_3=0$，$\overline{Q}_3=1$，于是 $\overline{Q}_3$ 端的高电平经二极管 2AP9 再次对电容 C_2 充电，补上刚才放掉的电荷，使 C_2 两端的电压恢复为高电平。又因为 CC1013(b) 复位后使 Q_2 再次变为高电平，所以与非门 1 又被开启，电路重复上述变化过程。

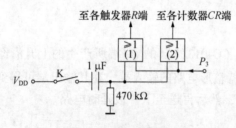

图 8-101 自动清零电路

三、实训设备与器件

(1) +5 V 直流电源　　　　　(2) 双踪示波器

(3) 连续脉冲源　　　　　　　　(4) 逻辑电平显示器
(5) 直流数字电压表　　　　　　(6) 数字频率计
(7) 主要元器件（供参考）

CC4518（二—十进制同步计数器）　　　4 只
CC4553（3 位十进制计数器）　　　　　2 只
CC4013（双 D 型触发器）　　　　　　　2 只
CC4011（四 2 输入与非门）　　　　　　2 只
CC4069（六反相器）　　　　　　　　　1 只
CC4001（四 2 输入或非门）　　　　　　1 只
CC4071（四 2 输入或门）　　　　　　　1 只
2AP9（二极管）　　　　　　　　　　　1 只
电位器（1 MΩ）　　　　　　　　　　　1 只
电阻、电容　　　　　　　　　　　　　若干

(1) 若测量的频率范围低于 1 MHz，分辨率为 1 Hz，建议采用如图 8-102 所示的电路，只要选择参数正确，连线无误，通电后即能正常工作，无需调试。有关它的工作原理留给同学们自行研究分析。

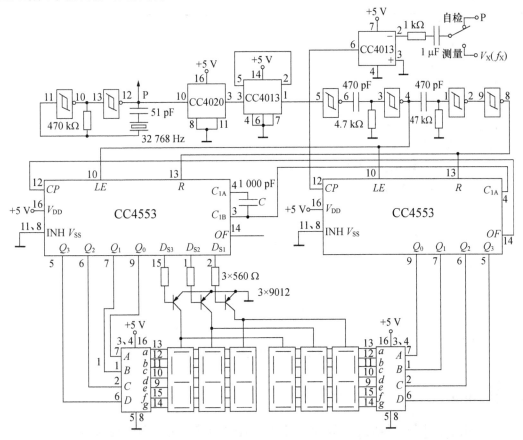

图 8-102　0～999999 Hz 数字频率计电路图

（2）CC4553 的 4 位十进制计数器引脚排列及功能如图 8-103 及表 8-37 所示。

表 8-37 CC4553 功能表

输入				输出
R	CP	INH	LE	
0	↑	0	0	不变
0	↓	0	0	计数
0	×	×	×	不变
0	1	1	0	计数
0	1	↑	0	不变
0	0	↓	×	不变
0	×	×	↑	锁存
0	×	×	1	锁存
1	×	×	0	$Q_0 \sim Q_3$ 为 0

CP——时钟输入端。
INH——时钟禁止端。
LE——锁存允许端。
R——清除端。
$DS_1 \sim DS_3$——数据选择输出端。
OF——溢出输出端。
C_{1A}、C_{1B}——振荡器外接电容端。
$Q_0 \sim Q_3$——BCD 码输出端。

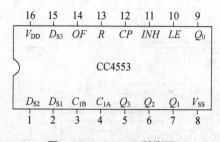

图 8-103 CC4553 引脚图

四、实训内容

在使用中、小规模集成电路设计与制作一台简易的数字频率计。要求如下。

1. 位数

计 4 位十进制数。计数位数主要取决于被测信号频率的高低,如果被测信号频率较高,精度又较高,可相应增加显示位数。

2. 量程

第一档:最小量程档,最大读数是 9.999 kHz,闸门信号的采样时间为 1 s。
第二档:最大读数为 99.99 kHz,闸门信号的采样时间为 0.1 s。
第三档:最大读数为 999.9 kHz,闸门信号的采样时间为 10 ms。
第四档:最大读数为 9999 kHz,闸门信号的采样时间为 1 ms。

3. 显示方式

(1) 用七段 LED 数码管显示读数,做到显示稳定、不跳变。
(2) 小数点的位置跟随量程的变更而自动移位。
(3) 为了便于读数,要求数据显示的时间在 0.5~5 s 内连续可调。

4. 具有"自检"功能

5. 被测信号为方波信号

6. 画出设计的数字频率计的电路总图

7. 组装和调试

(1) 时基信号通常使用石英晶体振荡器输出的标准频率信号经分频电路获得。为了实训调试方便,可用实训设备上脉冲信号源输出的 1 kHz 方波信号经 3 次 10 分频获得。

(2) 按设计的数字频率计逻辑图在实训装置上布线。

(3) 用 1 kHz 方波信号送入分频器的 CP 端,用数字频率计检查各分频级的工作是否正常。用周期为 1 s 的信号作为控制电路的时基信号输入,用周期为 1 ms 的信号作为被测信号,用示波器观察和记录控制电路输入、输出波形,检查控制电路所产生的各控制信号能否按正确的时序要求控制各子系统。用周期为 1 s 的信号送入各计数器的 CP 端,用发光二极管指示检查各计数器的工作是否正常。用周期为 1 s 的信号作延时、整形单元电路的输入,用两只发光二极管作指示,检查延时、整形单元电路的输入;用两只发光二极管作指示,检查延时、整形单元电路的工作是否正常。若各个子系统的工作都已正常,则再将各子系统连起来统调。

8. 调试合格后,写出综合实训报告

实训五 拔河游戏机

一、实训目的

给定实训设备和主要元器件,按照电路的各部分组合成一个完整的拔河游戏机。

(1) 拔河游戏机需要用 15 个(或 9 个)发光二极管排列成一行,开机后只有中间一个点亮,以此作为拔河的中心线,游戏双方各持一个按键,迅速地、不断地按动产生脉冲,谁按得快,亮点向谁的方向移动,每按一次,亮点移动一次。移到任一方终端二极管点亮,这一方就得胜,此时双方按键均无作用,输出保持,只有经复位后,才使亮点恢复到中心线。

(2) 显示器显示胜者的盘数。

二、实训原理

实训电路框图如图 8-104 所示。

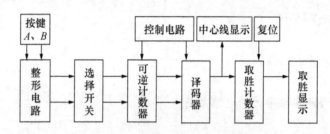

图 8-104 拔河游戏机电路框图

三、实训设备与器件

(1) +5 V 直流电源   (2) 译码显示器
(3) 逻辑电平开关
(4) CC4514   4 线—16 线译码/分配器
CC40193   同步递增/递减二进制计数器
CC4518   十进制计数器
CC4081   与门
CC4011×3   与非门
CC4030   异或门
1 kΩ×4   电阻

四、实训内容

图 8-105 所示为拔河游戏机整机线路图。

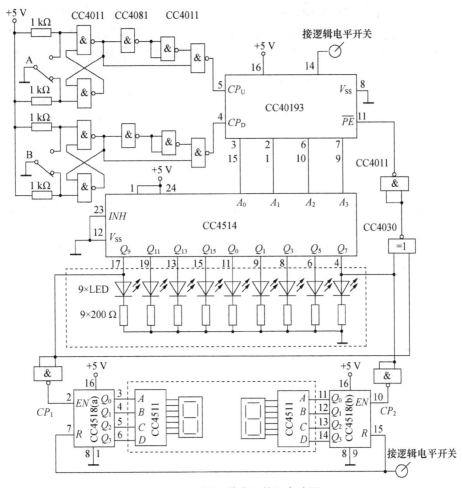

图 8-105　拔河游戏机整机电路图

可逆计数器 CC40193 原始状态输出 4 位二进制数 0000，经译码器输出使中间的一只发光二极管点亮。当按动 A、B 两个按键时，分别产生两个脉冲信号，经整形后分别加到可逆计数器上，可逆计数器输出的代码经译码器译码后驱动发光二极管点亮并产生位移，当亮点移到任何一方终端后，由于控制电路的作用，使这一状态被锁定，而对输入脉冲不起作用。如果按动复位键，则亮点又回到中点位置，比赛又可重新开始。

将双方终端二极管的正极分别经两个与非门后接至两个十进制计数器 CC4518 的允许控制端 EN，当任一方取胜，该方终端二极管点亮，产生一个下降沿使其对应的计数器计数。这样，计数器的输出即显示了胜者取胜的盘数。

1. 编码电路

编码器有 2 个输入端，4 个输出端，要进行加/减计数，因此选用 CC40193 双时钟二进制同步加/减计数器来完成。

2. 整形电路

CC40193 是可逆计数器，控制加减的 CP 脉冲分别加至 5 脚和 4 脚，此时当电路要求进行加法计数时，减法输入端 CP_D 必须接高电平；进行减法计数时，加法输入端 CP_U 也必须接高电平。若直接由 A、B 键产生的脉冲加到 5 脚或 4 脚，那么就有很多时机在进行计数输入时另一计数输入端为低电平，使计数器不能计数，双方按键均失去作用，拔河比赛不能正常进行。如果加一整形电路，使 A、B 二键的脉冲经整形后变为一个占空比很大的脉冲，就可以减少进行某一计数时另一计数输入为低电平的可能性，从而使每按一次键都有可能进行有效的计数。整形电路由与门 CC4081 和与非门 CC4011 实现。

3. 译码电路

可以选用 4 线—16 线 CC4514 译码器。译码器的输出 $Q_0 \sim Q_{14}$ 分接 15 个（或 9 个）发光二极管，二极管的负极接地，而正极接译码器。这样，当输出为高电平时发光二极管点亮。

比赛准备，译码器输入为 0000，Q_0 输出为 "1"，中心处二极管首先点亮，当编码器进行加法计数时，亮点向右移，进行减法计数，亮点向左移。

4. 控制电路

为指示出谁胜谁负，需要用一个控制电路。当亮点移到任何一方的终端时，判该方为胜，此时双方的按键均宣告无效。此电路可用异或门 CC4030 和非门 CC4011 来实现。将双方终端二极管的正极接至异或门的两个输入端，当获胜一方为 "1"，另一方则为 "0"，异或门输出为 "1"、经非门产生低电平 "0"，再送到 CC40193 计数器的置数端，于是计数器停止计数，处于预置状态，由于计数器数据端 A、B、C、D 和输出端 Q_A、Q_B、Q_C、Q_D 对应相连，输入也就是输出，从而使计数器对输入脉冲不起作用。

5. 胜负显示

将双方终端二极管正极经非门后的输出分别接到两个 CC4518 计数器的 EN 端，CC4518 的两组 4 位 BCD 码分别接到实训装置的两组译码显示器的 A、B、C、D 插口处。当一方取胜时，该方终端二极管发亮，产生一个上升沿，使相应的计数器进行加 1 计数，于是就得到了双方取胜次数的显示，若 1 位数不够，则进行 2 位数的级联。

6. 复位

为能进行多次比赛而需要进行复位操作，使亮点返回中心点，可用一个开关控制 CC40193 的清零端 R 即可。

胜负显示器的复位也应用一个开关来控制胜负计数器 CC4518 的清零端 R，使其重新计数。

五、实训报告

记录电路检测结果，并对结果进行分析。

进行实训过程中需要注意以下事项。

（1）CC40193 同步递增/递减二进制计数器引脚排列及功能参照实验九 CC40192。

（2）CC4514 的 4 线—16 线译码器引脚排列及功能如图 8-106 及表 8-37 所示。

$A_0 \sim A_3$——数据输入端。
INH——输出禁止控制端。
LE——数据锁存控制端。
$Y_0 \sim Y_{15}$——数据输出端。

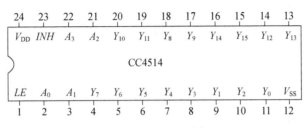

图 8-106　CC4514 引脚图

表 8-37　CC4514 功能表

输		入				高电平输出	输		入				高电平输出
LE	INH	A_3	A_2	A_1	A_0		LE	INH	A_3	A_2	A_1	A_0	
1	0	0	0	0	0	Y_0	1	0	1	0	0	1	Y_9
1	0	0	0	0	1	Y_1	1	0	1	0	1	0	Y_{10}
1	0	0	0	1	0	Y_2	1	0	1	0	1	1	Y_{11}
1	0	0	0	1	1	Y_3	1	0	1	1	0	0	Y_{12}
1	0	0	1	0	0	Y_4	1	0	1	1	0	1	Y_{13}
1	0	0	1	0	1	Y_5	1	0	1	1	1	0	Y_{14}
1	0	0	1	1	0	Y_6	1	0	1	1	1	1	Y_{15}
1	0	0	1	1	1	Y_7	1	1	×	×	×	×	无
1	0	1	0	0	0	Y_8	0	0	×	×	×	×	①

（3）CC4518 双十进制同步计数器引脚排列及功能如图 8-107 及表 8-38 所示。

1CP、2CP——时钟输入端。

1R、2R——清除端。

1EN、2EN——计数允许控制端。

$1Q_0 \sim 1Q_3$——计数器输出端。

$2Q_0 \sim 2Q_3$——计数器输出端。

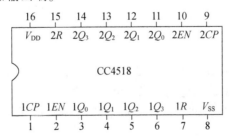

图 8-107　CC4518 引脚图

表 8-38 CC4518 功能表

输入			输出功能
CP	R	EN	
↑	0	1	加计数
0	0	↓	加计数
↓	0	×	保持
C×	C0	C↑	
C↑	C0	C0	
C1	C0	↓	
×	1	×	全部为"0"

实训六 随机存取存储器 2114A 及其应用

一、实训目的

了解集成随机存取存储器 2114A 的工作原理，通过实训熟悉它的工作特性、使用方法及其应用。

二、实训原理

随机存取存储器（RAM），又称读写存储器，它能存储数据、指令、中间结果等信息。在该存储器中，任何一个存储单元都能以随机次序迅速地存入（写入）信息或取出（读出）信息。随机存取存储器具有记忆功能，但停电（断电）后，所存信息（数据）会消失，不利于数据的长期保存，所以多用于中间过程暂存信息。

1. RAM 的结构和工作原理

图 8-108 是 RAM 的基本结构图，它主要由存储单元矩阵、地址译码器和读/写控制电路三部分组成。

图 8-108 RAM 的基本结构图

（1）存储单元矩阵。存储单元矩阵是 RAM 的主体，一个 RAM 由若干个存储单元组成，每个存储单元可存放 1 位二进制数或 1 位二元代码。为了存取方便，通常将存储单元设计成矩阵形式，所以称为存储矩阵。存储器中的存储单元越多，存储的信息就越多，表示该存储器容量就越大。

（2）地址译码器。为了对存储矩阵中的某个存储单元进行读出或写入信息，首先必须对每个存储单元的所在位置（地址）进行编码；然后当输入一个地址码时，就可利用地址译码器找到存储矩阵中相应的一个（或一组）存储单元，以便通过读/写控制，对选中的一个（或一组）单元进行读出或写入信息。

（3）片选与读/写控制电路。由于集成度的限制，大容量的 RAM 往往由若干片 RAM 组成。当需要对某一个（或一组）存储单元进行读出或写入信息时，必须首先通过片选 CS，选中某一片（或几片），然后利用地址译码器才能找到对应的具体存储单元，以便读/写控制信号对该片（或几片）RAM 的对应单元进行读出或写入信息操作。

除了上面介绍的 3 个主要部分外，RAM 的输出常采用三态门作为输出缓冲电路。

MOS 随机存储器有动态 RAM（DRAM）和静态 RAM（SRAM）两类。DRAM 靠存储单元中的电容暂存信息，由于电容上的电荷要泄漏，故需定时充电（通常称为刷新），SRAM 的存储单元是触发器，无需刷新。

2. 2114A 静态随机存取存储器

2114A 是一种 1024 字 ×4 位的静态随机存取存储器，采用 HMOS 工艺制作，它的逻辑框图、引脚排列及逻辑符号如图 8-109 所示，表 8-39 是其引出端功能表。

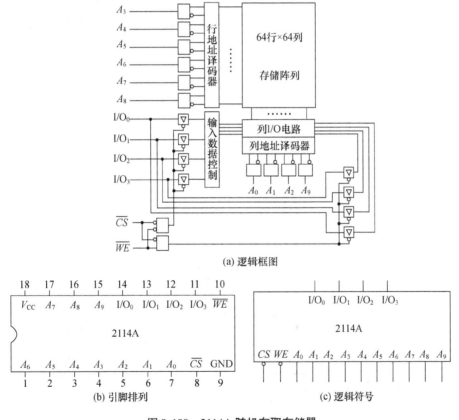

图 8-109 2114A 随机存取存储器

表8-39 2114A 功能表

地 址	$\overline{CS}$	$\overline{WE}$	$I/O_0 \sim I/O_3$
有效	1	×	高阻态
有效	0	1	读出数据
有效	0	0	写入数据

其中，有 4096 个存储单元排列成 64×64 矩阵。采用两个地址译码器，行译码（$A_3 \sim A_8$）输出 $X_0 \sim X_{63}$ 从 64 行中选择指定的一行，列译码（A_0、A_1、A_2、A_9）输出 $Y_0 \sim Y_{15}$，再从已选定的一行中选出 4 个存储单元进行读/写操作。$I/O_0 \sim I/O_3$，既是数据输入端，又是数据输出端，$\overline{CS}$ 为片选信号，$\overline{WE}$ 是写使能，这两个信号控制器件的读写操作。

3. 用 2114A 实现静态随机存取

用 2114A 静态随机存取存储器实现数据的随机存取及顺序存取，如图 8-110 所示为电路原理图，为了实训接线方便，又不影响实训效果，在 2114A 中，地址输入端保留前 4 位（$A_0 \sim A_3$），其余输入端（$A_4 \sim A_9$）均接地。在图 8-110 中，单元Ⅲ电路由三部分组成：① 由与非门组成的基本 RS 触发器与反相器，控制电路的读写操作；② 由 2114A 组成的静态 RAM；③ 由 74LS244 三态门缓冲器组成的数据输入、输出缓冲和锁存电路。

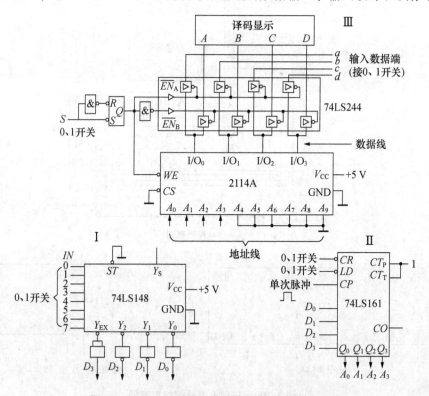

图 8-110 2114A 随机和顺序存取数据电路原理图

(1) 当电路要进行写操作时，输入要写入单元的地址码（$A_0 \sim A_3$）或使单元地址处于随机状态；RS 触发器控制端 S 接高电平，触发器置"0"，$Q=0$，$\overline{EN_A}=0$，打开了输入三态门缓冲器 74LS244，要写入的数据（abcd）经缓冲器送至 2114A 的输入端（$I/O_0 \sim I/O_3$）。由于此时 $\overline{CS}=0$，$\overline{WE}=0$，因此便将数据写入了 2114A 中，为了确保数据能可靠地写入，写脉冲宽度 t_{wp} 必须大于或等于手册所规定的时间区间。

(2) 当电路要进行读操作时，输入要读出单元的地址码（保持写操作时的地址码）；RS 触发器控制端 S 接低电平，触发器置"1"，$Q=1$，$\overline{EN_B}=0$，打开了输出三态门缓冲器 74LS244。由于此时 $\overline{CS}=0$，$\overline{WE}=1$，要读出的数据（abcd）便由 2114A 内经缓冲器送至 ABCD 输出，并在译码器上显示出来。

注意：如果是随机存取，可不必关注 $A_0 \sim A_3$（或 $A_0 \sim A_9$）地址端的状态，$A_0 \sim A_3$（或 $A_0 \sim A_9$）可以是随机的，但在读写操作中要保持一致性。

4. 2114A 实现静态顺序存取

如图 8-110 所示，电路由三部分组成：单元Ⅰ是由 74LS148 组成的 8 线—3 线优先编码电路，主要是将 8 位的二进制指令进行编码形成 8421 码；单元Ⅱ是由 74LS161 二进制同步加法计数器组成的取址、地址累加等功能；单元Ⅲ是由基本 RS 触发器、2114A、74LS244 组成的随机存取电路。

由 74LS148 组成优先编码电路，将 8 位（$IN_0 \sim IN_7$）的二进制指令编成 8421 码（$D_0 \sim D_3$）输出，是以反码的形式出现的，因此输出端加了非门求反。

(1) 写入。令二进制计数器 74LS161 的 $\overline{CR}=0$，则该计数器输出清零，清零后置 $\overline{CR}=1$。令 $\overline{LD}=0$，加 CP 脉冲，通过并行送数法将 $D_0 \sim D_3$ 赋值给 $A_0 \sim A_3$，形成地址初始值，送数完成后置 $\overline{LD}=1$。74LS161 为二进制加法计数器，随着每一个 CP 脉冲的到来，计数器输出将加 1，即地址码也将加 1，逐次输入脉冲，地址会以此累计形成一组单元地址，操作随机存取部分电路使之处于写入状态。改变数据输入端的数据 abcd，便可按 CP 脉冲所给的地址依次写入一组数据。

(2) 读出。给 74LS161 输出清零，通过并行送数方法将 $D_0 \sim D_7$ 赋值给 $A_0 \sim A_7$，形成地址初始值。逐次送入单次脉冲，地址码累计形成一组单元地址，操作随机存取部分电路使之处于读出状态，便可按 CP 脉冲所给地址依次读出一组数据，并在译码显示器上显示出来。

三、实训设备与器件

(1) +5 V 直流电源　　　　　　　　(2) 连续脉冲源
(3) 单次脉冲源　　　　　　　　　(4) 逻辑电平显示器
(5) 逻辑电平开关（0, 1 开关）　　(6) 译码显示器
(7) 2114A　　74LS161　　74LS148　　74LS244　　74LS00　　74LS04

四、实训内容

按照图 8-110 接好实训线路，先断开各单元间连线。

1. 用 2114 实现静态随机存取

线路如图 8-110 中的单元Ⅲ所示。

(1) 写入。输入要写入单元的地址码及要写入的数据；再操作基本 RS 触发器控制端 S，使 2114A 处于写入状态，即 $\overline{CS}=0$，$\overline{WE}=0$，$\overline{EN_A}=0$，数据便写入了 2114A 中，选取三组地址码及三组数据，记入表 8-40 中。

(2) 读出。输入要读出单元的地址码；再操作基本 RS 触发器 S 端，使 2114A 处于读出状态，即 $\overline{CS}=0$，$\overline{WE}=1$，$\overline{EN_B}=0$，(保持写入时的地址码)，要读出的数据便由数显显示出来，记入表 8-41 中，并与表 8-40 数据进行比较。

表 8-40 记录表

$\overline{WE}$	地址码 ($A_0 \sim A_3$)	数据 (abcd)	2114A
0			
0			
0			

表 8-41 记录表

$\overline{WE}$	地址码 ($A_0 \sim A_3$)	数据 (abcd)	2114A
1			
1			
1			

2. 用 2114A 实现静态顺序存取

连接好图 8-110 中各单元间连线。

(1) 顺序写入数据。假设 74LS148 的 8 位输入指令中，$IN_0=0$、$IN_1 \sim IN_7=1$，经过编码得 $D_0D_1D_2D_3=1000$，这个值送至 74LS161 输入端；给 74LS161 输出清零，清零后用并行送数法，将 $D_0D_1D_2D_3=1000$ 赋值给 $A_0A_1A_2A_3=1000$，作为地址初始值；随后操作随机存取电路使之处于写入状态。至此，数据便写入了 2114A 中，如果相应地输入几个单次脉冲，改变数据输入端的数据，则能依次地写入一组数据，记入表 8-42 中。

表 8-42 记录表

CP 脉冲	地址码 ($A_0 \sim A_3$)	数据 (abcd)	2114A
↑	1000		
↑	0100		
↑	1100		

(2) 顺序读出数据。给 74LS161 输出清零，用并行送数法，将原有的 $D_0D_1D_2D_3=$

1000 赋值给 $A_0A_1A_2A_3$，操作随机存取电路使之处于读状态。连续输入几个单次脉冲，则依地址单元读出数据，并在译码显示器上显示出来，记入表 8-43 中，并比较写入与读出的数据是否一致。

表 8-43 记录表

CP 脉冲	地址码（$A_0 \sim A_3$）	数据（$abcd$）	2114A	显示
↑	1000			
↑	0100			
↑	1100			

五、实训预习要求

（1）复习随机存储器 RAM 和只读储器 ROM 的基本工作原理。

（2）查阅 2114A、74LS161、74LS148 有关资料，熟悉其逻辑功能及引脚排列。

（3）2114A 有 10 个地址输入端，实训中仅变化其中州部分，对于其他不变化的地址输入端应该如何处理？

（4）为什么静态 RAM 无需刷新，而动态 R 需要定期刷新？

六、实训报告

记录电路检测结果，并对结果进行分析。

进行实训过程中需要注意以下事项：

（1）74LS148 的 8 线—3 线优先编码器的引脚 74LS148 排列及功能如图 8-111 及表 8-44 所示。

$\overline{IN_0} \sim \overline{IN_7}$——编码输入端（低电平有效）。

$\overline{ST}$——选通输入端（低电平有效）。

$\overline{Y_0} \sim \overline{Y_2}$——编码输出端（低电平有效）。

$\overline{Y_{EX}}$——扩展端（低电平有效）。

Y_S——选通输出端。

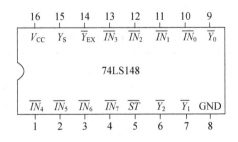

图 8-111 74LS148 引脚图

表 8-44 74LS148 功能表

$\overline{ST}$	$\overline{IN_0}$	$\overline{IN_1}$	$\overline{IN_2}$	$\overline{IN_3}$	$\overline{IN_4}$	$\overline{IN_5}$	$\overline{IN_6}$	$\overline{IN_7}$	$\overline{Y_2}$	$\overline{Y_1}$	$\overline{Y_0}$	$\overline{Y_{EX}}$	$\overline{Y_S}$
1	×	×	×	×	×	×	×	×	1	1	1	1	1
0	1	1	1	1	1	1	1	1	1	1	1	1	0
0	×	×	×	×	×	×	×	0	0	0	0	0	1
0	×	×	×	×	×	×	0	1	0	0	1	0	1
0	×	×	×	×	×	0	1	1	0	1	0	0	1
0	×	×	×	×	0	1	1	1	0	1	1	0	1
0	×	×	×	0	1	1	1	1	1	0	0	0	1
0	×	×	0	1	1	1	1	1	1	0	1	0	1
0	×	0	1	1	1	1	1	1	1	1	0	0	1
0	0	1	1	1	1	1	1	1	1	1	1	0	1

(2) 74LS161 的 4 位二进制同步计数器的引脚排列及功能如图 8-112 及表 8-45 所示。

CO——进位输出端。

CP——时钟输入端（上升沿有效）。

$\overline{CR}$——异步清除输入端（低电平有效）。

CT_P——计数控制端。

CT_T——计数控制端。

$D_0 \sim D_3$——并行数据输入端。

$\overline{LD}$——同步并行置入控制端（低电平有效）。

$Q_0 \sim Q_3$——输出端。

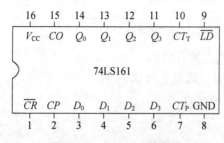

图 8-112 74LS161 引脚图

表 8-45 74LS161 功能表

$\overline{CR}$	$\overline{LD}$	CT_P	CT_T	CP	D_0	D_1	D_2	D_3	Q_0	Q_1	Q_2	Q_3
0	×	×	×	×	×	×	×	×	0	0	0	0
1	0	×	×	↑	d_0	d_1	d_2	d_3	d_0	d_1	d_2	d_3
1	1	1	1	↑	×	×	×	×	计数			
1	1	0	×	×	×	×	×	×	保持			
1	1	×	0	×	×	×	×	×	保持			

（3）74LS244 的 8 缓冲器/线驱动器/线接收器的引脚排列及功能如图 8-113 及表 8-46 所示。

$1A$-$8A$——输入端。

$\overline{EN}_A$，$\overline{EN}_B$——三态允许端（低电平有效）。

$1Y \sim 8Y$——输出端。

表 8-46 74LS244 功能表

输	入	输 出
$\overline{EN}$	A	Y
0	0	0
0	1	1
1	×	高阻态

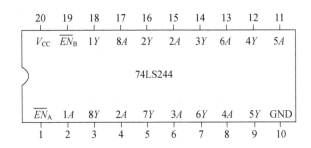

图 8-113 74LS244 引脚图

（4）静态 SRAM 数据存储器具有存取速度快、使用方便等特点，但系统一旦掉电，内部所存的数据便会丢失。因此，要使内部数据不丢失，必须不间断供电（断电后电池供电）。为此，多年来人们一直致力于非易失随机存取存储器（NV-SRAM）的开发，其特点是数据在掉电时能够自保护，具有强大的抗冲击能力，连续上电两万次数据不丢失。

这种 NV-SRAM 的管脚与普通的 SRAM 全兼容，目前已得到广泛应用。

常用的 SRAM 有：6116（2K×8）、6264（8K×8）、62256（32K×8）等，它们的引脚如图 8-114 所示。

图中有关引脚的含义如下所述。

$A_0 \sim A_{14}$——地址输入端。

$D_0 \sim D_7$——双向三态数据端。

$\overline{CE}$——片选信号输入端（低电平有效）。

$\overline{RD}$——读选通信号输入端（低电平有效）。

$\overline{WE}$——写选通信号输入端（低电平有效）。

V_{CC}——工作电源 +5 V。

GND——地线。

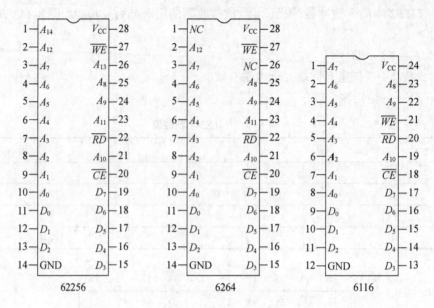

图 8-114　SRAM 引脚图

实训七　安装优先裁决电路

一、实训目的

（1）初步了解触发器的基本功能及特点。

（2）熟悉具有接收、保持、输出功能电路的基本分析方法。

（3）掌握触发器应用电路的分析方法。

（4）建立时序逻辑电路的基本概念。

二、实训原理

实训电路如图 8-115 所示。此图是改进型抢答器电路，减少了一个输入端，而在每一个输入端增加了两个与非门（图中的门 4～门 9），该电路作为抢答信号的接收、保持和输出的基本电路。S 为手动清零控制开关，$S_1 \sim S_3$ 为抢答按钮开关。

该电路具有如下功能。

（1）开关 S 作为总清零及允许抢答控制开关（可由主持人控制）。当开关 S 被按下时，抢答电路清零，松开后则允许抢答。由抢答按钮开关 $S_1 \sim S_3$ 实现抢答信号的输入。

（2）若有抢答信号输入（当开关 $S_1 \sim S_3$ 中的任何一个开关被按下时），与之对应的指示灯被点亮。此时再按其他任何一个抢答开关均无效，指示灯仍"保持"第一个开关按下时所对应的状态不变。电路中 6 个二输入与非门采用两个 74LS00，3 个三输入与非门采用 74LS20。

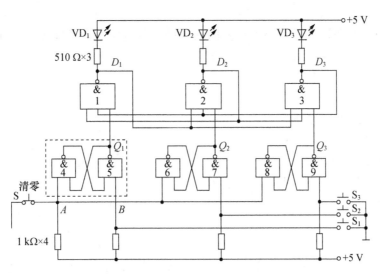

图 8-115 优先裁决电路原理图

三、实训设备与器件

(1) 数字电路测试仪 1 台　　　　　(2) 直流稳压电源 1 台

(3) 万用表 1 只　　　　　　　　　(4) 逻辑笔 1 支。

(5) 74LS00 两片　　双-四输入与非门 74LS20 两片　　按键式开关 4 个　　指示灯（发光二极管）3 只　　510 Ω 电阻 3 个　　1 kΩ 电阻 4 个　　导线若干

四、实训内容

1. 检测与查阅器件手册

用数字电路测试仪检测所用的集成电路可通过查阅集成电路手册，标出图中各集成电路的输入、输出端的引脚编号。

2. 连接电路

按图连接电路先在实训电路板上插接好 IC 器件。在插接器件时要注意 IC 芯片的豁口方向（都朝左侧），同时要保证 IC 管脚与插座接触良好，管脚不能弯曲或折断。指示灯的正、负极不能接反。在通电前先用万用表检查各 IC 的电源接线是否正确。

3. 电路调试

首先按抢答器功能进行操作，若电路满足要求，说明电路没有故障。若某些功能不能实现，就要设法查找并排除故障。排除故障可按信息流程的正向（由输入到输出）查找，也可按信息流程逆向（由输出到输入）查找。

例如，当有抢答信号输入时，观察对应指示灯是否点亮。若不亮，可用万用表（或逻辑笔）分别测量相关与非门输入、输出端电平状态是否正确，由此检查线路的连接及芯片的好坏。

若抢答开关按下时指示灯亮，松开时又灭掉，则说明电路不能保持，此时应检查与非门相互连接是否正确，直至排除全部故障为止。

4. 电路功能试验

（1）按下总清零开关 S 后，所有指示灯灭。

（2）按下 $S_1 \sim S_3$ 中的任何一个开关（如 S_1），与之对应的指示灯（VD_1）应被点亮，此时再按其他开关均无效。

（3）按总清零开关 S，所有指示灯应全部熄灭。

（4）重复步骤（2）和（3），依次检查各指示灯是否被点亮。

5. 电路分析

分析图 8-115 的实训电路，完成表 8-47 的各项内容，在表 8-47 中 1 表示高电平、开关闭合或指示灯亮；0 表示低电平、开关断开或指示灯灭。如果不能正确分析，则可以通过实验检测来完成。

表 8-47 记录表

S_1	S_2	S_3	S_4	Q_3	Q_2	Q_1	D_3	D_2	D_1
0	0	0	0						
0	0	0	1						
0	0	1	0						
0	1	0	0						
1	0	0	0						
1	0	0	1						
1	0	1	0						
1	1	0	0						

五、实训总结与分析

（1）在实训一中，由于电路本身没有保持功能，所以抢答开关必须用手按住不动，指示灯才会被点亮，若手松开指示灯，就熄灭，这种操作方式十分不便。在本实训中，通过在输入端接入两个首尾交叉连接的双输入与非门，很好地解决了这一问题。实训证明，该电路能将输入抢答信号状态"保持"在其输出端不变。比如，抢答开关 S_1 按下时与其连接的与非门 5 的输出端 Q_1 变为高电平，使与非门 1 输出低电平，指示灯 VD_1 点亮；当开关 S_1 松开后，与非门 5 的输出状态仍保持高电平不变，指示灯 VD_1 仍保持点亮状态。

（2）在图 8-115 中，与非门 4、5 构成的电路既有接收功能，同时又具有保持功能。在电路中可将与非门 4、5 构成的电路看成一个专门电路（虚框内电路），该电路能接收输入信号并按某种逻辑关系改变输出端状态。在一定条件下，该状态不会发生改变，即

"保持不变"。

（3）这类具有接收、保持记忆和输出功能的电路简称为"触发器"。触发器有多种不同的功能和不同的电路形式。掌握触发器的电路原理、功能与电路特点是本实训学习的主要内容之一。

目前，各种触发器大多通过集成电路来实现。对这类集成电路的内部情况我们不必十分关心，因为学习数字电子技术课程的目的不是设计集成电路的内部电路。学习时，我们只需将集成电路触发器视为一个整体，掌握它所具有的功能、特点等外部特性，使我们能合理选择并正确使用各种集成电路触发器即可。

六、实训思考题

（1）由双输入与非门构成的保持电路，其输出状态都与哪些因素有关？试写出功能表。

（2）若改成六路抢答器，电路将做哪些改动？

（3）能否增加其他功能，使抢答器更加实用？

参 考 文 献

［1］ 王维斌. 数字电子技术实验报告书［M］. 西安：西北工业大学出版社，2008.
［2］ 刘守义等. 数字电子技术（第二版）［M］. 西安：西安电子科技大学出版社，2007.
［3］ 丁志杰，赵宏图，梁淼. 数字电路——分析与设计［M］. 北京：北京理工大学出版社，2007.
［4］ 孙羽凯，项绮明，吴鸣山. 轻松解读数字实用电路［M］. 北京：电子工业出版社，2007.
［5］ 杨志忠. 数字电子技术［M］. 北京：高等教育出版社，2001.
［6］ 郝波. 数字电路［M］. 北京：电子工业出版社，2003.
［7］ 范志忠. 实用数字电子技术［M］. 北京：电子工业出版社，2003.
［8］ 梅开乡. 数字逻辑电路［M］. 北京：电子工业出版社，2003.
［9］ 孙建平. 数字电子技术［M］. 西安：西安电子科技大学出版社，2002.
［10］ 唐志宏. 数字电子技术［M］. 北京：机械工业出版社，2002.
［11］ 李中发. 数字电子技术［M］. 北京：中国水电出版社，2001.
［12］ 谭建生. 数字电路与逻辑设计［M］. 北京：电子工业出版社，1998.
［13］ 彭容修. 数字电子基础［M］. 武汉：武汉理工大学出版社，2001.
［14］ 康华光. 电子技术基础［M］. 北京：高等教育出版社，1999.
［15］ 阎石. 数字电子技术基础［M］. 北京：高等教育出版社，1998.
［16］ http://course.zjnu.cn/det/index10/资料下载/新器件资料下载/门电路的应用.doc.